高等职业教育计算机系列教材

U0290657

大学生信息技术基础
（拓展模块）
（微课版）

何　娇　李顺琴　邓长春　主　编

李　静　彭茂玲　姜继勤　副主编

陈　继　主　审

王海滨　王小平　参　编

电子工业出版社

Publishing House of Electronics Industry

北京·BEIJING

内 容 简 介

本书是根据 2021 年 4 月 1 日教育部办公厅印发《高等职业教育专科信息技术课程标准（2021 年版）》组织编写的。本书充分考虑大学生的知识结构和学习特点，在拓展学生知识面的同时，注重创新型、应用型、技能型人才培养。

本书涵盖信息安全、项目管理、机器人流程自动化、程序设计基础、大数据、人工智能、云计算、现代通信技术、物联网、数字媒体、虚拟现实、区块链等内容。通过本书的学习，可拓展学生的职业能力，使其增强信息意识，提升计算思维，提高数字化创新与发展的能力，树立正确的信息社会价值观和责任感，为其职业发展、终身学习和服务社会奠定基础。各地区、各学校可根据国家有关规定，结合地方资源、学校特色、专业需要和学生实际情况，自主确定拓展模块的教学内容。

本书既可作为高职高专公共基础课教材，又可作为相关专业基础课教材。

图书在版编目（CIP）数据

大学生信息技术基础：拓展模块：微课版 / 何娇，李顺琴，邓长春主编. —北京：电子工业出版社，2023.1
ISBN 978-7-121-44721-1

Ⅰ. ①大…　Ⅱ. ①何…　②李…　③邓…　Ⅲ. ①电子计算机－高等学校－教材　Ⅳ. ①TP3

中国版本图书馆 CIP 数据核字（2022）第 241150 号

责任编辑：徐建军　　文字编辑：徐云鹏
印　　刷：三河市华成印务有限公司
装　　订：三河市华成印务有限公司
出版发行：电子工业出版社
　　　　　北京市海淀区万寿路 173 信箱　邮编 100036
开　　本：787×1 092　1/16　印张：15.5　字数：396.8 千字
版　　次：2023 年 1 月第 1 版
印　　次：2023 年 8 月第 2 次印刷
印　　数：3 001~6000 册　定价：46.80 元

凡所购买电子工业出版社图书有缺损问题，请向购买书店调换。若书店售缺，请与本社发行部联系，联系及邮购电话：（010）88254888，88258888。

质量投诉请发邮件至 zlts@phei.com.cn，盗版侵权举报请发邮件至 dbqq@phei.com.cn。

本书咨询联系方式：（010）88254570，xujj@phei.com.cn。

前言
Preface

2021 年 4 月 1 日，教育部办公厅印发《高等职业教育专科信息技术课程标准（2021 年版）》中强调，高等职业教育专科信息技术课程是各专业学生必修或限定选修的公共基础课程。学生通过学习本课程，能够增强信息意识、提升计算思维、提高数字化创新与发展能力、树立正确的信息社会价值观和责任感。

为全面贯彻党的教育方针，落实立德树人根本任务，满足国家信息化发展战略对人才培养的要求，本书围绕高等职业教育专科各专业对信息技术学科核心素养的培养需求，吸纳信息技术领域的前沿技术，通过理实一体化教学，提高学生应用信息技术解决问题的综合能力，使学生成为德智体美劳全面发展的高素质技术技能人才。

本书为该标准中的拓展模块，严格按照 12 个项目要求编写，分别为信息安全、项目管理、机器人流程自动化、程序设计基础、大数据、人工智能、云计算、现代通信技术、物联网、数字媒体、虚拟现实、区块链。本书采用"任务驱动、案例教学"编写形式，部分内容以融媒体形式呈现，方便不同专业的学生学习。学生通过本书的学习，可拓展职业能力基础，掌握信息技术相关知识，为其职业发展、终身学习和服务社会奠定基础。

本书为校企合作开发教材，充分结合企业和社会实际需要，根据最新的教育部信息技术课程标准，采用融媒体形式，为培养校企合作应用创新型人才而编写。本书由重庆城市管理职业学院具有丰富教学经验的教师团队编写，并得到重庆海王星网络有限公司的技术人员指导。各项目编写分工如下：项目 1、项目 8 和项目 12 由何娇编写，项目 2、项目 3、项目 11 由邓长春编写，项目 4、项目 5 由李静编写，项目 6 由李顺琴编写，项目 7 由王海滨编写，项目 9 由姜继勤和王小平编写，项目 10 由彭茂玲编写。重庆海王星网络有限公司总经理陈继对本书进行了审核，在此表示衷心的感谢。

教材建设是一项系统工程，需要在实践中不断加以完善和改进，由于编者水平有限，书中难免有疏漏和不足之处，敬请同行专家和广大读者给予批评和指正。

编　者

目 录
Contents

项目 **1**

信息安全

学习目标

- 建立信息安全意识，能识别常见的网络欺诈行为；
- 了解信息安全的基本概念，包括信息安全基本要素、网络安全等级保护等内容；
- 了解信息安全相关技术、信息安全面临的常见威胁和常用的安全防御技术；
- 了解常用网络安全设备的功能和部署方式；
- 了解保障网络信息安全的一般思路；
- 掌握利用系统安全中心配置防火墙的方法；
- 掌握利用系统安全中心配置病毒防护的方法；
- 掌握常用的第三方安全工具的使用方法，并能解决常见的安全问题。

项目描述

随着网络技术的发展，信息安全已经越来越受到人们的关注，掌握必要的信息安全管理和安全防范技术非常必要。在本项目中，介绍基本的信息安全概念、信息安全设备、安全防御技术、防火墙配置、病毒防护等相关知识。

信息安全的内涵已经发展为运行系统的安全、系统信息的安全和网络社会的整体安全，包括物理安全、网络安全、硬件和软件安全、数据和信息内容的安全、组织和人的行为的安全、信息系统基础设施与国家信息安全。

通过本项目的学习，使学生提高法治意识、国家安全意识和认知能力。

任务一　认识信息安全

➡ 任务描述

随着信息技术的快速发展和广泛应用，信息安全的重要性日益突出。建立信息安全意识，了解信息安全、网络安全相关概念，掌握常用的防网络欺诈技巧，是现代信息社会对高素质技术技能人才的基本要求。

➡ 任务实施

1.1.1　信息安全的基本概念

信息安全可分为狭义安全与广义安全两个层次，狭义的信息安全是建立在以密码论为基础的计算机安全领域上的。广义的信息安全是一门综合性学科，包括信息安全管理和安全防范技术。从传统的计算机安全到信息安全，不再是单纯的技术问题，还包括管理、技术、法律等相关问题。

国际标准化组织（ISO）将信息安全定义为：为数据处理系统建立和采用的技术、管理上的安全保护，为的是保护计算机硬件、软件、数据不因偶然和恶意的原因而遭到破坏、更改和泄露，使系统能够连续、正常地运行。

从微观角度出发，信息安全主要是指信息产生、制作、传播、收集、处理和选取等信息传播与使用过程中的信息资源安全，对信息安全最主要的关注点集中在信息处理的安全、信息存储的安全以及网络传输信息内容的安全三个方面。从国家宏观安全角度出发，信息安全是指一个国家的社会信息化状态和信息技术体系不受外来的威胁与侵害。它强调社会信息化带来的信息安全问题，一方面是指具体的信息技术系统发展的安全；另一方面是指某一特定信息体系（如国家的金融信息系统、作战指挥系统等）的安全。

1.1.2　信息安全要素

信息安全是指通过采用计算机技术、网络技术、密钥技术等安全技术和采取各种组织管理措施，来保护信息在其神秘周期内的产生、传输、交换、处理和存储的各个环节中，信息的机密性、完整性和可用性不被破坏。

信息安全的五个基本要素是指需保证信息的保密性、真实性、完整性、可用性、不可否认性。

1. 保密性

保密性是指确保信息在存储、使用的过程中，数据内容不会泄露给非授权者。加密是实现保密性要求的常用手段。

保密性是信息安全一诞生就具有的特性，也是信息安全主要的研究内容之一，一般来说，就是未授权的用户不能获取敏感信息。

对纸质文档信息，我们只需要保护文件，使其不被非授权者接触即可。而对计算机及网络环境中的信息，不仅要阻止非授权者对信息的阅读，还要阻止授权者将其访问的信息传递给非授权者，以免信息被泄露。

2. 真实性

真实性是指对信息的来源进行判断，能对伪造来源的信息予以鉴别。

3. 完整性

完整性是指信息在存储、使用的过程中，数据内容是完整的，不会被非授权者篡改，使信息保持其真实性。常见的技术手段是数字签名。

如果重要信息被蓄意地修改、插入、删除等而形成虚假信息，将带来严重的后果。

4. 可用性

可用性是指授权主体在需要信息时能及时得到服务的能力。可用性是在信息安全保护阶段对信息安全提出的新要求，也是在网络化空间中必须满足的一项信息安全要求。

5. 不可否认性

不可否认性是指在网络环境中，信息交换的双方不能否认其在交换过程中发送信息或接收信息的行为。

1.1.3　网络安全等级保护

信息安全等级保护是指对信息和信息载体按照重要性等级分级别进行保护的一项工作。在我国，信息安全等级保护广义上为涉及该工作的标准、产品、系统、信息等均依据等级保护思想进行的安全工作；狭义上一般指信息系统安全等级保护。

信息系统安全等级测评是验证信息系统是否满足相应安全保护等级的评估过程。信息安全等级保护要求不同安全等级的信息系统应具有不同的安全保护能力，一方面通过在安全技术和安全管理上选用与安全等级相适应的安全控制来实现；另一方面分布在信息系统中的安全技术和安全管理上不同的安全控制，通过连接、交互、依赖、协调、协同等相互关联关系，共同作用于信息系统的安全功能，使信息系统的整体安全功能与信息系统的结构以及安全控制间、层面间和区域间的相互关联关系密切相关。因此，信息系统安全等级测评在安全控制测评的基础上，还要包括系统整体测评。

信息系统的安全保护等级分为以下五级，从一级至五级等级逐级增高。

第一级，信息系统受到破坏后，会对公民、法人和其他组织的合法权益造成损害，但不损害国家安全、社会秩序和公共利益。第一级信息系统运营、使用单位应当依据国家有关管理规范和技术标准进行保护。

第二级，信息系统受到破坏后，会对公民、法人和其他组织的合法权益产生严重损害，或者对社会秩序和公共利益造成损害，但不损害国家安全。国家信息安全监管部门对该级信息系统安全等级保护工作进行指导。

第三级，信息系统受到破坏后，会对社会秩序和公共利益造成严重损害，或者对国家安全造成损害。国家信息安全监管部门对该级信息系统安全等级保护工作进行监督、检查。

第四级，信息系统受到破坏后，会对社会秩序和公共利益造成特别严重损害，或者对国家安全造成严重损害。国家信息安全监管部门对该级信息系统安全等级保护工作进行强制监督、检查。

第五级，信息系统受到破坏后，会对国家安全造成特别严重损害。国家信息安全监管部门对该级信息系统安全等级保护工作进行专门监督、检查。

1.1.4 网络安全

1. 网络欺诈

网络诈骗通常指为达到某种目的在网络上以各种形式向他人骗取财物的诈骗手段，犯罪的主要行为、环节发生在互联网上的，用虚构事实或者隐瞒真相的方法，骗取数额较大的公私财物的行为。

1）常见的网络欺诈

通过扫描右侧的二维码了解具体内容。

2）防欺诈技巧

巧识诈骗 谨防上当　　　网络欺诈

面对互联网上种类繁多的诈骗犯罪活动，如何才能识破骗局、避免上当呢？建议大家使用以下几种方法来避免受骗。

（1）求职时，用搜索引擎搜索相关公司或网店，查看电话、地址、联系人、营业执照等证件之间的内容是否相符，对网站的真实性进行核实。正规网站的首页都有"红盾"图标和"ICP"编号，以文字链接的形式出现。

（2）收到陌生短信或中奖等信息，或者接到电话要退购物款，不要轻信。如果自己确实有购物行为，可通过官方网站进行核实。对发现的不良信息及涉嫌诈骗的网站应及时向公安机关举报。

（3）在网上购物时应上正规网站，不要被某些网站上价格低廉的商品迷惑，这往往是犯罪嫌疑人设下的诱饵。

（4）要理性对待、认真辨识网络中的陌生人，尤其不能向对方透露自己及家人的身份信息、银行卡号等重要信息，警惕对方提出的任何转账需求，避免在不知不觉中误入骗子的"感情"圈套而向诈骗分子转账。对于在网络上或电话、短信等以朋友身份招揽投资赚钱计划或快速致富方案等信息要格外小心，不要轻信免费赠品或抽中大奖之类的通知，更不要向其支付任何费用。

（5）如遇到可疑情况，可拨打反电信网络诈骗专用号码96110进行防骗咨询。

3）典型案例

通过扫描右侧的二维码了解具体内容。

典型案例

2. 网络安全相关法律

1）《中华人民共和国网络安全法》

本法由第十二届全国人民代表大会常务委员会第二十四次会议于2016年11月7日通过，自2017年6月1日起施行。《中华人民共和国网络安全法》是我国第一部全面规范网络空间安全管理方面问题的基础性法律，是我国网络空间法治建设的重要里程碑，是依法治网、化解网络风险的法律重器，为网络安全工作提供切实法律保障。

2）《计算机信息网络国际联网安全保护管理办法》

为了加强对计算机信息网络国际联网的安全保护，维护公共秩序和社会稳定，本办法于1997年12月11日经国务院批准，1997年12月16日以公安部令第33号发布，根据2011年1月8日《国务院关于废止和修改部分行政法规的决定》修订。

任务二 信息安全技术

任务描述

信息安全与网络安全有所不同，信息安全是一个广泛抽象的概念，是指信息在生产、传输、处理和存储的过程中不被泄露或破坏，确保信息的真实性、可用性、保密性、完整性和不可否认性，并保证信息系统的可靠性和可控性。信息安全还包括操作系统安全、数据库安全、硬件设备设施安全、软件开发及应用安全等，对信息安全采取防御措施，有效抵御外来入侵，减少信息泄露给用户带来的危害，不断提升防范技术和加强安全管理，确保信息安全。

信息安全技术是指保证用户正常获取、传递、处理和利用信息，防止非法获取信息的一系列技术的统称。目前，常见的信息安全防御技术主要有防火墙技术、加解密技术、身份认证技术、数字签名技术、入侵检测技术。

任务实施

1.2.1 防火墙技术

防火墙（Firewall），是一种重要的网络防护设备，其主要借助硬件和软件对内部和外部网络环境产生保护屏障，从而实现对计算机不安全网络因素的阻断。只有在防火墙允许的情况下，用户才能进入计算机中，否则将被阻挡于防火墙之外。

防火墙技术是建立在现代通信网络技术和信息安全技术基础上的应用型安全技术，位于内部网络和其他网络之间，是用来阻挡或隔离外部不安全因素影响的内部网络屏障，其目的是保护内部网免受非法用户的侵入，阻止非法的信息访问和传递。简单防火墙示意图如图 1-1 所示。

图 1-1　简单防火墙示意图

1. 防火墙的功能

1）内部网络的安全屏障

一个防火墙（作为阻塞点、控制点）能极大地提高一个内部网络的安全性，并通过过滤不安全的服务来降低风险。由于只有经过精心选择的应用协议才能通过防火墙，所以网络环境变得更安全。如防火墙可以禁止不安全的 NFS 协议进出受保护的网络，这样外部的攻击者就不能利用这些脆弱的协议来攻击内部网络。防火墙还可以保护网络免受基于路由的攻击，如 IP 选项中的源路由攻击和 ICMP 重定向中的重定向路径攻击。

利用防火墙对内部网络的划分，可实现对网络中网段的隔离，防止影响一个网段的问题通过整个网络传播，从而限制了局部重点或敏感网络安全问题对全局网络造成的影响，同时，保护一个网段不受来自网络内部其他网段的攻击。

2）用户身份认证

防火墙可以通过用户身份认证来确定合法用户。防火墙通过事先确定的完全检查策略来决定内部用户可以使用哪些服务，可以访问哪些网站。

3）访问监控

防火墙可以对经过防火墙的访问做出日志记录，同时也可提供网络使用情况的统计数据。当发生可疑动作时，防火墙能进行适当的报警通知，提供网络是否受到威胁的信息，并提供网络是否受到监测和攻击的详细信息。

4）防止内部信息的外泄

利用防火墙对内部网络的划分，可实现对内部网络重点网段的隔离，从而限制局部重点或敏感网络安全问题对全局网络造成的影响。隐私是内部网络非常关心的问题，一个内部网络中不引人注意的细节可能包含有关安全的线索而引起外部攻击者的兴趣，甚至因此而暴露内部网络的某些安全漏洞。使用防火墙可以隐蔽那些暴露内部细节的服务，如 Finger、DNS 等服务。Finger 显示主机的所有用户的注册名、真名、最后登录时间和使用 shell 类型等。但是 Finger 显示的信息非常容易被攻击者所获悉。攻击者可以知道一个系统使用的频繁程度，这个系统是否有用户正在连线上网，这个系统是否在被攻击时引起注意，等等。防火墙可以同样阻塞有关内部网络中的 DNS 信息，这样，一台主机的域名和 IP 地址就不会被外界所了解。除了安全作用，防火墙还支持具有 Internet 服务性的企业内部网络技术体系 VPN（虚拟专用网）。

2. 防火墙的局限性

从防火墙的功能来看，它有很多优点，但也有许多是防火墙做不到的，具体如下：

（1）防火墙不能防范不经由防火墙的攻击。例如，如果允许从受保护的网络内部不受限制地向外拨号，一些用户可以形成与 Internet 的直接连接，从而绕过防火墙，造成一个潜在的后门攻击渠道。

（2）防火墙不是防病毒墙，它不能拦截带病毒的数据在网络之间传播，不能防止感染了病毒的软件或文件的传输，只能在每台主机上安装反病毒软件。这是因为病毒的系统也有多种，不能期望防火墙能对每个进出内部网络的文件进行扫描。

（3）防火墙不能防止数据驱动式攻击。有些表面看起来无害的数据通过电子邮件发送或者其他方式复制到内部主机上，一旦被执行就形成攻击。一个数据型攻击可能导致主机修改与安全相关的文件，使得入侵者很容易获得对系统的访问权。在本书的后面将会看到，在堡垒主机上部署代理服务器是禁止从外部直接产生网络连接的最佳方式，这能减少数据驱动型攻击带来的威胁。

（4）防火墙不能防范恶意的内部人员入侵。网络中发生的攻击和入侵事件80%以上都是内部人员造成的，内部人员通晓内部网络的结构，如果内部人员从内部入侵内部主机，或进行一些破坏活动，因为该通信没有通过防火墙，所以防火墙无法阻止。

（5）防火墙不能防范不断更新的攻击方式。防火墙的安全策略是在已知的攻击模式下制定的，所以它对全新的攻击方式缺少阻止能力。防火墙不能自动阻止全新的入侵，所以以为安装了防火墙就可以高枕无忧的思想是很危险的。

3. 防火墙分类

防火墙通常有四种类型，即集成防火墙功能的路由器、集成防火墙功能的代理服务器、专用的软件防火墙和专用的软硬件结合的防火墙。

从实现技术方式来分类，防火墙可分为包过滤防火墙、应用网关防火墙、代理防火墙和状态检测防火墙。

从形态上来分类，防火墙可分为软件防火墙和硬件防火墙。软件防火墙又分为两种类型，一种是企业级的软件防火墙，用于大型网络并执行路由选择功能；另一种是 SOHO（Small Office Home Office）级的软件防火墙。软件防火墙通常会提供全面的防火墙功能，对于企业级的软件防火墙，可以安装在服务器操作系统上，也称它为基于服务器的防火墙，如 CheckPoint 公司的 FireWaLL-1 就是基于服务器的防火墙。基于服务器的防火墙实际上是在操作系统上运行的应用程序。其系统平台有 UNIX、Linux、Windows NT 等版本。

因为硬件路由器也使用软件，所以将硬件防火墙又称为设备防火墙。其本身已设计成一种总体系统，不需要复杂的安装或配置就可以提供防火墙功能。硬件防火墙与软件防火墙相似，可以针对企业应用市场来设计，也可以针对 SOHO 环境来设计。

基于硬件设备的防火墙，是指运行在专用的硬件和软件上的防火墙，也是集成解决方案。如 Cisco PIX 防火墙就属于这种集成设备，其整个系统不能实现防火墙之外的任何其他功能，并且也没有硬盘或服务器的其他常规组件。由于这种方案具有集成性和专用性，因此其在速度、稳定性和安全性方面都比基于服务器的防火墙好。但基于服务器的防火墙会提供额外的配置和支持选项，并且价格比集成解决方案便宜。

防火墙技术

4. 系统安全中心的防火墙配置

系统安全中心的防火墙即 Windows 防火墙。普通的计算机终端用户在使用计算机的过程中，最好开启 Windows 防火墙，以保护计算机安全。在安装某些应用软件时，防火墙可能会与其产生冲突，这时又需要关闭防火墙。具体操作如下：

防火墙设备

（1）打开 Windows 10 的系统安全中心。在"开始"菜单中选择"设置"命令，在打开的设置窗口中，选择"更新和安全"，如图 1-2 所示。

设置 — □ ×

Windows 设置

查找设置

- 系统 显示、声音、通知、电源
- 设备 蓝牙、打印机、鼠标
- 手机 连接 Android 设备和 iPhone
- 网络和 Internet WLAN、飞行模式、VPN
- 个性化 背景、锁屏、颜色
- 应用 卸载、默认应用、可选功能
- 账户 你的账户、电子邮件、同步设置、工作、家庭
- 时间和语言 语音、区域、日期
- 游戏 Xbox Game Bar、捕获、游戏模式
- 轻松使用 讲述人、放大镜、高对比度
- 搜索 查找我的文件、权限
- 隐私 位置、相机、麦克风
- 更新和安全 Windows 更新、恢复、备份

图 1-2 设置窗口

（2）在"更新和安全"窗口选择"Windows 安全中心"，单击"防火墙和网络保护"，如图 1-3 所示。

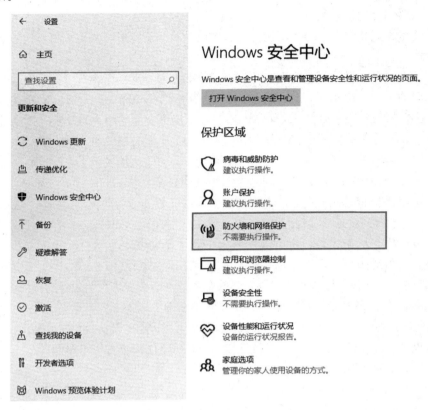

图 1-3　Windows 安全中心

（3）分别开启域网络、专用网络和公用网络防火墙，如图 1-4 所示。

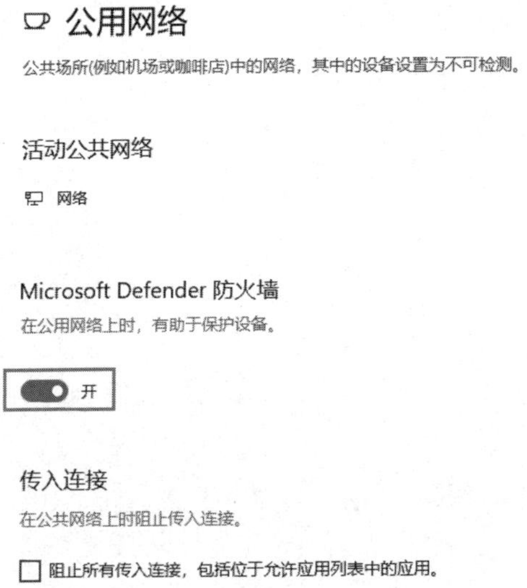

□ 公用网络

公共场所(例如机场或咖啡店)中的网络，其中的设备设置为不可检测。

活动公共网络

□ 网络

Microsoft Defender 防火墙

在公用网络上时，有助于保护设备。

［⚫ 开］

传入连接

在公共网络上时阻止传入连接。

□ 阻止所有传入连接，包括位于允许应用列表中的应用。

图 1-4　公用网络设置窗口

除了开启以上防火墙，还可以对防火墙进行高级设置，如图 1-5 所示，其中包括入站和出站规则设置。入站就是外网访问当前计算机，出站就是当前计算机访问外网。用户可以创建入站和出站规则，从而阻止或者允许特定程序或端口连接网络。

图1-5 防火墙高级设置窗口

1.2.2 加解密技术

加密技术是利用数学或物理手段，对电子信息在传输的过程中和存储体内进行保护，以防止泄露的技术。加密是指通过密码算法对数据进行转化，在传输或存储的过程中对数据进行加密，使其成为没有正确密钥任何人都无法读懂的报文。互联网上的任何角落都存在通信内容被窃听的风险，对通信内容进行加密传送可以降低该风险。

私钥加密算法

典型的加密技术有对称加密和非对称加密。对称加密指收发双方使用相同密钥的密码，加密、解密使用同样的密钥，由发送者和接收者分别保存，在加密和解密时使用，传统的密码就属于这类。非对称加密又称公钥加密技术，指收发双方使用不同密钥的密码，该密码叫作非对称式密码。常见的非对称加密有大整数因子分解系统（代表性的有 RSA）、椭圆曲线离散对数系统（ECC）和离散对数系统（代表性的有 DSA）。

公钥加密算法

1.2.3 身份认证技术

身份认证技术是指通过网络对通信实体确认操作者身份的技术。计算机网络世界中的一切信息包括用户的身份信息都是用一组特定的数据来表示的，计算机只能识别用户的数字身份，所有对用户的授权也是针对用户数字身份的授权。如何保证以数字身份进行操作的操作者就是这个数字身份的合法拥有者，也就是说，保证操作者的物理身份与数字身份相对应，身份认证技术就是为了解决这个问题，作为防护网络资产的第一道关口，身份认证起到举足轻重的作用。身份认证技术常见的种类有用户名口令（密码）、身份识别、指纹识别、人脸识别、PKI 公钥证书等。其中，人脸识别、指纹识别又称生物识别。

1. 用户名口令

1）静态密码

用户的密码是由用户设定的。在登录网络时输入正确的密码，计算机就认为操作者就是合法用户。实际上，由于许多用户为了防止忘记密码，经常采用如生日、电话号码等容易被猜测的字符串作为密码，或者把密码抄在纸上放在一个自认为安全的地方，这样很容易造成密码泄露。如果密码是静态的数据，在验证的过程中该数据在计算机内存和传输的过程中可能会被木马程序或网络截获。因此，很多平台为了确保静态密码的安全性，要求密码必须包含三种不同类型的字符，且至少有 6 个字符，以提高密码的安全性。

目前，智能手机的功能越来越强大，里面包含很多私人信息，用户在使用手机时，为了保护信息安全，通常会为手机设置密码。由于密码是存储在手机内部的，称之为本地密码认证，与之相对的是远程密码认证。如用户在登录电子邮箱时，电子邮箱的密码是存储在邮箱服务器中的，用户在本地输入的密码需要发送给远端的邮箱服务器，只有与服务器中的密码一致才被允许登录电子邮箱。为了防止攻击者采用离线字典攻击的方式破解密码，系统通常都会设置在登录失败达到一定次数后锁定账号，以保护账号安全。

2）动态密码

动态密码是随时变化的密码，由于每次输入的密码都不固定，称之为动态密码。可通过手机短信、硬件令牌、手机令牌获取动态密码。

手机短信：身份认证系统以短信形式发送随机的 6 位密码到客户的手机上，客户在登录或者交易认证时输入此动态密码，从而确保系统身份认证的安全性。短信密码也存在一定的安全隐患，如果手机丢失，那么别有用心者可以使用手机动态密码修改手机中的其他登录信息。目前，银行除了使用短信密码，还采用电子密码器保证账户安全。电子密码器是现在银行常用的安全工具，有内置电源和密码生成芯片，外带显示屏和数字键盘，无须安装任何程序即可在电子银行等渠道使用。

硬件令牌：当前主流的是基于时间同步的硬件令牌，它每 60 秒变换一次动态口令，动态口令一次有效，它产生 6 位/8 位动态数字。硬件令牌的优点不仅非常安全，而且使用非常方便。动态口令又称一次性密码，每 60 秒随机更新一次，其优点是一个口令在认证的过程中只使用一次，下次认证时要使用另一个口令，使不法分子难以仿冒合法用户的身份，用户也不需要记密码。动态口令牌的使用十分简单，无须安装驱动，6 位动态密码以数字显示，一目了然。用户只要根据网上银行系统的提示，输入动态口令牌当前显示的动态口令即可，如图 1-6 所示。

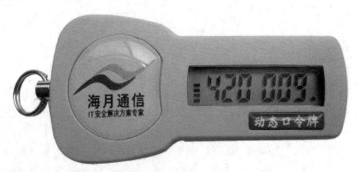

图 1-6　动态口令牌

手机令牌：手机令牌是一种手机客户端软件，它基于时间同步方式，每 60 秒产生一个随机 6 位动态密码，口令生成过程不产生通信及费用，具有使用简单、安全性高、低成本、无须携带额外设备、容易获取、无物流等优势。手机令牌有 iPhone、Android 版本，可以满足绝大部分用户的需求，可以广泛应用在网络游戏、互联网等用户基数大的领域，手机令牌的使用将大大减小动态密码服务管理及运营成本，并方便用户。

2. 身份识别

身份识别即官方发布码（Official Release Code，ORC），是全球领先的互联网官方身份认证备案机构推行的官方身份识别码，采用一个真实身份一个号码的管理方法。ORC 将身份识别与查询、商机发布与合作、单位工作与管理、在线招聘与应聘、各种付款与收款、日常生活与学习、信息备案与发布等应用功能浓缩在一个号码上，实现官方身份商务、工作、生活一号通。

ORC 目前应用于数字身份证、数字名片等。数字身份证是指将真实身份信息浓缩为数字代码，可通过网络、相关设备等查询和识别的公共密钥。ORC 通过公安部身份查询渠道与身份证信息绑定，并实现相关证件的第三方核实验证、免费网络查询，是目前数字身份证之一，在商务合作、交友、消费、求职等领域得到广泛应用。

3. 生物识别

生物识别技术是指通过计算机与光学、声学、生物传感器和生物统计学原理等高科技手段密切结合，利用人体固有的生理特性（如指纹、指静脉、人脸、视网膜、虹膜等）和行为特征（如笔迹、声音、步态等）来进行个人身份的鉴定。

我国生物特征识别行业最早应用的是指纹识别技术，基本与国外同步，早在 80 年代初就开始研究，并掌握核心技术，产业发展相对比较成熟。我国对静脉识别、人脸识别、虹膜识别等生物认证技术研究的开展在 1996 年之后。

1.2.4 数字签名技术

数字签名的意思不是在落款时签自己的名字，而是指非对称加密算法的典型应用。

数字签名又称公钥数字签名，是只有信息的发送者才能产生的别人无法伪造的一段数字串，这段数字串同时也是对信息的发送者发送信息真实性的一个有效证明。数字签名是指对附加在数据单元上的一些数据或数据单元进行的密码变换，这种数据或变换能使数据单元的接收者确认数据单元的来源和完整性，防止被人（如接收者）伪造。

数字签名是使用公钥加密领域的技术来实现的用于鉴别数字信息的方法。一套数字签名通常定义两种互补的运算，一种用于签名即加密的过程，另一种用于验证即解密的过程。

1. 数字签名的特点

每个人都有一对"钥匙"（数字身份），其中一个只有她/他本人知道（密钥），另一个是公开的（公钥），签名的时候用密钥，验证签名的时候用公钥。任何人都可以落款，因此，公钥必须向接收者信任的身份认证机构注册。注册后身份认证机构会给你发一个数字证书。对文件签名后，你把该数字证书连同文件及签名一起发给接收者，接收者向身份认证机构求证是否是用你的密钥签发的文件。

在通信中使用数字签名一般具有以下特点。

1）鉴权

公钥加密系统允许任何人在发送信息时使用私钥进行加密，接收信息时使用公钥解密。当然，接收者不可能百分之百地确信发送者的真实身份，而只能在密码系统未被破译的情况下才有理由确信。

鉴权的重要性在财务数据上表现得尤为突出。举个例子，假设一家银行将指令由它的分行传输到它的中央管理系统，指令的格式是（a，b），其中 a 是账户的账号，b 是账户中的金额。

这时，一位远程客户可以先存入 100 元，观察传输的结果，然后接二连三地发送格式为（a, b）的指令。这种方法被称作重放攻击。在数字签名中，如果采用对签名报文添加流水号、时间戳等技术，可以防止重放攻击。

2）完整性

传输数据的双方都希望确认在传输的过程中消息未被修改。加密使得第三方想要读取数据十分困难，然而第三方仍然能采取可行的方法在传输的过程中修改数据。一个通俗的例子就是同形攻击，还是上面的那家银行从它的分行向它的中央管理系统发送格式为（a, b）的指令，其中 a 是账号，b 是账户中的金额。一个远程客户可以先存 100 元，然后拦截传输结果，再传输（a, b），这样他就可以立刻变成百万富翁了。

3）不可抵赖

在密文背景下，抵赖这个词指的是不承认与消息有关的举动。消息的接收方可以通过数字签名来防止所有后续的抵赖行为，预防接收者抵赖。在数字签名中，要求接收者返回一个自己签名的表示收到的报文，给对方或者第三方或者引入第三方机制。如此操作，双方均不可抵赖。

2. 数字签名技术

1）哈希算法的数字签名与验证

哈希函数是一种"压缩函数"，利用哈希函数可以把任意长度的输入经由散列函数算法变换成固定长度的输出，该输出的哈希值就是消息摘要（Message Digest），也称数字摘要。在正式的数字签名中，发送方首先对发送文件采用哈希算法，得到一个固定长度的消息摘要；再用自己的私钥（Secret Key，SK）对消息摘要进行签名，形成发送方的数字签名。数字签名将与数据一起加密发送给接收方；接收方先用发送方的公钥对数字签名进行解密，得到发送方的数字摘要，然后用相同的哈希函数对原文进行哈希计算，得到一个新的消息摘要，最后将消息摘要与收到的消息摘要做比较。

2）基于非对称密钥加密体制的数字签名与验证

发送方先将原文用自己的私钥加密，得到数字签名，然后将原文和数字签名一起发送给接收方，接收方用发送方的公钥对数字签名进行解密，最后与原文进行比较。数字签名是电子商务、电子政务中应用普遍、技术成熟、可操作性强的一种电子签名方法。它采用规范化的程序和科学化的方法，用于鉴定签名人的身份及对一项电子数据内容的认可。使用数字签名技术能够验证文件的原文在传输的过程中有无变动，确保传输的电子文件的完整性、真实性和不可抵赖性。

1.2.5 入侵检测技术

入侵检测技术是为保证计算机系统的安全，依照一定的安全策略，对网络、系统的运行状况进行监视而设计与配置的一种能够及时发现并报告系统中未授权或异常现象的技术。入侵检测技术可以尽可能地发现各种攻击企图、攻击行为或者攻击结果，以保证网络系统资源的机密性、完整性和可用性。进行入侵检测的软件与硬件的组合便是入侵检测系统（IDS），IDS 对计算机和网络资源的恶意使用行为进行识别和相应处理。

1. 基于主机的检测技术

系统分析的数据包括计算机操作系统的事件日志，应用程序的事件日志，系统调用、端口调用和安全审计记录。主机型入侵检测系统保护的一般是所在的主机系统，是由代理（agent）来实现的，代理是运行在目标主机上的小的可执行程序，它们与命令控制台（console）通信。

2. 基于网络的检测技术

系统分析的数据是网络上的数据包。网络型入侵检测系统担负着保护整个网段的任务，基于网络的入侵检测系统由遍及网络的传感器（sensor）组成，传感器是一台将以太网卡置于混杂模式的计算机，用于嗅探网络上的数据包。

3. 混合型检测技术

基于网络和基于主机的入侵检测系统都有不足之处，会造成防御体系的不全面，综合了基于网络和基于主机的混合型入侵检测系统既可以发现网络中的攻击信息，也可以从系统日志中发现异常情况。

任务三　网络安全设备

任务描述

根据国家互联网信息办公室等部门发布的《网络关键设备和网络安全专用产品目录》，网络安全设备主要包括数据备份一体机、防火墙（硬件）、Web 应用防火墙（WAF）、入侵检测系统（IDS）、入侵防御系统（IPS）、安全隔离与信息交换产品（网闸）、反垃圾邮件产品、网络综合审计系统、网络脆弱性扫描产品、安全数据库系统、网络恢复产品（硬件）等。

任务实施

1.3.1　Web 应用防火墙（WAF）

Web 应用防护墙（Web Application Firewall，WAF）是通过执行一系列针对 HTTP/HTTPS 的安全策略来专门为 Web 应用提供保护的一款产品，主要用于防御针对网络应用层的攻击，如 SQL 注入、跨站脚本攻击、参数篡改、应用平台漏洞攻击、拒绝服务攻击等。

WAF 通过记录分析黑客攻击样本库及漏洞情况，使用数千台防御设备和骨干网络，以及安全替身、攻击溯源等前沿技术，构建网站应用级入侵防御系统，解决网页篡改、数据泄露和访问不稳定等异常问题，保障网站中数据的安全性和应用程序的可用性。

1. Web 应用防火墙的功能

（1）审计设备：用来截获所有 HTTP 数据或者仅满足某些规则的会话。

（2）访问控制设备：用来控制对 Web 应用的访问，既包括主动安全模式也包括被动安全模式。

（3）架构/网络设计工具：当运行在反向代理模式时，它们被用来分配职能、集中控制、虚拟基础结构等。

（4）Web 应用加固工具：此功能增强 Web 应用的安全性，它不仅能够屏蔽 Web 应用固有的弱点，而且能够避免 Web 应用编程错误导致的安全隐患。

但是，需要指出的是，并非每种被称为 Web 应用防火墙的设备都同时具有以上四种功能。

2. Web 应用防火墙的特点

1）异常检测

如果阅读过各种 RFC（Request For Comments，请求评论），就会发现一个被反复强调的主题，大多数 RFC 建议应用自己使用的协议时要保守，而对于接受其他发送者的协议时可以自由一些。Web 服务器就是这样做的，但这样的行为也给所有攻击者打开了大门。几乎所有 WAF 对 HTTP 的请求执行某种异常检测，拒绝不符合 HTTP 标准的请求，它也可以只允许 HTTP 协议的部分选项通过，从而减小攻击的影响范围，甚至一些 WAF 还可以严格限定 HTTP 协议中那些过于松散或未被完全制定的选项。

2）增强验证

对频繁发生的 Web 安全问题而言，有些是源于对 Web 设计模型的误解，有些则来自于程序员认为浏览器是可信的。很多 Web 程序员用 JavaScript 在浏览器上实现输入验证，而浏览器只是一个用户控制的简单工具，因此，攻击者可以非常容易地绕过输入验证，直接将恶意代码输入 Web 应用服务器中。

有一个解决上述问题的正确方法，就是在服务端进行输入验证。如果这个方法不能实现，则可以通过在客户与应用服务器之间增加代理，让代理执行 Web 页面上嵌入的 JavaScript，实现输入验证。

曾经设置过防火墙规则的人，可能会碰到这样的建议，允许已知的安全流量，而拒绝其他一切访问，这是一种积极的安全模型。与此相反，消极的安全模型默认允许一切访问，只拒绝一些已知危险的流量模式。

两种安全模型都存在各自的问题。

消极的安全模型：什么是危险的？

积极的安全模型：什么是安全的？

消极的安全模式通常使用得比较多，它能识别出一种危险的模式并配置自己的系统禁止它。这个操作简单而有趣，但不十分安全。它依赖于人们对于危险的认识，如果问题存在却没有意识到（这种情况很常见），就会为攻击者留下可乘之机。

积极的安全模式（又称白名单模式）看上去是一种制定策略的更好模式，非常适于配置防火墙策略。在 Web 应用安全领域中，积极的安全模式通常被概括成对应用中的每个脚本的枚举。对枚举的每个脚本都要建立相应的列表，表中内容如下所示：

- 允许的请求方式（如 GET/POST 或者只 POST）
- 允许的 Content-Type
- 允许的 Content-Length
- 允许的参数
- 指定参数和可选参数
- 指定参数类型（如文本或整数）
- 附加参数限制

上述列表仅仅是个例子，实际上积极的安全模式通常包括更多要素。它试图从外部完成程序员本应从内部完成的工作：为提交到 Web 应用的信息验证每一个比特。如果肯花时间的话，使用积极的安全模式是一个比较好的选择。这个模式的难点之一，在于应用模式会随着应用的发展而改变。每当应用中添加新脚本或更改旧脚本时，就需要更新模式。但是，它适用于保护那些稳定的、无人维护的旧应用。

自动开发策略可以解决以下问题：

（1）一些 WAF 能够监视流量，并根据这些流量数据自动配置策略，有些产品可以实时进行这样的工作。

（2）通过白名单可以标识特定的 IP 地址是可信的，然后依据观察的流量配置 WAF，更新安全策略。

（3）如果通过一个全面的衰减测试（仿真正确的行为）来创建一个应用，并在 WAF 处于监控状态时执行测试，那么 WAF 可以自动生成策略。

可见，没有哪个模式是完全令人满意的。消极的安全模式适用于处理已知问题，而积极的安全模式则适用于稳定的 Web 应用。理想的做法是，在现实生活中，将二者结合使用，取长补短。

3）及时补丁

积极的安全模式理论上更好一些，因为浏览器与 Web 应用程序之间的通信协议通过 HTML 规范进行了很好的定义。Web 开发语言可以处理带有多个参数的 HTTP 请求。因为这些参数在 Web 应用防火墙中都是可见的，因此，Web 应用防火墙可以分析这些参数，判断是否存在该请求。

当一个应用中的漏洞被发现时，大多数情况下我们会尽可能在代码中修补它。受诸多因素的影响（如应用的规模，是否有开发人员，法律问题，等等），开发补丁的过程可能需要几分钟，或者很长时间。这期间正是攻击者发起攻击的好机会。

如果开发人员能够在非常短的时间内在代码中修补好漏洞，那么你就不用担心了。但是，如果修补这个漏洞需要花费几天甚至几周呢？Web 应用防火墙就是处理这个问题的理想工具，只要给一个安全专家不错的 WAF 和足够的漏洞信息，它就能在不到一个小时的时间内屏蔽这个漏洞。当然，这种屏蔽漏洞的方式不是非常完美的，并且没有安装对应的补丁就是一种安全威胁，但是在没有选择的情况下，任何保护措施都比没有保护措施好。

及时补丁的原理可以更好地适用于基于 XML 的应用中，因为这些应用的通信协议都具有规范性。

市场上大多数产品是基于规则的 WAF。其原理是每个会话都要经过一系列的测试，每项测试都由一个或多个检测规则组成，如果测试没有通过，那么请求就会被认为非法而被拒绝。

基于规则的 WAF 很容易构建并能有效地防范已知的安全问题。当我们要制定自定义防御策略时使用它会更加便捷。但是因为它们必须首先确认每个威胁的特点，所以要有一个强大的规则数据库支持。WAF 生产商维护这个数据库，并且提供自动更新的工具。

该方法不能有效保护自己开发的 Web 应用或者零日漏洞（攻击者使用的没有公开的漏洞），对这些威胁使用基于异常的 WAF 更加有效。

异常保护的基本观念是建立一个保护层，这个保护层能够根据检测合法应用数据建立统计模型，以此模型为依据判别实际通信数据是否被攻击。理论上，一旦构建成功，这个基于异常的系统就能探测出任何异常情况。拥有它，我们不再需要规则数据库且零日攻击也不再是问题。但基于异常保护的系统很难构建，所以并不常见。因为用户不了解它的工作原理也不相信它，所以它不如基于规则的 WAF 应用广泛。

4）状态管理

HTTP 的无状态性对 Web 应用安全有很多负面影响。会话只能够在应用层上实现，但对许多应用来说，这个附加的功能只能满足业务的需要而考虑不到安全因素。Web 应用防火墙则将重点放在会话保护上，它的特征包括：

（1）强制登录页面。在大多数站点，可以从任何你所知道的 URL 上访问站点，这通常也方便了攻击者而给防御增加了困难。WAF 能够判断用户是否是第一次访问，并将请求重定向到默认登录页面并记录事件。

（2）分别检测每个用户会话。如果能够区分不同的会话，那么就带来无限的可能，如能够监视登录请求的发送频率和用户的页面跳转。通过检测用户的整个操作行为可以更容易识别攻击。

（3）对暴力攻击的识别和响应。通常 Web 应用网络是无法检测暴力攻击的。有了状态管理模式，WAF 能检测异常事件（如登录失败），并且在达到极限值时进行处理。此时，它可以增加更多的身份认证请求的时间，这个轻微的变化用户感觉不到，但足以对付自动攻击脚本。如果一个认证脚本需要 50 毫秒完成，那么它可以发出大约每秒 20 次的请求。如果增加一点延时，如一秒种的延迟，那么会将请求降低至每秒不足一次。与此同时，发出进一步检测的警告，这样可构成一个相当好的防御。

（4）实现会话超时。超出默认时间会话将失效，并且用户将被要求重新认证。用户在长时间没有请求时将会自动退出登录。

（5）会话劫持的检测和防御。在许多情况下，会话劫持会改变IP地址和一些请求数据（HTTP请求的报头会不同）。状态监控工具能检测出这些异常并防止非法应用的发生。在这种情况下，应该终止会话，要求用户重新认证，并且记录一个警告日志信息。

（6）只允许包含在前一请求应答中的链接。一些 WAF 很严格，只允许用户访问前一次请求返回页面中的链接。这看上去是一个有趣的特点但很难实施。一个问题在于它不允许用户使用多个浏览器窗口，另一个问题是它令使用 JavaScript 自动建立连接的应用失效。

5）其他防护

WAF 的另外一些功能用来解决 Web 程序员过分信任输入数据带来的问题。例如：

隐藏表单域保护。有时，内部应用数据通过隐藏表单变量实现，其实它们并不是真的被隐藏。程序员通常用隐藏表单变量的方法来保存执行状态，给用户发送数据，以确保这些数据返回时未被修改。这是一个复杂烦琐的过程，WAF 经常使用密码签名技术来处理这些数据。

Cookies 保护。与隐藏表单相似的是，Cookies 经常用来传递用户个人的应用数据，而不一样的是，一些 Cookies 可能含有敏感数据。WAF 通常会将整个内容加密，或者将整个 Cookies 机制虚拟化。有了这种设置，终端用户只能看到 Cookies 令牌（如同会话令牌），从而保证 Cookies 在 WAF 中安全地存放。

抗入侵规避技术。基于网络的 IDS 对付 Web 攻击的技术就是攻击规避技术。改写 HTTP 输入请求数据（攻击数据）的方法很多，并且各种改写的请求能够逃避 IDS 探测。在这方面如果能完全理解 HTTP 就是大幅度的改进。如果 WAF 每次可以看到整个 HTTP 请求，就可以避免所有类型的 HTTP 请求分片的攻击。因为完全理解 HTTP 协议，因此能将动态请求和静态请求分别对待，就不用花大量时间保护不会被攻击的静态数据。这样，WAF 可以有足够的计算能力对付各种攻击规避技术，而这些功能由 IDS 完成是很耗时的。

响应监视和信息泄露防护。信息泄露防护是我们给监视 HTTP 输出数据起的一个名称。从原理上来说，它和请求监视是一样的，目的是监视可疑的输出，并防止可疑的 HTTP 输出数据到达用户。最有可能的应用模式是监视信用卡号和社会保险号。这个技术的另一项应用是发现成功入侵的迹象。因为有经验的攻击者总会给信息编码来防止监测，所以防止这些有决心且技术熟练的攻击者获取信息是很困难的。但是，在攻击者没有完全掌控服务器而仅仅尝试 Web 应用的安全漏洞的情况下，这项技术可以起到防护效果。

1.3.2　入侵检测系统（IDS）

1. 入侵检测与入侵检测系统

入侵检测（Intrusion Detection）是对入侵行为的发觉。它通过从计算机网络或计算机系统的关键点收集信息并进行分析，从中发现网络或系统中是否有违反安全策略的行为和被攻击的迹象。

入侵检测系统（Intrusion Detection System，IDS）是一种对网络传输进行即时监视，在发现可疑传输时发出警报或者采取主动反应措施的网络安全设备。它与其他网络安全设备的不同之处在于，IDS 是一种积极主动的安全防护技术。IDS 最早出现在 1980 年 4 月。20 世纪 80 年代中期，IDS 逐渐发展成为入侵检测专家系统（IDES）。1990 年，IDS 分化为基于网络的 IDS 和基于主机的 IDS，后来又出现分布式 IDS。

2. 入侵检测的职责

（1）识别黑客的入侵与攻击行为。

（2）监控网络异常通信。

（3）鉴别对系统漏洞和后门的利用。

（4）完善网络安全管理。

3. IDS 的组成

IDS 将一个入侵检测系统分为以下四个组件：

事件产生器（Event generators）。它的目的是从整个计算环境中获得事件，并向系统的其他部分提供此事件。

事件分析器（Event analyzers）。它经过分析得到数据，并产生分析结果。

响应单元（Response units）。它是对分析结果做出反应的功能单元，它可以做出切断连接、改变文件属性等强烈反应，也可以只是简单地报警。

事件数据库（Event databases）。事件数据库是存放各种中间和最终数据的地方的统称，它可以是复杂的数据库，也可以是简单的文本文件。

4. IDS 的分类

（1）入侵检测系统根据入侵检测的行为分为两种模式，即异常检测和误用检测。前者先要建立一个系统访问正常行为的模型，凡是访问者不符合这个模型的行为都将被断定为入侵；后者则相反，先要将所有可能发生的不利的不可接受的行为归纳并建立一个模型，凡是访问者符合这个模型的行为都将被断定为入侵。

这两种模式的安全策略是完全不同的，而且，它们各有长处和短处。异常检测的漏报率很低，但是不符合正常行为模式的行为并不见得就是恶意攻击，因此，这种策略误报率较高；误用检测由于直接比对异常的不可接受的行为模式，因此，误报率较低。但恶意行为千变万化，可能没有被收集在行为模式库中，因此，漏报率很高。这就要求用户必须根据本系统的特点和安全要求来制定策略，并选择行为检测模式。用户一般采取两种模式相结合的策略。

（2）按检测对象入侵检测系统可分为基于主机的 IDS、基于网络的 IDS、混合型的 IDS。

（3）按工作方式入侵检测系统可分为在线入侵检测 IDS 和离线入侵检测 IDS。

5．IDS 优点与缺点

1）优点

（1）使现有安防体系更完善。

（2）更好地掌握系统情况。

（3）追踪攻击者的攻击线路。

（4）抓住肇事者。

（5）界面友好。

2）缺点

（1）用户必须参与对攻击的调查与阻止攻击行为。

（2）不能克服网络协议的缺陷。

（3）不能克服设计原理方面的缺陷。

（4）向下供应不够及时。

1.3.3　入侵防御系统（IPS）

入侵防御系统（Intrusion Prevention System，IPS）是计算机网络安全设施，是对防病毒软件和防火墙的补充。IPS 是一种能够监视网络或网络设备的网络资料传输行为的计算机网络安全设备，能够及时地中断、调整或隔离一些不正常或者具有伤害性的网络资料传输行为。

1．入侵预防技术

（1）异常侦查。作为对入侵侦查系统的补充，能够在发现入侵时，迅速作出反应，入侵预防系统知道正常数据及数据之间通常的样子，可以对照识别异常。

（2）在遇到动态代码（ActiveX，JavaApplet，各种指令语言 Script Languages 等）时，先把它们放在沙盘内，观察其行为动向，如果发现有可疑情况，则停止传输，禁止执行。

（3）有些入侵预防系统结合协议异常、传输异常和特征侦查，对通过网关或防火墙进入网络内部的有害代码进行有效阻止。

（4）核心基础上的防护机制。用户程序通过系统指令享用资源（如存储区、输入/输出设备、中央处理器等）。入侵预防系统可以截获有害的系统请求。

（5）对 Library、Registry、重要文件和重要的文件夹进行防守和保护。

2．系统类型

入侵预防系统按其用途进一步可以分为单机入侵预防系统（Hostbased Intrusion Prevension System，HIPS）和网络入侵预防系统（Network Intrusion Prevension System，NIPS）两种类型。

网络入侵预防系统作为网络之间或网络组成部分之间的独立的硬件设备，切断交通，对过往包进行深层检查，然后确定是否放行。网络入侵预防系统借助病毒特征和协议异常，阻止有害代码传播。有一些网络入侵预防系统还能够跟踪和标记对可疑代码的回答，然后，看谁使用这些回答信息而请求连接，这样就能更好地确认是否发生入侵事件。

根据有害代码通常潜伏于正常程序代码中间并伺机运行的特点，单机入侵预防系统监视正常程序，如 Internet Explorer、Outlook 等，在它们（准确地说，其实是它们所夹带的有害代码）向作业系统发出请求指令、改写系统文件、建立对外连接时，进行有效阻止，从而保护网络中重要的单个机器设备，如伺服器、路由器、防火墙等。这时，它不需要求助于已知病毒特征和事先设定的安全规则。总的来说，单机入侵预防系统能使大部分钻空子的行为无法得逞。入侵是指有害代码首先到达目的地，然后干坏事。然而，即使它侥幸突破防火墙等防线，得以到达目的地，但是由于有入侵预防系统，有害代码最终还是无法起到它想起的作用，不能达到它要达到的目的。

3. 入侵防御系统的应用

入侵防御系统是网络入侵防护系统同类产品中的精品典范，该产品高度融合高性能、高安全性、高可靠性和易操作性等特性，产品内置先进的 Web 信誉机制，同时具备深度入侵防护、精细流量控制，以及全面用户上网行为监管等功能，能够为用户提供深度攻击防御和应用带宽保护的完美价值体验。

（1）入侵防护。

实时、主动拦截黑客攻击、DoS 攻击、蠕虫、网络病毒、后门木马等恶意流量，保护企业信息系统和网络架构免受侵害，防止操作系统和应用程序损坏或宕机。

（2）Web 安全。

基于互联网 Web 站点的挂马检测结果，结合 URL 信誉评价技术，保护用户在访问被植入木马等恶意代码的网站时不受侵害，及时、有效地在第一时间拦截 Web 攻击。

（3）流量控制。

阻断一切非授权用户的流量，管理合法网络资源的利用，有效保证关键应用全天候畅通无阻，通过保护关键应用带宽来不断提高企业 IT 产品的产出率和收益率。

（4）上网监管。

全面监测和管理即时通信（IM）、P2P 下载、网络游戏、在线视频，以及在线炒股等网络行为，协助企业辨识和限制非授权网络的流量，更好地执行企业的安全策略。

1.3.4　安全隔离网闸

安全隔离网闸是使用带有多种控制功能的固态开关读写介质连接两个独立网络系统的信息安全设备。由于物理隔离网闸所连接的两个独立网络系统之间，不存在通信的物理连接、逻辑连接、信息传输命令、信息传输协议，不存在依据协议的信息包转发，只有数据文件的无协议"摆渡"，且对固态存储介质只有"读"和"写"两个命令，所以，物理隔离网闸从物理上隔离、阻断了具有潜在攻击可能的一切连接，使黑客无法入侵、无法攻击、无法破坏，实现了真正的安全。

1. 安全隔离网闸的组成

安全隔离网闸是用来实现两个相互业务隔离的网络之间的数据交换的，通用的网闸模型设计一般分为以下三个基本部分：

（1）内网处理单元。

（2）外网处理单元。

（3）隔离与交换控制单元（隔离硬件）。

这三个单元都要求其软件的操作系统是安全的，也就是采用非通用的操作系统或改造后的专用操作系统。一般为 UNIX BSD 或 Linux 的安全精简版本，或者其他嵌入式操作系统 VxWorks 等，但都要将底层不需要的协议、服务删除，使用优化改造的协议，增加安全特性，同时提高效率。

2. 三个基本部分的功能

内网处理单元：包括内网接口单元与内网数据缓冲区。内网接口单元负责与内网的连接，并终止内网用户的网络连接，对数据进行病毒检测、防火墙、入侵防护等安全检测后剥离出"纯数据"，做好交换的准备，也完成来自内网对用户身份的确认，确保数据安全通道的畅通；内网数据缓冲区存放并调度剥离后的数据，负责与隔离交换单元的数据交换。

外网处理单元：与内网处理单元的功能相同，但处理的是外网连接。

隔离与交换控制单元：负责网闸隔离控制的摆渡控制，控制交换通道的开启与关闭。控制单元中包含一个数据交换区，就是数据交换中的摆渡船。对交换通道的控制方式目前有两种，即摆渡开关和通道控制。摆渡开关是电子倒换开关，让数据交换区与内、外网在任意时刻不同时连接，形成空间间隔（GAP），实现物理隔离。通道控制是在内、外网之间改变通信模式，中断内、外网的直接连接，采用私密的通信手段形成内、外网的物理隔离。该单元中有一个数据交换区，作为交换数据的中转。

3. 安全隔离网闸的两类模型

在内、外网处理单元中，接口处理与数据缓冲之间的通道称为内部通道1，缓冲区与交换区之间的通道称为内部通道2。对内部通道的开关进行控制，就可以形成内、外网的隔离。模型中用中间的数据交换区摆渡数据，称为三区模型；摆渡时，交换区的总线分别与内、外网缓冲区连接，也就是对内部通道2的控制，完成数据交换。

还有一种方式是取消数据交换区，分别交互控制内部通道1与内部通道2，形成二区模型。

二区模型的数据摆渡分两次：先将连接内、外网数据缓冲区的内部通道2断开，与内部通道1连接，内、外网接口单元将要交换的数据接收，并存放在各自的缓冲区中，完成一次摆渡；然后将内部通道1断开，与内部通道2连接，内、外网的数据缓冲区与各自的接口单元断开后，两个缓冲区连接，分别把要交换的数据交换到对方的缓冲区中，完成数据的二次摆渡。

内部通道一般也采用非通用网络的通信连接，让来自两端的可能攻击终止于接口单元，从而增强网闸的隔离效果。安全隔离网闸设计的目的是在隔离内、外网业务连接的前提下，实现安全的数据交换，也就是安全专家描述的"协议落地，数据交换"。

1.3.5　漏洞扫描设备

漏洞扫描是指基于漏洞数据库，通过扫描等手段对指定的远程或者本地计算机系统的安全脆弱性进行检测，发现可利用的漏洞的一种安全检测（渗透攻击）行为。

漏洞扫描器的种类包括网络漏洞扫描、主机漏洞扫描、数据库漏洞扫描等。漏洞扫描器能及时准确地察觉信息平台基础架构的安全，保证业务顺利开展，保证业务高效迅速地发展，维护企事业单位、国家所有信息资产的安全。

1. 漏洞扫描的功能

（1）定期的网络安全自我检测、评估。

配备漏洞扫描系统，网络管理人员可以定期进行网络安全检测服务，安全检测可帮助客户最大可能地消除安全隐患，尽可能早地发现安全漏洞并进行修补，有效地利用已有系统，优化资源，提高网络的运行效率。

（2）安装新软件、启动新服务后的检查。

由于漏洞和安全隐患的形式多种多样，安装新软件和启动新服务都有可能使原来隐藏的漏洞暴露出来，因此，进行这些操作之后应该重新扫描系统。

（3）网络建设和网络改造前后的安全规划评估和成效检验。

网络建设者必须建立整体安全规划，以统领全局，高屋建瓴。在可以容忍的风险级别和可以接受的成本之间，取得恰当的平衡，在多种多样的安全产品和技术之间做出取舍。配备网络漏洞扫描/网络评估系统可以很方便地进行安全规划评估和成效检验，以及网络的安全系统建设方案和建设成效评估。

（4）网络承担重要任务前的安全性测试。

网络承担重要任务前应该多采取主动防止出现事故的安全措施，从技术上和管理上加强对网络安全和信息安全的防护，形成立体防护，由被动修补变成主动防范，最终将出现事故的概率降到最低。配备网络漏洞扫描/网络评估系统可以很方便地进行安全性测试。

（5）网络安全事故后的分析调查。

发生网络安全事故后可以通过网络漏洞扫描/网络评估系统，分析并确定网络被攻击的漏洞所在，帮助弥补漏洞，尽可能多地提供资料，以调查攻击的来源。

（6）预防重大网络安全的漏洞扫描。

为了降低网络安全事故，降低风险，可以采用网络漏洞扫描/网络评估系统能够帮助用户及时地找出网络中存在的隐患和漏洞，帮助用户及时弥补漏洞。

（7）公安、保密部门组织的安全性检查。

互联网的安全主要分为网络运行安全和信息安全两部分。网络运行安全主要包括ChinaNet、ChinaGBN、CNCnet等十大计算机信息系统的运行安全和其他专网的运行安全；信息安全包括接入Internet的计算机、服务器、工作站等用来进行采集、加工、存储、传输、检索处理的人机系统的安全。网络漏洞扫描/网络评估系统能够积极配合公安、保密部门组织的安全性检查。

2. 漏洞扫描的分类

依据扫描执行方式的不同，漏洞扫描产品主要分为基于网络的扫描器、基于主机的扫描器、基于数据库的扫描器。

基于网络的扫描器就是通过网络来扫描远程计算机中的漏洞；基于主机的扫描器是在目标系统上安装一个代理（Agent）或者服务（Services），以便能够访问所有文件与进程，这也使基于主机的扫描器能够扫描出更多的漏洞。两者相比，基于网络的漏洞扫描器的价格相对来说比较便宜；在操作过程中，不需要涉及目标系统的管理员，在检测的过程中，不需要在目标系统上安装任何东西；维护简便。

主流数据库的自身漏洞逐步暴露，数量庞大，仅CVE公布的Oracle漏洞数就达1100多个。基于数据库的扫描器可以检测出数据库的DBMS漏洞、默认配置、权限提升漏洞、缓冲区溢出、补丁未升级等自身漏洞。

1.3.6　网络安全审计系统

网络安全审计系统是指一种基于信息流的数据采集、分析、识别和资源审计的封锁软件。通过实时审计网络数据流，根据用户设定的安全控制策略，对受控对象的活动进行审计。该系统综合基于主机的技术手段，可以多层次、多手段地实现对网络的控制管理。

网络安全审计系统采用的方法有以下三种。

1．基于规则库的方法

基于规则库的安全审计方法就是将已知的攻击行为进行特征撷取，把这些特征用脚本语言等进行描述后放入规则库中，当进行安全审计时，将收集的网络数据与这些规则进行某种比较和匹配操作，如关键字、表达式、模糊近似度等，从而发现可能的网络攻击行为。

这种方法与某些防火墙、防病毒软件的技术思路类似，检测的准确率很高，可以通过最简的匹配方法过滤掉大量的网络数据信息，对于使用特定黑客工具进行的网络攻击特别有效。如发现目的端口为 139 及含有 DOB 标志的数据包，一般断定是 Winnuke 攻击数据包。规则库可以从互联网上下载和升级，如.cert、.org 等站点都提供各种最新的攻击数据库。

但是其不足之处是这些规则一般只针对已知攻击类型或者某类特定的攻击软件，当出现新的攻击软件或者攻击软件进行升级之后，就容易产生漏报。

2．基于数理统计的方法

数理统计的方法就是首先给对象创建一个统计量描述，如一个网络流量的平均值、方差等，统计出正常情况下这些特征量的数值，然后用来与实际值进行比较，当发现实际值远离正常数值时，就可以认为有潜在的攻击发生。

该方法的最大问题是如何设定统计量的阈值，也就是正常数值和非正常数值的分界点，这往往取决于管理员的经验，会不可避免地产生误报和漏报。

3．数据挖掘

数据挖掘是一个比较完整地分析大量数据的过程，它一般包括数据准备、数据预处理、建立挖掘模型、评估和解释等，它是一个迭代的过程，通过不断调整方法和参数来得到较好的模型。

任务四　病毒防护

任务描述

计算机病毒被公认是数据安全的头号大敌，从 1987 年开始，计算机病毒受到世界范围内人们的普遍重视，我国也于 1989 年首次发现计算机病毒。目前，新型计算机病毒正向更具破坏性、更加隐秘、感染率更高、传播速度更快等方向发展。因此，必须了解计算机病毒，加强对计算机病毒的防范。

任务实施

1.4.1　计算机病毒的概念

计算机病毒（Computer Virus）在《中华人民共和国计算机信息系统安全保护条例》中被明确定义为：编制者在计算机程序中插入的破坏计算机功能或者破坏数据，影响计算机使用并且能够自我复制的一组计算机指令或者程序代码。

所谓的计算机病毒是一组程序，与医学上的病毒不同，计算机病毒不是天然存在的，是人利用计算机软件和硬件所固有的脆弱性编制的一组指令集或程序代码。它能潜伏在计算机的存储介质（或程序）中，条件满足时即被激活，通过修改其他程序的方法将自己的精确备份或者可能演化的形式放入其他程序中，从而感染其他程序，对计算机资源进行破坏。

1.4.2 计算机病毒的特征

1. 传染性

计算机病毒的传染性是计算机病毒的重要特征。计算机病毒通过修改别的程序将自身的复制品或其变体传染到其他无毒的对象上，这些对象可以是一个程序也可以是系统中的某个部件。

2. 隐蔽性

计算机病毒具有很强的隐蔽性，隐蔽性指计算机病毒时隐时现、变化无常，这类病毒处理起来非常困难，一般可以通过防病毒软件来检查与查杀。

3. 繁殖性

计算机病毒可以像生物病毒一样进行繁殖，当正常程序运行时，它也进行自身复制，是否具有繁殖、感染的特征是判断某段程序为计算机病毒的首要条件。

4. 破坏性

计算机中毒后，可能会导致正常的程序无法运行，或者将计算机中的文件删除或使文件受到不同程度的损坏，破坏引导扇区及 BIOS，破坏硬件环境等。

5. 潜伏性

计算机病毒的潜伏性是指计算机病毒可以依附于其他媒体寄生的能力，侵入后的病毒潜伏到条件成熟才发作，会使计算机运行变慢。

6. 可触发性

编制计算机病毒的人，一般都为病毒程序设定一些触发条件，例如，系统时钟的某个时间或日期，系统运行了某些程序等。一旦条件满足，计算机病毒就会"发作"，使系统遭到破坏。

1.4.3 计算机病毒的类型

1. 根据病毒依附的媒体划分

（1）网络病毒：通过计算机网络传播感染网络中的可执行文件。

（2）文件病毒：感染计算机中的文件（如.com、.exe、.doc 文件等）。

（3）引导型病毒：感染启动扇区（Boot）和硬盘的系统引导扇区（MBR）。

2. 根据病毒传染渠道划分

（1）驻留型病毒：这类病毒感染计算机后，把自身的内存驻留部分放在内存（RAM）中，这部分程序挂接系统调用并合并到操作系统中，它处于激活状态，一直到关机或重新启动。

（2）非驻留型病毒：这类病毒在得到机会激活时并不感染计算机内存，一些病毒在内存中留有小部分，但是并不通过这部分进行传染。

3. 根据病毒破坏能力划分

（1）无害型：除了传染时减少磁盘的可用空间，对系统没有其他影响。

（2）无危险型：这类病毒只减少内存、显示图像、发出声音等。

（3）危险型：这类病毒在计算机系统操作时出现严重的错误。

（4）非常危险型：这类病毒删除程序，破坏数据，清除系统内存区和操作系统中的重要信息。

4. 常见病毒类型

（1）木马病毒。

木马病毒的前缀为 Trojan。通过特定的程序（木马程序）来控制另一台计算机。木马病毒通常有两个可执行程序，一个在控制端，另一个在被控制端。木马病毒严重危害网络的安全运行。

（2）系统病毒。

系统病毒的前缀为 Win32、PE、Win95、W32、W95 等。可以感染 Windows 操作系统的 *.exe 和 *.dll 文件，并通过这些文件进行传播。

（3）蠕虫病毒。

蠕虫病毒的前缀为 worm。它通过网络或系统漏洞进行传播，传染途径是网络和电子邮件。

（4）宏病毒。

宏病毒的前缀为 macro，第二前缀是 Word、Word97、Excel、Excel97 其中之一，是一种寄存在文档或模板的宏中的计算机病毒。一旦打开这样的文档，其中的宏就会被执行，于是宏病毒被激活，转移到计算机上，并驻留在 Normal 模板上，所有自动保存的文档都会感染上这种宏病毒，如果其他用户打开感染了病毒的文档，则宏病毒会转移到该用户的计算机上。该类病毒的特点是能感染 Office 系列的文档。

（5）脚本病毒。

脚本病毒的前缀为 script。脚本病毒是主要采用脚本语言设计的计算机病毒。现在流行的脚本病毒大都利用 JavaScript 和 VBScript 脚本语言编写。

（6）后门病毒。

后门病毒的前缀为 Backdoor。该类病毒的特性是通过网络传播，给系统开后门，给用户计算机带来安全隐患。

（7）捆绑机病毒。

捆绑机病毒的前缀为 Binder。这类病毒的特性是病毒作者会使用特定的捆绑程序将病毒与一些应用程序如 QQ、IE 捆绑起来，表面上看是正常文件，当用户运行这些已捆绑病毒的应用程序时，运行这些应用程序的同时也会运行捆绑在一起的病毒，从而给用户造成危害。

1.4.4 计算机病毒的传播及预防

保护数据 防毒于未然

1. 计算机病毒的主要来源

（1）计算机专业人员或业余爱好者的恶作剧制造的病毒。

（2）软件企业为了保护自己开发的软件产品不被非法复制而采取的报复性惩罚措施，如在软件中隐藏病毒对非法复制者进行打击。

（3）黑客攻击计算机系统而制造的病毒。

（4）在研发软件时，由于某种原因失去控制造成意想不到的后果而产生的病毒。

2. 计算机病毒的主要传播途径

（1）通过移动存储介质传播，如 U 盘、移动硬盘、光盘等。

（2）通过网络传播，这是病毒传播的主要途径。这种传播途径传播速度快，感染病毒的范围广，影响面大。

3. 计算机病毒的预防措施

（1）安装病毒防护软件，如360杀毒、360安全卫士等，定期对病毒防护软件进行软件升级和病毒扫描与查杀。

（2）及时修复操作系统及应用软件漏洞，提高系统自身抗病毒能力。

（3）做好重要资料的备份。

（4）到正规网站下载资源，不要随便在计算机上使用外来的移动存储介质，文件打开前可先通过杀毒软件扫描，确认安全后再打开使用。

（5）开启杀毒软件实时监控功能，全方位对计算机系统进行保护，以免被病毒侵害。

课后作业

一、单选题

1. 下列关于防火墙的描述，不正确的是（   ）。

    A．防火墙不能防止内部攻击

    B．如果一个公司的信息安全制度不完善，那么有再好的防火墙也没用

    C．防火墙可以防止伪装成外部信任主机的IP地址欺骗

    D．防火墙可以防止伪装成内部信任主机的IP地址欺骗

2. 一般的防火墙不能实现以下哪项功能？

    A．隔离公司网络和不可信的网络   B．防止病毒和特洛伊木马程序

    C．隔离内网   D．提供对单点的监控

3. 下列不属于计算机病毒特征的是（   ）。

    A．潜伏性   B．传染性   C．隐蔽性   D．规则姓

4. 在下列抵御入侵电子邮箱的措施中，不正确的是（   ）。

    A．不用生日做密码   B．不要使用少于5位的密码

    C．不使用纯数字   D．自己做服务器

5. 下列行为属于可信任的是（   ）。

    A．接到自称淘宝工作人员说可刷单赚钱

    B．收到陌生短信说中奖了需要先交纳税费

    C．接到96110打来的反诈预警电话

    D．接到自称警察的电话被告知家人出车祸需要马上交手术费

二、判断题

1. 信息安全的基本要素是保密性、真实性、完整性、可用性、不可否认性。（   ）

2. 信息系统遭到破坏后，会对社会秩序和公共利益造成特别严重损害，或者对国家安全造成严重损害。（   ）

3. 设置账号密码时，可以使用一串有序的数字。（   ）

4. 入侵防御系统是计算机网络安全设施，是对防病毒软件和防火墙的补充。（   ）

5. 安全隔离网闸是使用带有多种控制功能的固态开关读写介质连接两个独立网络系统的信息安全设备。（   ）

项目 2

项目管理

学习目标

- 理解项目管理的基本概念，了解项目范围管理，了解项目管理的四个阶段和五个过程；
- 理解信息技术及项目管理工具在现代项目管理中的重要作用；
- 了解项目管理相关工具的功能、操作界面及使用流程，会通过项目管理工具创建和管理项目及任务；
- 掌握项目工作分解结构编制，能利用项目管理工具对项目进行分解和进度计划编制；
- 了解项目管理中各项资源约束的条件，能利用项目管理工具进行资源平衡，优化进度计划；
- 了解项目质量控制，掌握项目管理工具在项目质量控制中的应用；
- 了解项目风险监控，掌握项目管理工具在项目风险监控中的应用。

项目描述

　　项目管理是指项目管理者在有限的资源约束下，运用系统理论、观点和方法，对项目涉及的全部工作进行有效的管理，即从项目的投资决策开始到项目结束的全过程进行计划、组织、指挥、协调、控制和评价，以实现项目的目标。项目管理作为一种通用技术已应用于各行各业。本项目包括项目管理基础知识和项目管理工具的应用等内容。

任务一　认识项目管理

任务描述

本任务主要介绍项目管理的基本概念、项目范围管理和项目管理的流程。

任务实施

什么是项目管理

2.1.1　项目管理的基本概念

在了解项目管理之前，先了解什么是项目。在特定条件下，为完成某一独特产品或服务所做的一次性努力就是项目。

项目的特征：临时性、独特的产品、服务或成果、渐进明细（逐步完善）、目标。

项目与日常运作的区别：项目的目标是实现其目标，然后结束项目；日常运作的目标一般是为了维持运营。

项目与日常运作的共同点：由人来实施，受制于有限的资源，需要计划、执行和控制。

项目有成功的也会有失败的。

1. 项目成功的三要素

（1）按时完成。

（2）预算内。

（3）质量符合预期要求。

积极参与项目或者其利益因项目的实施或完成而受到积极或消极影响的个人或组织，称为项目干系人，他们会对项目的目标和结果施加影响。项目干系人包括客户、用户、项目经理、项目团队成员、执行组织、职能经理、施加影响者等。

2. 每个项目都包含的主要项目干系人

（1）项目经理。

（2）客户。

（3）项目实施组织。

（4）项目管理团队。

（5）项目团队成员。

（6）项目发起人、出资方。

（7）施加影响者。

负责实现项目目标的个人就是项目经理。

在项目活动中运用专门的知识、工具、方法和技能，使项目能够实现或超过项目干系人的需求和愿望，就是项目管理的目的。

项目管理是指项目管理者在有限的资源约束下，运用系统理论、观点和方法，对项目涉及的全部工作进行有效的管理，即从项目的投资决策开始到项目结束的全过程进行计划、组织、指挥、协调、控制和评价，以实现项目的目标。

3. 传统项目管理

传统项目管理具有以下特点：

（1）关注进度、成本等因素。

（2）强调执行。

（3）以提高生产率为目标。

（4）重视组织和控制。

（5）利用职权来完成工作。

4. 现代项目管理

现代项目管理具有以下特点：

（1）复杂，高风险，多变化。

（2）满足信息时代的特点。

（3）强调质量、风险。

（4）是对公司使命至关重要的工作。

（5）关注突破和商业生存。

（6）跨组织，多元文化。

（7）在正式权力很少的情况下，必须善于鼓舞和激励员工。

（8）社会、经济及可持续性。

（9）组织越来越多地被要求不仅对项目直接结果负责，还要在项目完成后相当长的时间内对人类、社会、经济和环境产生的后果负责。

（10）受法律、法规约束，并在合同中体现。

2.1.2 项目范围管理

项目范围是指产生项目产品所涉及的所有工作及项目产品的生产过程。项目干系人必须在项目要产生什么样的产品方面达成共识，也要在如何生产这些产品方面达成一定的共识。

项目范围管理是对项目包括什么与不包括什么进行定义并控制的过程，其目的是确保项目组和项目干系人对作为项目结果的项目产品及生产项目产品的过程有共同的理解。

项目的三个约束条件是范围、时间、成本。在一个项目中这三个条件是相互影响、相互制约的，一般范围对时间和成本的影响较大。如果项目一开始确定的范围小，那么它需要完成的时间及耗费的成本也小，反之亦然。很多项目在开始时都会粗略地确定项目的范围、时间及成本，然而在项目进行到一定阶段后往往会变得让人感觉不知道项目什么时候才能完成，要完成项目到底还需要投入多少人力和物力，整个项目好像一个无底洞，对何时能完成项目谁都说不清楚。这种情况的出现对于公司的高层来说，是最不希望看到的，然而这种情况并不罕见。造成这样的结果就是由于没有控制和管理好项目的范围。

1. 项目范围管理工作

项目范围管理工作包括以下几点：

（1）项目启动确认。

发布项目章程，正式承认项目的存在并对项目概要进行描述。

项目范围管理

（2）范围计划。

进一步制定各种文档，为将来项目决策提供基础，包括范围说明书、范围管理计划等。

（3）范围定义。

将项目主要的可交付成果分解成较小的容易管理的单位，以便这些单位的时间、成本、资源等容易确定。将项目分解成较小的容易管理的单位，即工作分解结构（WBS）。

（4）范围核实。

对项目范围进行正式认定。

（5）范围变更控制。

工作分解结构（WBS）对范围说明书中的目标、可交付物和项目工作进行进一步分解，定义整个项目范围，把工作量划分为更小、更易于管理的单元，是进度安排、成本估算和监控的基础，有助于项目干系人了解项目交付物。WBS 是项目管理的基础，用于定义项目范围、定义项目组织、设定质量和规格、估算和控制进度和费用。

2. WBS 的作用

（1）让干系人对项目工作一目了然。

（2）保证结构的系统性和完整性，WBS 的 100%原则使工作不容易遗留。

（3）将项目范围划分到可控制单元，便于项目执行和实现目标。

（4）便于责任的划分和落实。

（5）可直接作为进度计划和控制的工具。

（6）为项目沟通管理提供依据。

（7）是各项计划和控制措施制定的基础和主要依据。

（8）有助于防止项目需求和范围的蔓延。

进行项目工作分解时，一般遵从以下步骤：

（1）识别和确认项目的阶段和主要可交付物。先识别项目生命周期的各个阶段，再把每个阶段的交付物明确和确认下来。

（2）分解并确认每一组成部分是否分解得足够详细。

（3）确认项目主要交付成果的组成要素。

（4）核实分解的正确性。最底层要素对项目分解来说是否必需且充分？每个组成要素的定义是否清晰且完整？每个组成要素是否能用于编制进度和预算？

项目在实施的过程中，当项目的外部环境发生变化，项目的范围计划编制不够周密、详细且存在错误或遗漏，市场出现或设计人员提出新技术、新手段或新方案，项目实施组织本身发生变化，客户对项目、项目产品或服务的要求发生变化时，就需要变更项目范围。

项目范围管理过程如图 2-1 所示。

项目范围说明书是项目文档中重要的文件之一，它进一步正式明确了项目所应该产生的成果和项目可交付的特征，并在此基础上进一步明确和规定了项目利益相关者之间希望达成共识的项目范围，为未来项目的决策提供一个管理基线。

在进行项目范围确定之前，一定要有项目范围说明书，因为项目范围说明书详细说明了为什么要进行这个项目，明确了项目的目标和主要的可交付成果，是项目班子与任务委托者之间签订协议的基础，也是未来项目实施的基础，并且随着项目的不断实施，需要对项目范围说明书进行修改和细化，以反映项目本身和外部环境的变化。在实际项目的实施中，不管是项目还是子项目，项目管理人员都要编写其各自的项目范围说明书。

详细的项目范围说明书包括产品的范围描述、验收标准、可交付成果、项目的主要责任人、制约因素、假设条件。

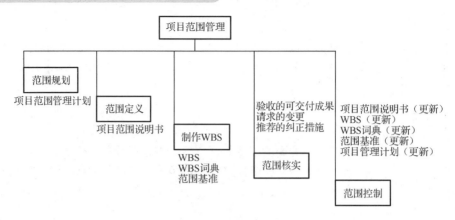

图 2-1　项目范围管理过程

具体来说，项目范围说明书主要包括以下三个方面：

（1）项目的合理性说明。即解释为什么要实施这个项目，也就是实施这个项目的目的是什么。项目的合理性说明是将来评估各种利弊关系的基础。

（2）项目的目标。项目的目标就是所要达到的项目的期望产品或服务，确定了项目的目标，也就确定了成功实现项目所必须满足的某些数量标准。项目的目标必须包括费用、时间进度和技术性能或质量标准。当项目成功地完成时，必须向他人表明项目事先设定的目标均已达到。需要注意的是，如果项目的目标不能被量化，则要承担很大的风险。

（3）项目的可交付成果清单。列入项目可交付成果清单的事项一旦被实现，并交付给使用者——项目的中间用户或最终用户，就标志着项目某个阶段或项目的完成。例如，某软件开发项目的可交付成果有能运行的计算机程序、用户手册和帮助用户掌握该计算机软件的交互式教学程序。但是如何才能得到他人的承认呢？这就需要向他们表明项目事先设立的目标均已达到，至少要让他们看到原定的费用、进度和质量均已达到。

一般来说，项目范围说明书由项目班子编写，而且在编写项目范围说明书时，项目班子要在实际工作中考虑限制或制约自己行动的各种因素，如准备采取的行动是否有可能违背本组织的既定方针。

在编写项目范围说明书时必须有项目的成果说明书，以作为范围规划的前提依据。所谓成果是指任务的委托者在项目结束或者项目某个阶段结束时要求项目班子交出的成果。例如，对于某软件开发项目来说，要求设计规划部门交出全部开发的可交付成果。显然，对于这些要求交付的成果都必须有明确的要求和说明。

范围说明书因项目类型的不同而不同。规模大、内容复杂的项目，其范围说明书可能很长。政府项目通常会有被称作工作说明书（SOW）的项目范围说明书。有的工作说明书达几百页，特别是要对产品进行详细说明的时候。总之，项目范围说明书应根据实际情况做适当的调整，以满足不同的、具体的项目需要。

项目范围说明书

2.1.3　项目管理流程

项目先后衔接的各个阶段的全体被称为项目管理流程。在项目管理中，启动阶段是开始一个新项目的过程。项目实施阶段是占用大量资源的阶段。

项目管理包括四个阶段，即识别需求阶段、提出解决方案阶段、执行项目阶段、结束项目阶段，也叫作规划阶段、计划阶段、实施阶段和完成阶段。

项目管理需要经历五个过程，即启动、规划、执行、监控、收尾。

项目管理的四个阶段是项目在管理过程中的进度，有很强的时间概念。所有项目都必须有这四个阶段，只不过不同项目每个阶段时间长短不一而已。

项目管理的五个过程是项目管理的工具、方法，每个项目阶段都可以有这五个过程，也可以仅选取某个过程或某几个过程。例如，在识别需求阶段，可以识别需求的启动、识别需求的规划、识别需求的执行、识别需求的监控和识别需求的收尾；在提出解决方案阶段，可以只提出方案阶段的规划和提出方案阶段的执行。

在项目管理的流程中，每个阶段都有起止范围，有本阶段的输入文件和本阶段要产生的输出文件；每个阶段都有控制关口，即本阶段完成时产生的重要文件，该文件也是下一阶段的重要输入文件。每个阶段完成时一定要通过本阶段的控制关口，才能进入下一阶段的工作。

IT 行业的项目管理流程一般包括项目的启动、项目的计划、项目的实施、项目的收尾和项目的后续维护。

1. 项目的启动

在项目管理的过程中，启动阶段是开始一个新项目的过程。启动信息技术（IT）的项目，必须了解企业组织内部目前和未来的主要业务发展方向，这些主要业务将使用什么技术及相应的环境是什么。启动信息技术（IT）的项目的理由很多，但能够使项目成功的最合理的理由一定是为企业现有业务提供更好的运行平台，而不是展示先进的 IT 技术。

每个项目在一个阶段完成后进入下一阶段前，必须通过前面一个阶段的关口控制，要将本阶段的关口控制文件或关口控制审批做好。随着项目不断向前推进，项目的投入会越来越多。因此，每个阶段都要进行阶段性的审核或检查。上一阶段的控制关口提供的文件是下一阶段的启动文件。

一般意义上的项目启动是在招投标结束且合同签订之后。

2. 项目的计划

在项目管理的过程中，计划的编制是复杂的，项目计划工作涉及十个项目管理知识领域。在计划编制的过程中，可看到后面各阶段的输出文件。计划的编制人员要有一定的工程经验，在计划制订出来后，项目的实施阶段将严格按照计划进行控制。今后的所有变更都是因与计划不同而产生的。

一些企业为了追求所谓的低成本、高收益，压缩项目计划编制的时间，导致后期实施的过程中频繁变更计划。质量是规划、设计出来的，不是靠检查实现的。所以，这样做既没有降低成本，也没有提高效益，反而导致项目失败。

3. 项目的实施

项目实施阶段是占用大量资源的阶段，该阶段必须按照上一阶段制定的计划采取必要的措施，来完成计划阶段确定的任务。在实施阶段，项目经理应将项目按技术类别或按各部分完成的功能分成不同的子项目，由项目团队中的不同成员来完成各个子项目的工作。在项目开始之前，项目经理向参加项目的成员发送"任务书"。"任务书"中有要完成的工作内容、工程的进度、工程的质量标准、项目的范围等与项目有关的内容，"任务书"中还有项目使用方主要负责人的联系方式及地址等内容。

4. 项目的收尾

在项目的收尾过程中，项目的干系人对项目的产品进行正式接收，使项目井然有序地结束。这期间包括所有可交付成果的完成，如项目各阶段产生的文档、项目管理过程中的文档、与项目有关的各种记录等，并通过项目审计。

项目的收尾阶段的主要工作是整理所有产生的文档并交给项目建设单位。收尾阶段的结束标志是"项目总结报告"，收尾阶段完成后项目将进入维护期。

项目的收尾阶段是很重要的阶段，如果一个项目前期及实施阶段都做得比较好，但是在项目的收尾阶段没有做好相关工作，那么这个项目给人的感觉就像虎头蛇尾的工程，即使项目的目标已达到，但项目好像还没有完成一样。所以一个项目的收尾是非常重要的，项目的收尾做得好，会给项目的所有干系人带来安全的感觉。在项目的收尾阶段要对项目做全面的总结，这个总结不仅是对本项目的全面总结，还可作为以后项目的参考案例。

5. 项目的后续维护

在项目收尾后，项目进入后续的维护期。维护期的工作是保证信息技术能够为企业中的重要业务提供服务的基础，也是使项目产生效益的阶段。在项目的维护期内，整个项目的产品都在运转，特别是时间较长后，系统中的软件或硬件有可能出现损坏，这时，需要维护期的工程师对系统进行正常的日常维护。维护期的工作是长久的，它将一直持续到该信息技术（IT）项目的结束。也就是说，什么时候该 IT 项目的硬件及其运行的系统退出，那时才是项目后续的维护期的结止日。

项目管理的一般流程如图 2-2 所示。

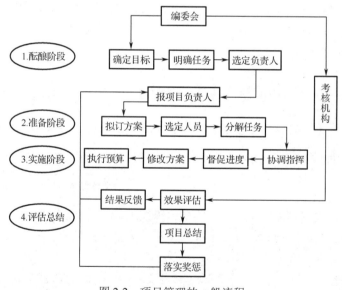

图 2-2　项目管理的一般流程

项目立项书

任务二　信息技术与项目管理工具

➔ 任务描述

信息技术和项目管理工具在现代项目管理中起到重要的作用。在项目管理中推广应用以信息技术为特征的自动化控制技术，取得了较好的效果。信息技术的推广应用，不但改善了经营单位的整体形象，提高了工作效率、技术水平和安全水平，使行业和经营主体的整体竞争力得到提升，同时，也使经营单位的生产成本和工作强度有所下降，项目质量得到保障。项目管理需要在项目活动中运用专门的知识、技能、工具和方法，使项目能够在有限资源的条件下，实现或超过设定的需求和期望。基于软件的项目管理工具或项目管理软件，从软件的角度为项目管理者提供参考和帮助。通过对本任务的学习，使学生理解信息技术及项目管理工具在现代项目管理中的重要作用；了解项目管理相关工具的功能、操作界面及使用流程，会通过项目管理工具创建和管理项目及任务。

➡ 任务实施

2.2.1　信息技术在现代项目管理中的作用

信息技术是经营单位利用科学方法对经营管理信息进行收集、存储、加工、处理，并辅助决策的技术的总称，而计算机技术是信息技术主要的、不可缺少的手段。使用计算机进行现代化管理，不仅可以快速、有效、自动而有系统地存储、修改、查找及处理大量的项目信息，而且能够对项目实施中的进度、质量、成本等进行跟踪管理。信息技术的应用可提高项目管理的水平。

在大量的项目管理中，在一定范围内利用计算机和工具软件，可提高工作效率等。例如，在施工项目中，利用计算机技术进行各项计算作业和辅助管理工作，利用办公自动化系统提高办公效率，利用招投标系统进行工程量计算、投标报价、标书制作、施工平面图设计、造价计算和编制工程进度网络，利用设计计算系统进行深基坑支护设计、脚手架设计、模板设计、施工样图设计，利用项目管理系统进行项目成本、质量、进度和日常信息管理。

但是，目前很多企业应用信息技术提升传统产业的整体水平较低，存在明显的局限性与不足，主要存在应用范围窄、网络共享不足、自动传递慢、效率低下、工具类网络软件缺乏、缺少信息互动、软件开发选题类同等问题。

国外很多行业对信息技术应用得较早，成功的经验很多，值得我们借鉴。日本近年来大力推进建设项目全生命周期信息化，即 CALS/EC。其特点是，以建设项目的全生命周期为对象，信息全部实现电子化；利用互联网进行信息的提交、接收；所有电子化信息均存储在数据库中，实现共享、再利用，达到降低成本、提高质量、提高效率和增强建筑业竞争力的目的。

在我国香港地区，主要的应用有：设定通用的标准和发展通用的数据基础设施，以便参与建设者能以电子方式通信；采用互联网和计算机技术进行工程项目资料的获取和交换；利用电子方式进行工程图纸、资料管理及图纸审查管理；利用数码相机技术对现场施工情况进行实时动态管理；在施工现场人员的管理中采用"绿卡认证"（绿卡中包含职员的基本情况及就业、技能等信息）等。

2.2.2　项目管理工具

项目管理软件一般包括项目管理的各种功能，如计划管理、成本控制、资源管理、知识经验的管理等，这样的软件也称为项目管理系统。现代的项目管理系统已经不局限于为项目管理者提供帮助，而成为整个项目团队的工作平台，项目成员可以直接在项目管理系统中展开工作，汇报工作进展。因此，信息系统经常成为企业战略的核心竞争优势，支持明确的商业目标是企业投资项目管理系统的首要原因，如存货管理系统、建筑设计能源效率评测系统等。

1. 项目管理工具的功能和使用流程

1）计划、任务日程管理

用户对每项任务设定起始日期、预计工期，并明确各任务的先后顺序及可使用的资源。项目管理系统根据任务信息和资源信息设定项目日程，并随任务和资源的修改而调整日程。

2）项目监督和跟踪

项目管理系统可以跟踪多种活动，如任务的完成情况、费用、消耗的资源、工作分配等。通常的做法是用户制订计划，在计划实施的过程中，根据当前资源的使用状况或项目的进展情况，进行调整。

3）查询报表与统计

与人工相比，项目管理系统的一个突出功能是能在用户数据资料的基础上，快速、简便地生成多种报表和图表，如资源使用状况表、任务分配状况表、进度图表等，以便项目管理者掌握直观的信息，把握项目进度。

4）多项目和子项目管理

有些项目大且复杂，将其作为一个单一的项目进行管理难度较大，而将其分解成子项目后，可以分别查看每个子项目，以便管理。大型公司中的一个成员同时参与多个项目工作的情况很常见，这就需要在多个项目中分配工作时间。

5）导入和导出

许多项目管理系统允许用户从其他软件或标准格式文档中获取资料，如 Excel、XML 或一些数据库的相关格式文档，这样可大大方便项目管理者建立初始项目数据。通常，项目管理系统可以通过电子邮件发送项目信息，这样，项目成员可以脱离系统，通过电子邮件获取信息而开展工作。

不同行业对项目管理有其特定需求，如电子、制药、研发、软件等行业都有其特殊的项目管理需求，所以一套项目管理系统并不一定适用于各个行业和企业。研发型企业对项目管理系统有更高的要求，一般会提出以下项目管理需求。

（1）需求管理。

需求管理（Requirement Management）是项目团队工作的起点，需求管理却经常被人们误解为仅仅是需求的采集和分析。事实上，需求管理的内容远不止于此，还包括需求的组织、跟踪、审查、确认、变更和验证，其中需求的跟踪可确保所有开发行为都与用户需求紧密相关。

（2）缺陷管理。

缺陷管理（Defect Management）是指在项目生命周期内获取、管理、沟通任何缺陷的过程（从缺陷的确定到缺陷最终的解决），可以确保缺陷被跟踪管理而不丢失。

（3）测试管理。

测试是指对项目开发的产品（编码、文档等）进行差错审查，保证其质量的过程，对这个过程的管理叫测试管理（Test Management）。测试管理在很多软件型企业中尤为重要。

这些特定的项目管理需求，对于研发型企业至关重要，因为它不是一般项目管理系统所能满足的，所以研发型企业在进行项目管理系统的选型时，必须考虑这些项目管理需求能否得到

2. 项目管理系统

对于很多公司来说，项目管理离不开项目管理系统的支持，选择一套合适的项目管理系统尤为重要。尤其对于现代大型的项目，项目管理系统不仅是项目管理者的得力工具，也是项目成员共享项目信息的重要工具。典型的项目管理系统包括从桌面软件到各种基于 Web 的项目管理系统，下面列举两种。

1）Microsoft Project

Microsoft Project 是使用较多的通用项目管理系统，对计划、任务、资源有较完善的支持，但 Project 是基本桌面的软件，不便于项目成员的共享，并且功能也较单一。

2）Topo

Topo 项目管理系统与传统的项目管理系统相比，Topo 的优势如下：

（1）集成的研发项目管理解决方案。

Topo 对几乎所有研发团队的开发全流程的管理提供支持。Topo 为客户带来目前大多数项目管理系统所没有提供的所有研发项目管理过程功能，包括需求管理、任务管理、持续集成、测试管理、文档管理、源代码库管理、代码检视、成本管理、知识管理等，使研发项目管理活动变得更加高效和有序。

（2）矩阵化的项目管理。

通过 Topo 提供的层级化组织管理功能，研发团队采用任何组织架构都能够轻松适应。

（3）项目模型的选择和定义。

系统中每个项目都可以独立选择启用哪些功能模块，如测试团队、硬件团队和软件团队启用的功能模块会有很大差异，这些通过基于项目的模块定制功能可以轻松做到。甚至对于同一类型的团队，在 Topo 中可以使用不同的预定义流程，如对于研发团队，可以根据团队成员的经验和项目的实际情况，选择敏捷或标准的流程。

（4）强大的可定义的查询和统计。

Topo 提供基于图形界面的统计视图用户自定义功能，用户通过 GUI 能够定义的统计视图的功能与系统预先定义的功能完全一致。项目管理者通过定义自己的查询和统计，可以了解和控制项目的进度。

3. ONES

ONES 的功能比较强大，项目的状态和信息都十分详细。工作台上的项目和工作任务一目了然，侧边栏上的功能非常多。

创建与管理项目

任务三　项目分解和计划的编制与优化

任务描述

将项目分解成较小的容易管理的部分或子项目就是工作分解结构（WBS）。工作分解结构是一种以结果为导向的分析方法，用于分析项目所涉及的工作，所有这些工作构成项目的整个范围。项目具有其生命周期，必须在生命周期的每个阶段进行有效的项目进度管理。项目资源有限，必须进行资源的平衡管理，为项目的顺利完成奠定基础。必须确定、掌控项目进度的实时状态，对引起项目进度变更的因素施加影响，保证项目变化朝着有利方向发展，对项目实施进行进度控制。通过对本任务的学习，使学生掌握项目工作分解结构的编制方法，能利用项目管理工具对项目进行工作分解和进度计划编制；掌握项目管理中各项资源的约束条件，能利用项目管理工具进行资源平衡，优化进度计划。

➡ 任务实施

2.3.1 项目工作分解结构的编制

1. 项目工作分解

单个子项目一般被视为项目，并按项目进行管理。非常大的项目，子项目可以由更小的子项目组成。

工作分解以一个单独阶段或项目过程为基础，例如：

（1）根据项目过程分解，子项目为项目生命周期的一个阶段。

（2）按人员技能分解，不同的工种（管道、电气、土建等）为一个子项目。

（3）按技术内容分解，如软件的编码、测试等各为一个子项目。

子项目常发包给外部单位或实施组织内部的其他职能单位。

工作包指处于工作分解结构最低层的可交付成果或产品。工作包通常被描述为子项目名称，即工作所属的子项目名称。

2. 项目阶段与项目生命周期

将每个项目划分为若干个阶段，以便管理控制，并提供与该项目实施组织的日常运作之间的联系，这些阶段合在一起称为项目生命周期。项目生命周期用于定义一个项目的开始和结束。概念、开发、实施和终止是常见的项目生命周期。

许多组织识别出一套具体的生命周期供其所有项目使用。从项目生命周期的一个阶段到另一个阶段常常涉及某种形式的技术交接。项目阶段是以一个或多个可交付成果的完成为标志的。可交付成果是某种有形的、可测量的和/或可验证的工作成果，如可行性研究、详细设计等。项目阶段结束时需要审查关键可交付成果、迄今为止的项目实施情况等。审查的目的，一是确定项目是否应当继续实施，并进入下一阶段；二是以最低成本发现和纠正错误与偏差。项目生命周期图如图 2-3 所示。

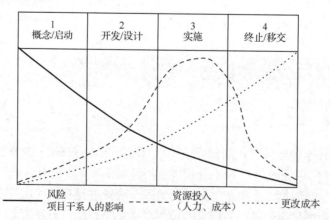

图 2-3　项目生命周期图

3. 工作包编码

一个工作包相当于一个控制单元，工作包编码不仅把不同的项目单元区别开，而且保留它的所有特征，如所属的子项目、所属的区域、专业功能、要素等。在项目实施的过程中，网络分析，成本管理，数据的存储、分析、统计都靠编码识别。

工作包是对各级项目活动的详细描述，是项目的目标分解和责任落实的基础。工作包通常包括具体的计划、控制、组织、合同等方面的基本信息，例如：

（1）日期和修改版次。

（2）单元内容，即按项目任务书或合同要求确定的该控制单元的内容，是本控制单元应完成的目标和任务。

（3）前提条件，即完成该控制单元所规定的工作应有哪些条件，有哪些紧前工序，按计划哪些活动应先完成。

（4）工序描述，控制单元由许多工序（活动）组成。

（5）责任人。

（6）其他参加者，即其他有合作和协调责任的项目参加者。

（7）费用，即完成该控制单元工作的成本数额，包括计划数和实际数。

（8）工期，包括该控制单元的计划开始日期、结束日期，以及实际开始日期、结束日期。

某企业的企业内部网项目的 WBS 如图 2-4 所示，企业内部网站项目如图 2-5 所示。

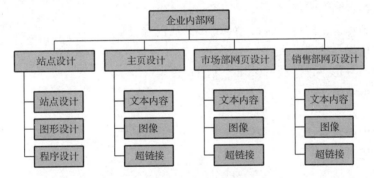

图 2-4　企业内部网项目的 WBS

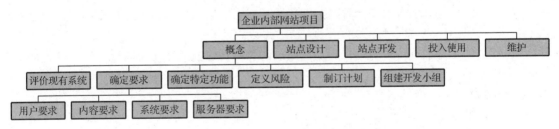

图 2-5　企业内部网站项目

4. 建立 WBS

建立 WBS 要遵循指导方针，因为项目范围说明中明确指出了项目的 WBS。可用类比法选取相似项目的 WBS 作为参考。另外，可按照从上至下或从下至上的方法来建立 WBS。

建立 WBS 的指导原则：

（1）一个单位的工作任务只能在 WBS 中出现一次。

（2）一项 WBS 的工作内容是其下一级各项工作内容之和。

（3）每项工作由一个人负责。

（4）WBS 必须与工作任务的实际执行过程一致。

（5）项目组成员参与 WBS 的制订过程。

（6）对每项 WBS 的工作内容必须有准确的描述。

（7）WBS 具有一定的灵活性，以适应变更的需要。

2.3.2 项目进度管理

项目的进度管理是指在项目实施的过程中，对各阶段的进展程度和项目最终完成的期限所进行的管理。

进度管理的内容包括：

活动定义，即界定和确认项目活动的具体内容。

活动排序，即确定活动之间的相互关系。

工期估算，即对各项活动的时间进行估算。

制订进度计划，即根据活动定义、活动排序、工期估算制订进度计划。

进度控制，即控制各种变更，修改进度计划。

1．活动定义

活动定义是指识别为实现项目目标所必须开展的项目活动。

活动定义的依据：

（1）项目范围界定，包括项目目标、项目范围。

（2）工作分解结构。

（3）历史信息。

（4）项目的约束条件。

（5）项目的假设前提。

（6）活动定义的结果。

（7）项目活动清单。

项目活动清单是对项目工作分解结构细化和扩展的结果，活动清单必须包括项目活动的全部内容，但不包括任何与项目无关的活动。

（8）相关的支持细节，说明项目活动清单中的各种具体细节文件与信息。

（9）更新的工作分解结构。

2．活动排序

活动排序的依据：

（1）活动清单及其支持细节。

（2）活动之间的必然依存关系。

（3）活动之间的人为依存关系。

（4）外部依存关系。

（5）约束和假设条件。

项目活动之间的四种依存关系：

结束——开始

结束——结束

开始——开始

开始——结束

活动排序有以下两种方法。

（1）单节点法（AON）（见图2-6）。

大多数项目管理软件都采用这种方法。

（2）双节点法（AOA）（见图2-7）。

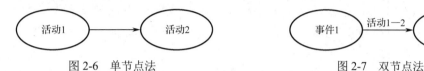

图2-6　单节点法　　　　　　　　　图2-7　双节点法

每个事件必须有唯一的事件号，每个活动必须用唯一的紧前事件和唯一的紧后事件描述，确定活动顺序，即确认在该活动开始之前，哪些活动必须完成，哪些活动可以与该活动同时开始，哪些活动只有在该活动完成之后才能开始。

3. 活动工期估算

活动工期估算的依据：

（1）活动清单。

（2）约束条件和假设条件。

约束条件是指项目工期所面临的各种限制因素，假设条件是指项目工期估算所假定的各种存在风险及可能发生的情况。

（3）活动的工作量、可以得到的资源数量和质量。

（4）历史信息。

① 项目的实际活动工期文件。

② 商业性项目工期估算数据库。

③ 项目团队有关项目工期的知识积累。

一般活动工期存在悲观、正常、乐观三种情况。活动工期的三时估计法的公式为：

$$t=(t_0+4t_m+t_p)/6$$

其中，t_0为乐观估计值，t_m为正常估计值，t_p为悲观估计值。

工期估算的结果包括以下几种：

（1）项目活动的工期。

（2）工期估算的各种依据文件。

① 约束条件、假设条件的说明文件。

② 各种参照的项目历史信息。

③ 项目活动资源数量、质量数据。

（3）变更后的活动清单。

2.3.3　项目进度计划的编制

1. 依据

（1）项目活动网络图。

（2）活动工期估算。

（3）资源要求和资源约束。

（4）作业制度。

（5）约束条件，包括强制日期、关键事件或主要里程碑。

（6）项目活动的提前或滞后要求。

2. 方法与工具

（1）确定项目的开始时间和结束时间。

（2）在项目计划开始时间的基础上，确定每项活动的最早开始时间和最早结束时间。

（3）在项目计划结束时间的基础上，确定每项活动的最晚开始时间和最晚结束时间。

（4）确定网络的关键路径和项目工期。

（5）进行资源均衡，将有限资源优先分配给关键路径上的活动。

3. 结果

（1）项目进度计划网络图。

（2）项目工期的支持细节文件。

（3）变更后的资源需求计划。

项目的进度计划意味着明确定义项目活动的开始时间和结束时间，这是一个反复确认的过程。进度表的确定应根据项目网络图、估算的活动工期、资源需求、资源共享情况、项目执行的工作日历、进度限制、最早时间和最晚时间、风险管理计划、活动特征等统一考虑。进度限制即根据活动排序考虑如何定义活动之间的进度关系。一般有两种形式，一种是加强日期形式，以活动之间前后关系限制活动的进度，如一项活动不早于某活动的开始时间或不晚于某活动的结束时间；另一种是关键事件或主要里程碑形式，以定义为里程碑的事件作为要求的时间进度的决定性因素，制订相应的时间计划。

在确定项目进度表时，先以数学分析的方法计算每项活动最早开始时间和结束时间与最迟开始时间和结束时间，得出时间进度网络图，再通过资源因素、活动时间和可冗余因素调整活动时间，最终形成最佳活动进度表。

关键路径法是时间管理中很实用的一种方法，其工作原理是为每个最小任务单位计算工期，定义最早开始时间和结束时间、最迟开始时间和结束时间，按照活动的关系形成网络逻辑图，找出必须的、最长的路径，即为关键路径。

时间压缩是指针对关键路径进行优化，结合成本因素、资源因素、工作时间因素、活动的可行进度因素对整个计划进行调整，直到关键路径所用的时间不能再压缩为止，得到最佳时间进度计划。

工具表单示例：

● 进度计划控制的主要内容

① 对影响项目工期计划变化的因素进行事前控制。

② 进度的度量和所采取的纠偏措施。

项目进度计划书

● 依据

① 项目进度计划。

② 项目进度计划的实施情况。

③ 进度变更请求。

④ 项目进度管理措施和安排。

● 方法与工具

① 进度变更管理程序，即申请、批准、实施程序。

② 进度状态的度量，包括进度度量的复杂性、度量周期的选择、实际进度数据的收集。

项目资源平衡和
进度计划优化

③ 及时更新进度计划，即关注实施情况的变化，关注成本等相关方面的变化；注意近期活动、工期长的活动。

● 进度控制的结果

包括更新后的项目进度计划、计划要采取的纠偏措施、吸取的经验与教训。

任务四　项目质量控制和风险监控

任务描述

全面质量管理是指一个组织以质量为中心，以全员参与为基础，目的在于通过让顾客满意和本组织所有成员及社会受益而达到长期成功的管理途径。对于一个项目而言，制订切实可行的质量管理计划并实施，及时发现项目的缺陷，制定措施加以改善，才能确保项目质量符合要求，达到预期的项目成果目标。在项目运营的过程中，项目管理者必须精准识别项目潜在的风险，分析和识别引起这些风险的主要因素和深层次的原因，预判这些项目风险可能引起的后果，采取有效措施防范风险，对风险进行管控。通过对本任务的学习，使学生了解项目质量控制，掌握项目管理工具在项目质量控制中的应用；了解项目风险监控，掌握项目管理工具在项目风险监控中的应用。

任务实施

2.4.1　项目质量控制的概念

项目质量控制（Project Quality Control）是指对项目质量实施情况的监督和管理。这项工作的主要内容包括对项目质量实际情况的度量，项目实际质量与项目质量标准的比较，项目质量误差与问题的确认，项目质量问题的原因分析和采取纠偏措施以消除项目质量差距与问题等一系列活动。项目质量管理活动是一项贯穿项目全过程的项目质量管理工作。

项目质量控制的依据有一些与项目质量保障的依据是相同的，有一些是不同的。项目质量控制的主要依据有：

（1）项目质量计划。

项目质量计划与项目质量保障一样，是在项目质量计划编制中生成的计划文件。

（2）项目质量工作说明。

项目质量工作说明与项目质量保障的依据相同，同样是在项目质量计划编制中生成的工作文件。

（3）项目质量控制标准。

项目质量控制标准是根据项目质量计划和项目质量工作说明，通过分析和设计生成的项目质量控制的具体标准。

项目质量控制标准与项目质量目标和项目质量计划指标是不同的，项目质量目标和计划给出的是项目质量的最终要求，项目质量控制标准是根据这些最终要求制定的控制依据和控制参数。通常这些项目质量控制参数比项目目标和依据更为精确、严格和有操作性，因为如果不能够更为精确与严格就会经常出现项目质量的失控状态，就会经常需要采取项目质量恢复措施，从而形成较高的项目质量成本。

（4）项目质量的实际结果。

项目质量的实际结果包括项目实施的中间结果和项目的最终结果，也包括项目工作本身的好坏。

项目质量实际结果的信息也是项目质量控制的重要依据，因为有了这些信息，人们才能将项目质量的实际情况与项目的质量要求和控制标准进行对照，从而发现项目质量问题，并采取项目质量纠偏措施，使项目质量保持在受控状态。

2.4.2 项目质量控制的方法工具

项目质量控制贯穿整个项目的运行过程，如图 2-8 所示。

图 2-8　项目质量控制过程

1. 核检清单法

核检清单法是项目质量控制中的一种独特的结构化质量控制方法。

2. 质量检验法

质量检验法是指那些测量、检验和测试等用于保证工作结果与质量要求相一致的质量控制方法。

3. 控制图法

控制图是用于开展项目质量控制的一种图示方法。控制图法是建立在统计质量管理方法基础上的，它利用有效数据建立控制界限，如果项目过程不受异常原因的影响，从项目运行中观察得到的数据将不会超出这一界限。

4. 帕累托图法

帕累托（Pareto）图是一种表明"关键的少数和次要的多数"关系的统计图表，也是质量控制中经常使用的一种方法。帕累托图又称排列图，它将有关质量问题的要素进行分类，从而找出"重要的少数"（A 类）和"次要的多数"（C 类），以便对这些要素采取 A、B、C 分类管理的方法。

5. 统计样本法

统计样本法是指选择一定数量的样本进行检验，从而推断总体的质量情况，以获得质量信息和开展质量控制的方法。

6. 流程图法

这种方法主要用于项目质量控制中分析项目质量问题发生在项目流程的哪个环节和造成这些质量问题的原因，以及这些质量问题发展和形成的过程。

7. 趋势分析法

趋势分析法是指使用各种预测分析技术来预测项目质量未来的发展趋势和结果的一种质量控制方法。

2.4.3　项目风险监控的概念

风险监控（Risk Monitoring and Control）是指在决策主体的运行过程中，对风险的发展与变化情况进行全程监督，并根据需要进行应对策略的调整。因为风险是随着内外部环境的变化而变化的，它们在决策主体经营活动的推进过程中可能会增大或者衰退乃至消失，也可能由于环境的变化又出现新的风险。

项目风险监控是指在整个项目实施的过程中，根据项目风险管理计划和项目实际发生的风险与项目发展变化所开展的各种监督和控制活动。这是建立在项目风险的阶段性、渐进性和可控性基础上的一种项目风险管理工作，因为只有当人们认识项目风险发展的进程和可能性之后，项目风险才是可控的。当人们了解项目风险的原因及其后果等主要特性之后，就可以对项目风险开展监控。当人们对项目风险一无所知时，它是不可控的。

项目风险是发展和变化的，这种发展与变化会随着人们的控制行为而发生变化。人们对项目风险的控制过程就是一种发挥主观能动性去改造客观世界（事物）的过程，此时产生的各种信息会进一步完善人们对项目风险的认识，使人们对项目风险的控制行为符合客观规律。实际上，人们对项目风险的监控过程就是一个不断认识项目风险和不断调整项目风险监控决策与行为的过程，这一过程是通过人们的行为使项目风险逐步从不可控向可控转化的过程。

项目风险监控主要包括监控项目风险的发展、辨识项目风险发生的征兆、采取各种风险防范措施、应对和处理已发生的风险事件、消除或缩小项目风险事件的后果、管理和使用项目不可预见费、实施项目风险管理计划和进一步开展项目风险的识别与度量等。

项目风险监控示意图如图 2-9 所示。

图 2-9　项目风险监控示意图

2.4.4　项目风险监控的目标

1. 努力及早识别和度量项目的风险

项目风险监控的首要目标是通过开展持续的项目风险识别和度量，及早发现项目存在的各种风险及项目风险的各种特性，这是开展项目风险监控的前提条件。

2. 努力避免项目风险事件的发生

项目风险监控的第二个目标是在识别出项目风险后积极采取各种风险应对措施，努力避免项目风险事件的发生，从而确保不给项目造成损失。

3. 努力消除项目风险事件造成的后果

项目风险并不是都可以避免的，有许多项目风险会由于各种原因而最终发生了，在这种情况下，项目风险监控的第三个目标是积极采取行动，努力消除项目风险事件造成的后果。

4. 充分吸取项目风险管理的经验与教训

项目风险监控的第四个目标是对各种已经发生并造成后果的项目风险，一定要从中吸取经验与教训，避免在以后发生同样的项目风险事件。

课后作业

一、单选题

1. 网络图的关键线路是（　　）的线路。
   A. 作业时间和最短　　　　　　　　B. 作业时间和最长
   C. 作业数量最多　　　　　　　　　D. 作业关系最复杂

2. 绘制网络图的关键在于（　　）必须正确全面地反映工作之间的逻辑关系。
   A. 横道图　　　　B. 甘特图　　　　C. 网络图　　　　D. 负荷图

3. 网络图有（　　）和单代号两种形式。
   A. 甘特图　　　　B. 横道图　　　　C. 双代号　　　　D. 统筹图

4. 下列（　　）不属于项目的特点。
   A. 专门性　　　　B. 多元性　　　　C. 集合性　　　　D. 时限性

5. 在三时估计法中，作业时间为（　　）。
   A. $(t_a+t_m+t_b)/3$　　　　　　　　B. $(t_a+2t_m+t_b)/4$
   C. $(t_a+3t_m+t_b)/5$　　　　　　　　D. $(t_a+4t_m+t_b)/6$

6. 关键线路是网络图中（　　）的线路。
   A. 工序最多　　　B. 历时最长　　　C. 工序最少　　　D. 历时最短

7. 容易导致项目小组成员士气低落的组织结构是（　　）。
   A. 纯项目小组　　　　　　　　　　B. 职能项目组
   C. 矩阵制　　　　　　　　　　　　D. 都一样

8. 网络计划技术起源于美国，是什么时候发展起来的一种计划技术方法？（　　）
   A. 19 世纪 80 年代后期　　　　　　B. 20 世纪 20 年代前期
   C. 20 世纪 50 年代后期　　　　　　D. 20 世纪末

9. 在网络图中，既不消耗时间也不消耗资源的作业属于（　　　）。

    A. 强作业　　　　　B. 弱作业　　　　　C. 实作业　　　　　D. 虚作业

10. 在网络图的若干条线路中，作业延续时间最长的线路称为（　　　）。

    A. 关键线路　　　　　　　　　　B. 普通线路

    C. 一般线路　　　　　　　　　　D. 必经线路

11. 在网络计划技术中，工程项目的总完工时间是由什么决定的？（　　　）

    A. 节点的总个数　　　　　　　　B. 作业的总时间

    C. 最难的作业时间　　　　　　　D. 关键线路的时间

12. 在网络计划技术中，若 a 代表乐观时间，b 代表悲观时间，m 代表最大可能时间，运用三时估计法计算作业时间的计算公式是（　　　）。

    A. $(a+4m+b)/6$　　　　　　　　B. $(a+4b+m)/6$

    C. $(a+m+b)/6$　　　　　　　　D. $(a+6b+m)/b$

13. 在计算网络计划的作业时间时，只确定一个时间值的方法是（　　　）。

    A. 三时估计法　　　　　　B. 单一时间估计法

    C. 综合估计法　　　　　　D. 平均估计法

14. 在箭线型网络图中，既不消耗时间又不耗费资源的事项，称为（　　　）。

    A. 作业　　　　　B. 节点　　　　　C. 箭线　　　　　D. 路线

15. 工程进度控制的重点是（　　　）。

    A. 关键作业进度　　　　　　　　B. 全部作业进度

    C. 并行作业进度　　　　　　　　D. 交叉作业进度

二、多选题

1. 目前项目管理方法广泛应用于（　　　）。

    A. 产品创新　　　B. 设备大修　　　C. 大量生产　　　D. 单件生产

2. 关键线路是网络图中（　　　）的线路。

    A. 线路时差为 0　　　　　　　　B. 历时最长

    C. 历时最短　　　　　　　　　　D. 线路时差最大

3. 在箭线型网络图中，节点表示（　　　）。

    A. 活动开始　　　　　　　　　　B. 活动结束

    C. 活动进行　　　　　　　　　　D. 仅仅是连接符号

4. 制约一个项目的条件包括（　　　）。

    A. 范围　　　　　B. 时间　　　　　C. 成本　　　　　D. 人员

5. 项目管理阶段包括（　　　）。

    A. 识别需求阶段　　　　　　　　B. 提出解决方案阶段

    C. 执行项目阶段　　　　　　　　D. 结束项目阶段

三、判断题

1. 项目包括一系列重复进行的例行活动。（　　　）

2. 在网络图中，关键线路是时间最短的线路。（　　　）

3. 箭线型网络图以箭线表示活动。（　　　）

4. 箭线型网络图应该有也只能有一个起点和一个终点。（　　　）

5. 虚活动的主要作用是表明前后活动之间的关系。（　　　）

6．要想缩短工期只能在关键线路上赶工。（　　　）

7．职能项目组中项目小组成员士气都很高。（　　　）

8．画网络图时，箭线方向一律指向右侧。（　　　）

9．网络图中关键线路有且只有一条。（　　　）

10．关键线路是网络图中历时最短的线路。（　　　）

项目**3**

机器人流程自动化

学习目标

- 理解机器人流程自动化的基本概念，了解机器人流程自动化的发展历程和主流工具；
- 了解机器人流程自动化的技术框架、功能及部署模式等；
- 掌握机器人流程自动化工具的使用方法；
- 掌握在机器人流程自动化工具中进行录制和播放、流程控制、数据操作、部署和维护等方法；
- 掌握简单软件机器人的创建和自动化任务的实施。

项目描述

　　机器人流程自动化是指以软件机器人和人工智能为基础，通过模仿用户手动操作的过程，让软件机器人自动执行大量重复的、基于规则的任务，将手动操作自动化的技术。在企业的业务流程中，纸质文件录入、证件票据验证、从电子邮件和文档中提取数据、跨系统数据迁移、企业 IT 应用自动操作等工作，可以通过机器人流程自动化技术准确、快速地完成，以便减少人工错误、提高效率、大幅降低运营成本。本项目包括机器人流程自动化基础知识、技术框架和功能、工具应用、软件机器人的创建和实施等内容。

任务一　认识机器人流程自动化

➡ 任务描述

机器人流程自动化是指以软件机器人和人工智能为基础，通过模仿用户手动操作的过程，让软件机器人自动执行大量重复的、基于规则的任务，将手动操作自动化的技术。本任务主要介绍机器人流程自动化的基本概念，机器人流程自动化的发展历程和主流工具，机器人流程自动化的技术框架、功能及部署模式，机器人流程自动化工具的使用方法等。

➡ 任务实施

3.1.1　机器人流程自动化的基本概念

机器人流程自动化概念

机器人流程自动化（Robotic process automation，RPA）是一种应用程序，它通过模仿最终用户在计算机上的手动操作方式，提供另一种方式来使最终用户手动操作流程自动化。

- 机器人（R）：模仿人类行为的软件，如点击、击键、导航等。
- 流程（P）：为达到所需结果所采取的步骤顺序。
- 自动化（A）：在没有任何人为干预的情况下执行过程中的步骤序列。

使用 RPA 的目的：

（1）降低成本。

（2）使整个过程得到标准化控制。

（3）提高生产力和处理速度。

（4）提高可预测性和质量。

（5）最大限度地减少手动错误和故障。

RPA 的优点：

（1）通过消除重复性任务中的人为干预来缩短周转时间。

（2）提高准确性和可预测性。

（3）提高整体客户的满意度。

（4）提高运营效率。

（5）易于使用和维护。

（6）可根据需要进行扩展。

（7）有更好的投资回报率（ROI）。

（8）增强客户体验。

RPA 的应用场景：

（1）工资和订单处理。

（2）装运计划和跟踪。

（3）Excel 比较。

（4）状态报告。

（5）欺诈案件调查。

（6）支持和服务台。

（7）银行业务。

3.1.2 发展历程

1. 2000—2019 年：萌芽

20 世纪下半叶，人工智能、屏幕抓取和工作流自动化工具相继产生，为机器人流程自动化铺平了道路。

进入新千年，市场上出现了一些简单的流程自动化工具，Blue Prism 公司在 2003 年发布了第一款流程自动化产品，UiPath 和 Automation Anywhere 公司相继发布了自己的自动化库。

2. 2010—2016 年：尝试

2010 年以后，开始有一些关于机器人流程自动化实践的报道。2012 年 11 月，Phil Fersht 在他的独立博客中提到一种新的技术，能够降低 BPO 服务商的人力成本。

Blue Prism 公司的市场总监 Pat Geary 于 2012 年首次提出 Robotic Process Automation（RPA）的概念。

与此同时，市场上出现了大量提供流程自动化解决方案的服务公司，一些传统的咨询公司加入其中，如安永、IBM、德勤、埃森哲等。

早期的客户集中在外包服务公司，RPA 提高了他们的服务能力，减少了劳动力的投入。

到 2016 年，RPA 基本走出新技术尝试期，趋于稳定。

3. 2017 年：东渡

2017 年，全球实践案例大幅增加，几家外资咨询公司将 RPA 带入中国，德勤在《2017 年认知技术调查报告》《人工智能与商业应用研究》，麦肯锡在《全球银行业报告（2017）——凤凰涅槃：重塑全球银行业，拥抱生态圈世界》等报告中都介绍了 RPA 技术。

在 2017 年，全球有超过 45 家软件厂商提供 RPA 软件，超过 29 家大型咨询公司或 IT 服务公司提供 RPA 相关的咨询和实施服务。

一些企业开始尝试这项新技术。

4. 2018 年：元年

2018 年，国内实践案例大幅增加，主要集中在银行、保险、电信行业的财务、税务领域。同时国内开始涌现出一批 RPA 产品创业公司，如阿里码栈、弘玑、云扩、艺赛旗、Uibot 等。中国步入 RPA 应用元年。

传统自动化侧重于自动化测试过程，如编写代码以执行手动测试的特定任务；而在 RPA 中，主要目标是使用软件机器人来完成特定任务，在制药、电信、银行、ERP 等行业中构建业务流程自动化。

传统的自动化测试主要集中在编程上，并且基于 API 和其他集成方法来完全测试不同的系统；而 RPA 模拟用户在用户界面级别的动作。

在传统的自动化中，开发人员对域和系统有很好的理解；而在 RPA 中，由于机器人模仿用户的动作，且机器人可以精确地重复这些动作，因此，我们不必担心各种系统和子系统的复杂性。

3.1.3　主流工具

1．UiPath

UiPath 是目前市场上非常受欢迎的 RPA 自动化工具。UiPath 的优点是它为想要学习、练习和实施 RPA 的人们提供了社区版，如图 3-1 所示。

图 3-1　UiPath

其主要特点：

（1）有多个托管选项，可以跨云、虚拟机和终端服务托管。

（2）应用程序具有兼容性，提供各种应用程序，包括桌面、SAP、大型机和 Web 应用程序。

（3）支持安全和治理。

（4）能进行基于规则的异常处理。

（5）支持快速应用程序开发（RAD）。

（6）易于扩展和维护。

2．Automation Anywhere

Automation Anywhere 提供强大且用户友好的 RPA 功能，可自动执行任何类型的端到端的复杂任务和业务流程。它是认知自动化和劳动力分析的组合，提供 30 天的免费试用，如图 3-2 所示。

其主要特点：

（1）易于使用和管理，无须编程知识。

（2）易于与不同平台集成。

（3）支持分布式架构。

（4）拥有简单易用的 GUI。

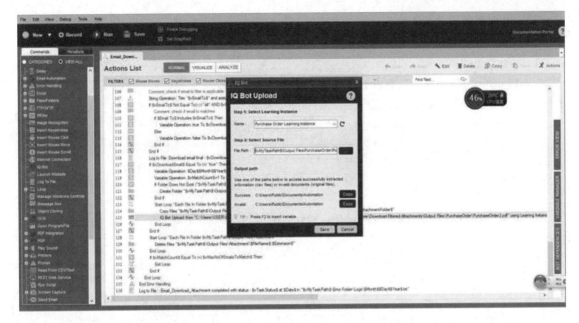

图 3-2 Automation Anywhere

3. Blue Prism

Blue Prism 能够提供由机器人驱动的虚拟劳动力，可以帮助企业以灵活且经济高效的方式完成自动化业务流程操作，如图 3-3 所示。

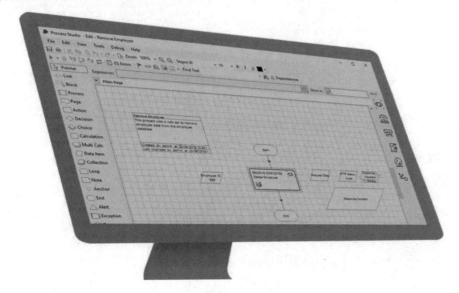

图 3-3 Blue Prism

其主要特点：

（1）它提供易于使用的可视化设计器，只需拖放即可实现工作流程的自动化。

（2）简单、安全、强大。

（3）基于 Java，它支持所有面向对象的编程原则。

（4）支持所有主要的云平台，包括微软的 Azure 和亚马逊的 AWS。

（5）可根据需要进行扩展。

（6）支持数据分析。

4. WorkFusion

WorkFusion 是一个打包的自动化解决方案，可将所有复杂任务组合到一个平台上，具有数字化复杂业务流程所需的所有核心功能，如业务流程管理（BPM）、机器人流程自动化（RPA）、劳动力编排和机器学习驱动的认知自动化，如图 3-4 所示。

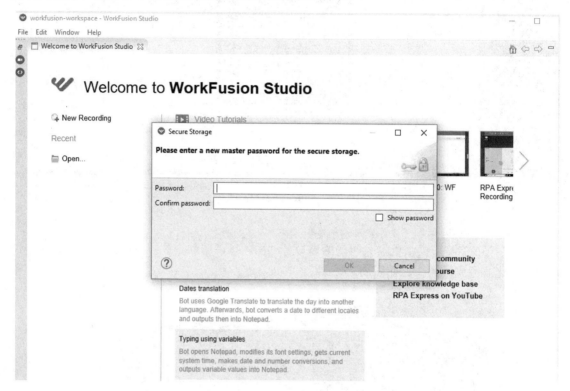

图 3-4　WorkFusion

其主要特点：

（1）可产生基于图像的无代码自动化记录。

（2）有易于使用的拖放库。

（3）使用集中控制塔在一个位置监控机器人的进度和性能。

（4）内置 OCR 数字化数据。

（5）使用基于 Java 的脚本简单易用地构建和自定义。

3.1.4　技术框架及功能

典型的 RPA 平台至少包括开发工具、运行工具、控制中心三个组成部分。

1. 开发工具

开发工具主要用于建立软件机器人的配置或设计机器人。通过开发工具，开发者可以为机器人执行一系列的指令和决策逻辑进行编程。就像雇佣新员工一样，新创建的机器人对公司的业务或流程一无所知，因此，我们要在业务流程上培训机器人，才能发挥其特有的功能，提高工作效率。

大多数开发工具通常需要开发人员具有相应的编程知识，如循环、变量赋值等。好在目前大多数 RPA 软件代码难度相对较低，使得一些没有 IT 背景但训练有素的用户也能快速学习和使用。

在开发工具中包括以下几项。

记录仪：也称录屏，用以配置软件机器人。就像 Excel 中的宏功能，记录仪可以记录用户界面（UI）中发生的每次鼠标动作和键盘输入。

插件/扩展：为了让配置的运行软件机器人变得简单，大多数平台都提供许多插件和扩展应用。

可视化流程图：一些 RPA 厂商为方便开发者更好地操作 RPA 平台，提供流程图可视化操作。如 UiBot 平台就提供三种视图，即流程视图、可视化视图、源码视图，分别对应不同用户的需求。

2．运行工具

当开发工作完成后，用户可使用该工具运行已有软件机器人，也可以查阅运行结果。

3．控制中心

控制中心主要用于软件机器人的部署与管理，包括开始/停止机器人的运行、为机器人制作日程表、维护和发布代码、重新部署机器人的不同任务、管理许可证和凭证等。当要在多台 PC 上运行软件机器人时，可以用控制器对这些机器人进行集中控制，如统一分发流程、统一设定启动条件等。

典型的 RPA 平台相关关系如图 3-5 所示。

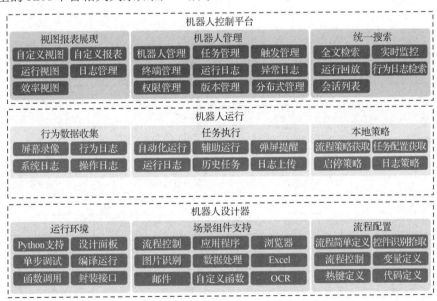

图 3-5　典型的 RPA 平台相关关系

RPA 工具和应用工作原理

RPA 机器人的工作流程如下：

（1）流程开发及配置。开发人员编写详细的指令并将它们发布到机器上，具体包括应用配置、数据输入、验证客户端文件、创建测试数据、数据加载及生成报告。

（2）业务用户通过控制中心给机器人分配任务并监视它们的活动，将流程操作实现为独立的自动化任务，交由软件机器人执行。

（3）机器人位于虚拟化或物理环境中，不需要向系统开放任何接口，仅需通过用户界面与各种应用系统（如 ERP、SAP、CRM、OA 等）交互，完全模拟人类的操作，自动执行日常劳动密集且重复的任务。

（4）业务用户审查并解决任何异常或进行升级。

市面上的 RPA 产品很多，根据提供服务的方式部署模式可分为开发型 RPA、本地部署型 RPA、云型（SaaS 型）RPA 三种。

开发型 RPA 从定义必要条件阶段就开始进行单独设计。由于无须安装打包的 RPA 产品，可根据公司自身的环境、办公系统、业务流程等，在最佳条件下进行开发。

然而，因为它是从定义必要条件开始开发的，需要投入更多人力、财力，导致所需的时间较长。由高层领导主导进行实施的案例较为普遍。

本地部署型 RPA 是在公司的服务器和计算机上安装使用 RPA 软件，基于特定模板（如规则、宏、脚本等）来推进业务流程的自动化。

因此，需要定制能与公司内其他系统相配合的 RPA，并构建与公司安全策略相匹配的环境。一般而言，本地部署型 RPA 比开发型 RPA 价格略低，但它可能与公司的业务流程不完全匹配，在某些情况下，公司可能需要更改业务流程。

云型（SaaS 型）RPA 可登录到 Internet 上的云服务平台，在云环境中部署软件机器人，并在 Web 浏览器上自动执行任务。由于它的自动化范围仅限于 Web 浏览器任务，因此，很难联合云服务之外的其他服务，导致价格保持在较低水平。

对于希望通过使用云服务来实现业务流程自动化的公司而言，云型（SaaS 型）RPA 非常适合。

三种部署模式的比较如表 3-1 所示。

表 3-1　三种部署模式的比较

	开发型 RPA	本地部署型 RPA	云型 RPA
业务类型	大量，品种少	少量，品种多	少量，品种多
推进类型	高层领导主导	系统工程师（SE）主导	网站主导
推进人员	多	少	少
人员类型	PM（项目经理）	SE（系统工程师）	HelpDesk（网络管理/帮助台）
人员必备技能	设计规划	业务定义	技术支持
所需时间	3～6 个月	1～3 个月	1 个月之内
所需预算	成本高，数万到数十万元	成本较高，数千到数万元	成本较低，数百到数千元

3.1.5　工具的使用过程

下面以 Puppeteer 的 Python 版本 Pyppeteer 作为 RPA 工具来介绍其使用过程。

Puppeteer（中文译为木偶）是 Google Chrome 团队官方的无界面（Headless）Chrome 工具，它是一个 Node 库，提供了一个高级的 API 来控制 DevTools 协议上的无头的 Chrome，也可以配置为使用完整（非无头）的 Chrome。它非常适合前端开发者进行自动化测试，而我们除了使用这个自动化工具，还有一些其他功能是基于 Python 来开发的，如使用 pandas 处理表格，做数据分析，所以我们选择一个社区维护的 Pyppeteer，它的功能几乎和 Puppeteer 一样，所以即使看 Puppeteer 的文档也没有多大问题。

Puppeteer 可以做很多事情，简单来说，可以在浏览器中手动完成的大部分事情都可以让 Puppeteer 完成。例如：

（1）生成页面的截图和 PDF。

（2）抓取 SPA 并生成预先呈现的内容（即 SSR）。

（3）从网站抓取需要的内容。

（4）自动表单提交，UI 测试，键盘输入等。

（5）创建一个最新的自动化测试环境。使用最新的 JavaScript 和浏览器功能，直接在最新版本的 Chrome 中运行测试。

（6）捕获网站的时间线跟踪，以帮助诊断性能问题。

现在开始使用 Pyppeteer。

1. 无头模式配置

在打开浏览器时，需要设定一些参数，如果需要运行在容器里面或纯字符模式的 Linux 中，则 headless 参数必须设置为 True，同时 args 中的参数也要加上，它可以关闭 Chrome 一些没有必要的功能，如扩展、Flash、音频和 GPU 等，以达到节省资源的目的，executablePath 可以指定浏览器的目录，默认 Pyppeteer 会自动执行 Pyppeteer-install 来下载 Chromium，在国内下载非常慢，建议提前安装 Chromium。

```
browser = await launch({'executablePath': self.config["Chromium_path_linux"], #设置浏览器路径'headless': True,"autoClose": True,"args": ['--disable-extensions','--hide-scrollbars','--disable- bundled-ppapi-flash','--mute-audio','--no-sandbox','--disable-setuid-sandbox','--disable-gpu',],'dumpio': True})
```

浏览器参数的含义如表 3-2 所示。

表 3-2　浏览器参数的含义

参 数 名 称	参 数 类 型	参 数 说 明
ignoreHTTPSErrors	boolean	在请求的过程中是否忽略 https 报错信息，默认为 False
headless	boolean	是否以无头模式运行 Chrome，也就是不显示 UI，默认为 True，不显示
executablePath	string	可执行文件的路径，Puppeteer 默认使用它自带的 Chrome webdriver，如果想指定一个自己的 webdriver 路径，可以通过这个参数设置
slowMo	number	使 Puppeteer 操作减速，单位是毫秒。如果想看 Puppeteer 的整个工作过程，这个参数非常有用
args	Array（String）	传递给 Chrome 实例的其他参数，如可以使用"-ash-host-window-bounds= 1024×768"来设置浏览器窗口的大小
handleSIGINT	boolean	是否允许通过进程信号控制 Chrome 进程，也就是说，是否可以使用快捷键"Ctrl+C"关闭并退出浏览器
timeout	number	等待 Chrome 实例启动的最长时间，默认为 30000（30 秒）。如果传入 0 则不限制时间
dumpio	boolean	是否将浏览器进程 stdout 和 stderr 导入 process.stdout 和 process.stderr 中，默认为 False
userDataDir	string	设置用户数据目录，Linux 默认在~/.config 目录，Windows 默认在 C:\Users{USER}\AppData\Local\Google\Chrome\User Data 目录，其中{USER}代表当前登录的用户名

参 数 名 称	参 数 类 型	参 数 说 明
env	Object	指定对 Chromium 可见的环境变量，默认为 process.env
devtools	boolean	是否为每个选项卡自动打开 DevTools 面板,这个选项只有当 Headless 设置为 False 时才有效

2. 异步编码

由于 Pyppeteer 是异步的，因此，在 Python 中需要使用 async def 来增加方法。

3. 注入 cookies

在一些场合需要与 requests 进行结合，因为整体上 requests 的效率和实现相对比较容易，可以在必要的时候调用 Pyppeteer 唤起浏览器，因此，可以通过设置 cookies 来让 Pyppeteer 登录某个页面。

```
await page.setExtraHTTPHeaders(cookies)
```

4. 阻塞

在一些场景需要进行阻塞，如在页面加载中，因为程序执行得很快，可能还没加载完就执行其他语句了，这样就拿不到想要的数据，这时可以使用 page.waitFor 让页面等待，不要使用 time.sleep()。

```
await page.waitFor(3000)
```

对一些页面要善于使用 Page.waitFor。因为有些 Click 事件程序触发过短会无法唤起。

5. 定位元素

获取页面某个标签内的元素是比较常用的方法，可以通过 querySelector 先定位元素，然后通过 page.evaluate 使用 js 原生方法拿到标签内的文本。

```
status_text = await page.querySelector(".status-text")sussces_info = await page.evaluate('(element) => element.textContent', status_text)
```

6. 截图

有时我们要对页面的某一段元素进行截图，可以使用 page.J 先定位元素，然后调用 screenshot 进行截图。

```
element = await page.J('.ant-table-wrapper')now_unix_time = int(time())image_name = 'screenshot-{}.png'.format(str(now_unix_time))image_path = '/'.join([self.config["images_path"], image_name])await element.screenshot({"path": image_path})
```

截图时需要设置浏览器的分辨率。

```
await page.setViewport({'width': 1280, 'height': 720})
```

7. 快速查找元素

很多时候我们不能通过 ID.class 来定位页面元素的具体路径，可以借助 Chrome 的开发者工具对元素进行定位，以快速找到元素，而 Pyppeteer 提供了多种方式来查找元素，如选择器、XPath。

例如：

```
await page.querySelector()  #用选择器方式定位元素 await page.XPath() #用 XPath 方式定位元素
```

8. Page.waitFor

Page.waitFor(selectorOrFunctionOrTimeout[, options[, …args]])下面三个综合 API。

Page.waitForFunction(pageFunction[, options[, …args]])等待 pageFunction 执行完之后。

Page.waitForNavigation(options)等待页面基本元素加载完之后，如同步的 HTML、CSS、JS 等代码。

Page.waitForSelector(selector[, options])等待某个选择器的元素加载之后，这个元素可以是异步加载的。

9. 使用工具自动生成代码

如果你对编写这种枯燥乏味的元素定位感到厌烦，不妨试一试 Chrome 的插件 Puppeteer recorder，它可以录制你的页面操作，当然很多时候并不是很准，但是通过它来辅助开发，可以提高开发效率。

10. 执行程序

由于是异步的，因此，需要通过异步的方式来调用，同时使用 loop 的 create_task 方法获取回调拿到返回值。

```
loop = get_event_loop()task = loop.create_task(sync_payment_platform.get_page_image())image_name = loop.run_until_complete(task)
```

11. 无头模式下的调试

在爬取一些网站时，发现在正常有 Headless 的情况下可以得到最终的效果，但是在无头模式下拿不到元素，提示超时，报类似下面这样的超时错误：

```
Waiting for selector "#indexPageViewName > div.content-view > div > div > div.left-view > div.searchform.clearfix > div:nth-child(1) > div:nth-child(3) > div > div > div.field-left" failed: timeout 30000ms exceeds.
```

在这种情况下，可以通过截图方式进行 Debug，看一下当前报错的页面是否与实际页面一致，建议配置 User-Agent。因为某些情况下系统会把页面当成移动端来访问，导致获取的页面元素与实际的不一致。

```
await page.setUserAgent('Mozilla/5.0 (Macintosh; Intel Mac OS X 10_15_6) AppleWebKit/537.36 (KHTML, like Gecko) Chrome/85.0.4183.102 Safari/537.36')
```

12. pypuppet 整合 requests

很多时候，一些系统都会提供接口，如果能够直接请求这些接口，效率会更高，但是内部系统会使用非常严格的校验，普通的登录方式是行不通的。不过 pypuppet 可以绕过鉴权限制，并拿到对应系统的 cookies。

```
cookies = await page.cookies()cookies_info = {}for i in cookies:key_name = i["name"]value_name = i["value"]cookies_info[key_name] = value_name
```

当拿到 cookies 后就可以通过 requests 模拟 HTTP 请求，这样在一些非异步加载的页面下可以直接爬取接口，节省大量的时间和精力。

```
response = self.request_session.post(url, headers=headers, json=payload, cookies=cookies_info)
```

这里，可以把缓存信息写到 Redis 中，设置过期时间，这样只需要首次进行登录，后面就能直接读取 cookies 进行请求。与此同时，一些网站的请求头中加了一些自定义的头，如果缺少这些头，则无法进行请求。这时，可以通过 page.on 拦截请求或响应信息，如抓取特定的 URL，拿到对应的 headers 将其进行缓存，然后读取 headers 信息放到请求头中，以完美地绕过鉴权。

```
async def intercept_response(self, res):if res.request.url == self.config["api_url"] + "api/web/emp/business:print
(f"获取请求头 {res.request.headers}")self.redis_connect.set_redis("key", str(res.request.headers))async def login_
meike(self):……page.on('response', self.intercept_response)
```

13. 服务器环境依赖

将其部署在虚拟机上，由于单位提供的镜像非常精简，如果想让程序能够在无头模式下运行，则安装 Xvfb 即可，Xvfb 是一个实现 X11 显示服务协议的显示服务器。不同于其他显示服务器，Xvfb 在内存中执行所有图形操作，不需要借助任何显示设备。执行下面的命令即可安装：

```
yum -y install Xvfb
```

默认 centos 的源中是没有 Chromium 的，需要安装 epel-release，然后执行：

```
yum -y install epel-releaseyum -y install Chromium
```

接着就可以部署到服务端运行了。

需要注意的是，如果服务器没有安装中文字体，Chromium 中会显示方块字，这时，只需要安装对应的中文字体即可。

```
yum -y groupinstall chinese-supportyum -y groupinstall Fonts
```

下面是一个使用 Pyppeteer 登录某网站的例子，登录该网站需要输入手机号、密码等，如图 3-6 所示。

图 3-6　用户登录

首先，需要定位手机号和密码还有验证码所在的元素，先定义一个函数，用于配置一些基础的浏览器属性，包括是否要启用无头模式，关闭浏览器的一些没有用的选项，如 Chrome 的扩展、浏览器的页面大小和 UserAgent，以及 Webdriver 的属性。UserAgent 和 Webdriver 的设置主要是为了防止因识别是 Pyppeteer 在操作而被拦截，如淘宝等网站会采用大量反爬虫机制识别机器人登录。

```
async def open_browser(self):browser = await launch({'executablePath': "c:/chrome-win/chrome.exe",'headless':
False, # 是否启用无头模式, False 会打开浏览器, 如果为 True 则在后台运行"autoClose": True,"ignoreDefaultArgs":
["--enable-automation"],"args": ['--disable-extensions','--hide-scrollbars','--disable-bundled-ppapi-flash','--mute-audio',
```

'--no-sandbox', # --no-sandbox 为在 docker 里使用时需要加入的参数, 不然会报错'--disable-setuid-sandbox', '--disable-gpu'],'dumpio': True})await page.setViewport({'width': 1920, 'height': 1080}) # 定义浏览器窗口的大小, 如果太小了, 则页面显示不全 await page.evaluateOnNewDocument('Object.defineProperty("navigator, "webdriver", {get: () => undefined})')await page.setUserAgent('Mozilla/5.0 (Windows NT 10.0; Win64; x64) "AppleWebKit/ 537.36 (KHTML, like Gecko) Chrome/86.0.4240.183 Safari/537.36')return [page, browser]

定义一个函数, 用户打开网站, 输入用户名和密码及验证码 page.type 中的元素地址。参考上面快速查找元素部分, 通过 Chrome 开发者模式调试获取元素路径, 可以看到该网站的 ID 为 userLoginCode 的 input 有 2 个, 但它们的 name 是不一样的, 所以可以这样选择:

```
#personLi > td > div > input[name=loginCode]
```

input 代码如图 3-7 所示。

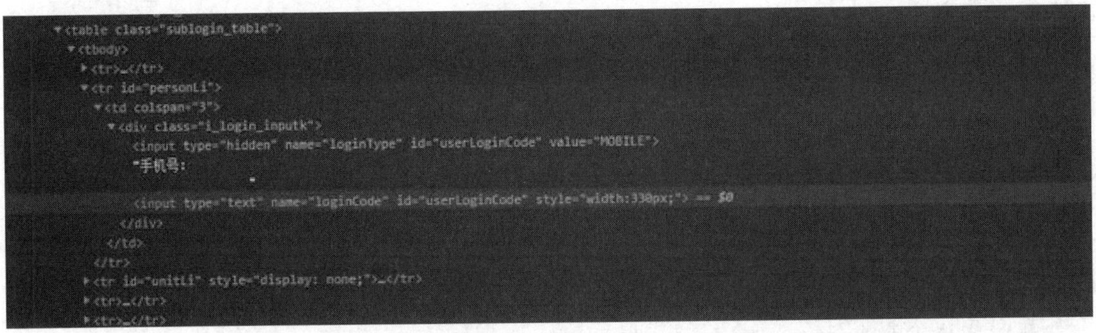

图 3-7 input 代码

同时该网站还有验证码, 这里的验证码可以通过一些开放 OCR 识别能力来搞定它, 如百度 OCR 识别。

下面是这个登录函数的代码:

```
async def login(self):#调用上面的函数打开浏览器 page, browser = await self.open_browser()login_url = "https:/xxx.cn/xxx/"# 打开网站 await page.goto(login_url)login_random_time = randint(30, 150)# 获取页面验证码的图片元素并截图 verification_code = await page.querySelector("#userGetValidCodeImg > a > img")images_path = "images/verification_code.png"await verification_code.screenshot({'path': images_path})
```

通过 OCR 识别验证码, 如果返回 False 则不断重试, 直到登录成功, 如果返回 Ture, 则输入用户名、密码、验证码进行登录。

```
code = await self.ocr_verification_code(images_path)print(f"当前验证码 {code}")if code is False:while True:await page.reload()if await self.login_yaohao():breakelse:await page.type('#personLi > td > div > input[name= loginCode]', self.username,{'delay': login_random_time - 50)await page.type('#userPassword', self.password, {'delay': login_random_time - 50)await page.type('#userValidCode', code, {'delay': login_random_time - 50)await page.click ('#userLoginButton')await page.waitFor(2000)cookies = await page.cookies()cookies_info = {}for i in cookies:key_ name = i["name"]value_name = i["value"]cookies_info[key_name] = value_nameself.redis_connect.set_redis ("yaohao", "cookies", str(cookies_info), ex=3600)await browser.close()return cookies_info
```

通过上述方式登录成功后, 可以拿到 cookies, 并可以通过定义一个 Session() 来请求:

```
def __init__(self):super().__init__()self.request_session = Session()
```

任务二　机器人流程自动化工具的操作

任务描述

本任务介绍如何用机器人流程自动化工具进行录制和播放、流程控制、数据操作、部署和维护等；介绍简单软件机器人的创建和自动化任务的实施。

任务实施

3.2.1　录制与播放

通过扫描右侧的二维码了解具体内容。

录制与播放

3.2.2　机器人流程自动化工具的相关操作

下面通过 Automation Anywhere RPA 的实例来介绍如何将机器人流程自动化工具进行流程控制、数据操作、操控控件、部署和维护等，帮助同学们完成烦琐的高级自动化任务，同时提高运用 RPA 技术的能力。

Automation Anywhere 的功能如图 3-8 所示。

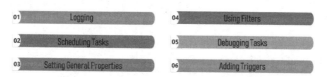

01	Logging	04	Using Filters
02	Scheduling Tasks	05	Debugging Tasks
03	Setting General Properties	06	Adding Triggers

图 3-8　Automation Anywhere 的功能

Windows（窗口）操作用于自动执行任务，例如，打开/关闭/最小化/最大化窗口，获取活动窗口标题等。

自动执行获取 Windows（窗口）标题的操作步骤：

（1）打开 Automation Anywhere Workbench 并选中"Get ActiveWindow Title"单选按钮。

（2）选择变量，在这里我们选择"Clipboard"，然后单击"Save"按钮。

（3）在弹出的对话框中，在消息框中输入"Clipboard"，单击"Save"按钮，如图 3-9 所示。

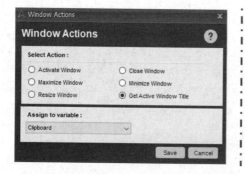
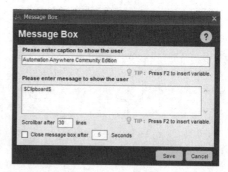

图 3-9　Windows 窗口

（4）保存后执行任务时，可看到获取的结果，我们的标题是"Run Time Window"。

自动关闭记事本
窗口操作

课后作业

一、单选题

1. 机器人流程自动化（Robotic process automation）简称 RPA，是一种
（　　）。

　　A．应用程序　　　　B．设备　　　　　　C．算法　　　　　　D．机器人

2. 机器人流程自动化技术对运营成本的影响是（　　）。

　　A．降低　　　　　　B．增加　　　　　　C．没影响　　　　　D．不确定

3. （　　）年中国步入 RPA 应用元年。

　　A．2018　　　　　　B．2016　　　　　　C．2014　　　　　　D．2012

4. 在 RPA 机器人的工作流程中，首先应该完成（　　）。

　　A．配置　　　　　　B．数据输入　　　　C．验证客户端文件　D．创建测试数据

5. 主要用于建立软件机器人的配置或设计机器人的是（　　）。

　　A．开发工具　　　　B．运行工具　　　　C．控制中心　　　　D．以上均不正确

6. 在处理自动化业务的同时，经常需要保存一些可以自动执行的操作，这个操作就是
（　　）。

　　A．录制　　　　　　B．播放　　　　　　C．流程控制　　　　D．部署

7. 登录到 Internet 上的云服务平台部署软件机器人的类型是（　　）。

　　A．云型　　　　　　B．分步型　　　　　C．开发型　　　　　D．本地部署型

8. 机器人流程自动化是以（　　）和人工智能为基础的。

　　A．软件机器人　　　B．工业机器人　　　C．算法　　　　　　D．运筹学

9. 机器人流程自动化技术能够（　　）。

　　A．减少人工错误　　　　　　　　　B．出现不可预料的错误

　　C．经常出错　　　　　　　　　　　D．以上都不对

10. 目前，大多数 RPA 对软件代码要求（　　）。

　　A．低　　　　　　　　　　　　　　B．高

　　C．没有要求　　　　　　　　　　　D．相关人员具备特殊软件专业知识

二、多选题

1. 典型的 RPA 平台至少包括（　　）等组成部分。

　　A．开发　　　　　　B．运行　　　　　　C．控制　　　　　　D．编程

2. 控制中心主要用于软件机器人的（　　）。

　　A．部署　　　　　　B．管理　　　　　　C．运行　　　　　　D．开发

3. RPA 的主流工具有（　　）。

　　A．UiPath　　　　　　　　　　　　B．Automation Anywhere

　　C．MS Office　　　　　　　　　　　D．Excel

4. RPA 可以模仿人类行为如（　　）。

　　A．点击　　　　　　B．击键　　　　　　C．导航　　　　　　D．步行

5．市面上的 RPA 产品多种多样，根据提供服务的方式，部署模式可分为（　　）。

    A．开发型　　　　　B．本地部署型　　C．云型（SaaS 型）　　D．分步型

三、判断题

1．机器人流程自动化较传统自动化侧重于自动化测试过程。（　　）

2．RPA 可以提高准确性但会降低可预测性。（　　）

3．RPA 对欺诈案件调查这类应用场景支持不好。（　　）

4．在机器人流程自动化中，开发人员应该对域和系统有很好的理解。（　　）

5．机器人流程自动化不能模仿最终用户在计算机上的手动操作方式。（　　）

6．RPA 可以提高生产力和处理速度。（　　）

7．RPA 通过消除重复性任务中的人为干预来缩短周转时间。（　　）

8．RPA 有更好的投资回报率（ROI）。（　　）

9．传统的自动化测试主要集中在编程上。（　　）

10．RPA 开发工具主要用于建立软件机器人的配置或设计机器人。（　　）

项目 4

程序设计基础

学习目标

- 了解程序的概念和作用；
- 了解程序的发展历史和现状；
- 了解程序语言的分类及名称；
- 了解目前主流的程序语言有哪些；
- 了解不同程序语言的特点和应用场合；
- 了解算法的概念；
- 了解算法与程序的关系；
- 了解算法存在的意义；
- 掌握一种主流编程工具的安装、环境配置和基本使用方法；
- 掌握一种主流程序设计语言的基本语法、流程控制、数据类型、函数、模块、文件操作、异常处理等；
- 能完成简单程序的编写和调测任务，为相关领域应用开发提供支持。

项目描述

通过讲解程序和算法的概念、发展及程序与算法的关系等概念，让同学们对程序和算法有初步的认识。
通过本项目的学习，培养学生的工匠精神、创新精神，使学生不辜负时代赋予他们的使命。

任务一 什么是程序

🔷 任务描述

本任务首先对程序的概念、程序语言的分类及几种主流程序语言进行介绍，接着通过对算法的概念、算法的意义、如何选择算法和算法的特性等几个方面进行详细讲解，让同学们对程序的概念和分类从整体上有初步的了解，对算法有整体的认识。

🔷 任务实施

4.1.1 程序的概念

程序设计简介

如果没有程序，计算机什么也不会做。程序是计算机的一组指令，只有经过编译和执行才能完成程序设计的动作。程序设计的最终结果是软件。直到 70 年代中期，程序设计还只是信息服务专业人员的工作。用户的进一步知识化和可使用的高级程序语言的多样化使用户进入软件开发领域。用户管理人员在办公室里为自己的多项服务请求编制程序比将一个服务请求交给别人来编制程序容易得多。

程序还有另外一个定义，程序=数据结构+算法。

通俗地说，算法相当于逻辑，小部分已被人们发掘出来（这里的小部分指目前我们已知的各种算法，属于人们从特定模式中抽象出来的核心，如排序、查找等），可以看作一种模式。对业务来说，一种逻辑（可能由其他元子逻辑组合而成）一旦确定下来，便可看作常量，固定不变。

数据结构即数据表示，也就是数据，如用户数据，属于互联网的主要部分。这里有一个问题，就是如何合理高效地表示数据。为此，人们想出各种各样的数据结构，如数组、树和图等。

还有人甚至把程序理解成代码，这也无可厚非，因为我们的程序都是用一行行的代码来实现的。

4.1.2 程序语言的分类

计算机语言也称程序，是人与计算机之间通信的语言，计算机语言主要由一些指令组成，这些指令包括数字、符号和语法等，编程人员可以通过这些指令来指挥计算机做各种工作。

计算机程序语言根据功能和实现方式的不同大致可以分为三大类，即机器语言、汇编语言和高级语言。

1. 机器语言

第一代计算机语言称机器语言。

计算机所使用的是由 1 和 0 组成的二进制数，二进制是计算机的语言基础。计算机发明之初，计算机只能被少部分人使用，人们将 0、1 组成的指令序列交由计算机执行，计算机只能识别 0 和 1，在计算机内部，无论是歌曲、游戏还是照片，最终保存的都是 0 和 1 的代码，而机器语言就是 0、1 代码。

计算机不需要翻译就能直接识别的语言称为机器语言（又称二进制代码语言），该语言是由二进制数 0、1 组成的一串指令。那么这是不是意味着我们编程一定要用 0、1 代码呢？这么编程当然可以，但对于编程人员来说这样太麻烦，而且不便于理解、记忆和识别，不适合普通编程人员编码。所以后来出现了汇编语言。

但机器语言也不是没有优势，由于这种语言是直接对计算机硬件进行操作的，所以对于特定型号的计算机，运算效率是很高的。

机器语言的出现对计算机语言的发展起到了推动作用，所以机器语言也是第一代计算机语言。

2. 汇编语言

计算机可以识别由 0 和 1 组成指令的机器语言，但人类使用机器语言太不方便了。为了解决这个问题，汇编语言诞生了。

汇编语言是在机器语言的基础上诞生的一门语言，汇编语言将一串枯燥无味的机器语言转换成一个英文单词，用一些简洁的英文字母、符号串来替代一个特定指令的二进制串，英文单词直接对应着一串 0、1 指令，把不容易理解和记忆的机器语言按照对应关系转换成汇编指令，汇编语言比机器语言容易阅读和理解，并提高了语言的记忆性和识别性，便于程序的开发与维护。

汇编语言也直接对硬件进行操作，这样就局限了它的移植性。但是使用汇编语言针对计算机特定硬件而编制的汇编语言程序，对计算机硬件的功能和特长的发挥已有很大进步，它精练且质量高，所以至今仍是一种常用的程序开发语言。

3. 高级语言

汇编语言依赖于硬件，程序的可移植性较差，而且编程人员在使用新的计算机时还需要学习新的汇编指令，大大增加了编程人员的工作量。因此，出现了第三代语言，第三代语言又叫高级语言。高级语言的发展分为两个阶段，以 1980 年为分界线，前一阶段属于结构化语言或者面向过程的语言，后一阶段属于面向对象的语言。

高级语言接近人类使用的语言，易于理解、记忆和使用。高级语言和计算机的架构、指令集无关，具备良好的可移植性。

常见的高级语言包括 C、C++、Java、VB、C#、Python、R、JavaScript 等。下面对主流的几种程序语言进行介绍。

4.1.3　主流程序语言及特点

1. Java 语言

在将近 20 年的编程发展过程中，Java 语言一直处于优势地位，甚至很多年位居各种程序语言的榜首。Java 语言具有简单性、分布式、安全性、面向对象、平台独立、可移植性、多线程、动态性等特点，甚至被人贴上"一次编写，随处可用"的标签。Java 语言是目前国内甚至全球范围内使用率最高的程序语言。

2. C#语言

C#语言是由 C 语言和 C++语言演变而来的一种安全的、稳定的、简单的、优雅的、面向对象的程序语言。它在继承 C 语言和 C++语言强大功能的同时去掉了一些它们的复杂特性（如没有宏及不允许多重继承）。C#语言综合了 Visual BASIC 语言简单的可视化操作和 C++语言的高运行效率，以其强大的操作能力、优雅的语法风格、创新的语言特性和便捷的面向组件编程的支持，成为.NET 开发的首选语言。

3．C 语言/C++语言

C 语言是一种通用的命令式程序语言，大部分高校仍然开设与 C 语言相关的课程。C++语言是 C 语言的增强版，是一种静态的数据类型检查的、支持多重编程范式的通用程序语言。目前，很多程序语言都是通过 C 语言/C++语言演变而来的。目前，C 语言仍然被广泛应用在嵌入式开发业务中。

4．Python 语言

Python 语言虽然同样有十几年的历史，但真正在国内流行是近几年的事情。最初 Python 语言被设计用于编写自动化脚本，到现在 Python 语言依旧保持其自动化编程的特性，同时由于人工智能技术火爆，而 Python 被认定为开发人工智能的首选语言，因此 Python 语言成为热门语言。Python 被广泛应用在爬虫开发、全站开发及数据分析等领域。由于 Python 语言学习难度低，因此，它是初学者学习的语言之一。

5．JavaScript 语言

JavaScript 语言是被广泛应用于客户端 Web 开发的脚本语言，是基于对象和时间驱动并具有相对安全性的语言，通常被用来给 HTML 网页添加动态功能。目前，它经常被用在游戏开发等方面。

4.1.4　算法的概念

算法（Algorithm）是对解决特定问题的求解步骤的描述，在计算机中表现为指令的有限序列，并且每条指令表示一个或多个操作。另一种说法为算法是定义良好的计算过程，它取一个或一组值为输入，并产生一个或一组值作为输出。简单来说，算法就是一系列计算步骤，最终将输入数据转换成输出结果。

下面我们举一个通俗的例子来解释什么是算法。

可以把所有算法想象为一本菜谱，特定的算法如同菜谱中一道老醋花生米的制作流程，只要按照菜谱的步骤制作老醋花生米，那么谁都可以做出一道好吃的老醋花生米。这个做菜的步骤可以理解为解决问题的步骤，即算法。

4.1.5　算法的意义

假设计算机的运行速度无限快，且计算机存储容器是免费的，那么我们还需要各种算法吗？如果计算机的运行速度无限快，那么对于某个问题来说，可以正确解决该问题的任何方法都是可行的。

当然，计算机的运行速度可以很快，但是不能达到无限快，存储容器可以很便宜但是不能免费。算法就是要在有限的运算速度和有限的存储空间的前提条件下，尽可能地提高算法效率。解决同一个问题的各种不同算法的效率常常相差非常大，这种效率上的差距的影响往往比硬件和软件方面的差距还要大。

4.1.6　如何选择算法

我们从算法的正确性和算法的时间复杂度两方面来选择算法。

1. 首先保证算法的正确性

如果一个算法对输入的每个实例，都能输出正确的结果并停止，则称它是正确的，我们就说一个正确的算法解决了给定的计算问题。不正确的算法对某些输入来说，可能根本不会停止，或者停止时给出的不是预期的结果。然而，与人们对不正确算法的看法相反，如果这些算法的错误率可以得到控制，那么它们有时候也是有用的。一般而言，我们仅关注正确的算法。

2. 分析算法的时间复杂度

算法的时间复杂度反映程序执行时随输入规模的增大而增长的量级，在很大程度上能反映算法的好坏。

4.1.7　算法的特性

算法具有五个基本的特性，即输入、输出、有穷性、确定性和可行性。

1. 输入、输出

输入和输出特性比较容易理解，算法有零个或多个输入。尽管对于绝大多数算法来说，输入参数都是必要的，但对于个别情况，如果仅执行某个操作，不需要给算法传递任何信息，则不需要输入任何参数，因此，算法的输入可以是零个。算法至少有一个或多个输出，算法是需要输出结果的，如果不需要输出结果，那么算法就没有存在的必要，当然输出的形式可以多样化。

2. 有穷性

有穷性是指算法在执行有限的步骤之后，自动结束而不会出现无限循环，并且每个步骤在可接受的时间内完成。现实中经常会写死循环的代码，这就不满足算法的有穷性。当然，这里有穷的概念不是纯数学意义上的，而是在实际应用中合理的、可以接受的"有边界"。假如你写一个算法，计算机需要计算二十年才会结束，从数学的角度考虑这是有穷的，但是现实中，这个算法就没有存在的意义了。

3. 确定性

确定性是指算法的每个步骤都具有明确的含义，不会出现二义性。算法在一定条件下只有一条执行路径，相同的输入只能有唯一的输出结果，算法的每个步骤被精确定义而无歧义。

4. 可行性

可行性是指算法的每个步骤都必须是可行的，也就是说，每一步都能够通过执行有限次数来完成。可行性意味着算法可以转换为程序在计算机上运行，并得到正确的结果。在目前计算机世界也存在没有实现的极为复杂的算法，不是理论上不能实现，而是因为过于复杂，我们当前的编程方法、工具和大脑限制了它的实现，不过这是理论研究领域的问题，不属于我们现在考虑的范畴。

任务二　开发环境搭建

➡ 任务描述

本任务通过对程序语言的安装、环境配置和基本使用方法的操作和讲解，让同学们对程序设计的操作有初步了解，并掌握程序设计的简单操作。

➡ 任务实施

通过以上对主流程序语言及特点的介绍，同学们肯定对编写程序产生了浓厚的兴趣，想动手写一段属于自己的程序，但是在动手写程序之前，需要先在计算机上安装程序的开发环境，不同程序语言的开发环境不一样，下面以 Python 语言开发环境的搭建为例进行讲解。

常见的 Python 开发环境有 PyCharm、VSCode 和 pip 等，这里以 VSCode 为例讲解 Python 开发环境的安装和配置过程。

1. 安装程序获取

从 VSCode 官方网站或者教材配套的资源包获取 VSCode 的安装程序"VSCodeUserSetup-x64-1.41.1.exe"。

2. 安装 VSCode

双击下载的安装文件"VSCodeUserSetup-x64-1.41.1.exe"，打开安装许可协议界面，选中"我接受协议"单选按钮，单击"下一步"按钮，如图 4-1 所示。

图 4-1　安装许可协议界面

进入"选择目标位置"界面，根据自己的磁盘情况选择安装路径，如图 4-2 所示，单击"下一步"按钮，进入"选择开始菜单文件夹"界面，如图 4-3 所示。

在"选择开始菜单文件夹"界面，可以根据自己的情况选择是否需要创建开始菜单文件夹。创建开始菜单文件夹后，单击"下一步"按钮，进入"选择其他任务"界面，如图 4-4 所示，设置相关选项后，单击"下一步"按钮。

进入"安装准备就绪"界面，如图 4-5 所示，单击"安装"按钮即可进行安装。安装完成后出现如图 4-6 所示的界面。

图4-2 "选择目标位置"界面

图4-3 "选择开始菜单文件夹"界面

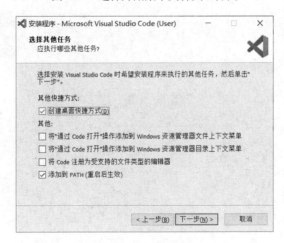

图4-4 "选择其他任务"界面

3. 配置 VSCode 开发环境

双击 VSCode 图标，打开 VSCode 主界面，如图4-7所示，选择"扩展"选项。在出现的界面中输入"python"，检索并安装需要的扩展插件，如图4-8所示。

图 4-5 "安装准备就绪"界面

图 4-6 安装完成界面

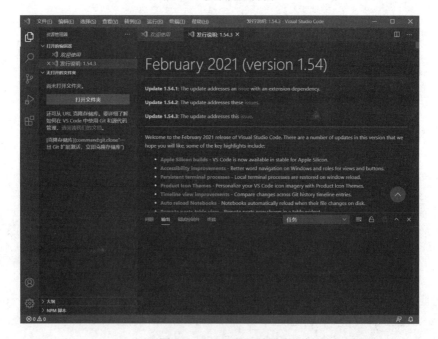

图 4-7 VSCode 主界面

到这里，Python 的基本开发环境配置完成。后面的 Python 代码均在此环境下编写和运行。

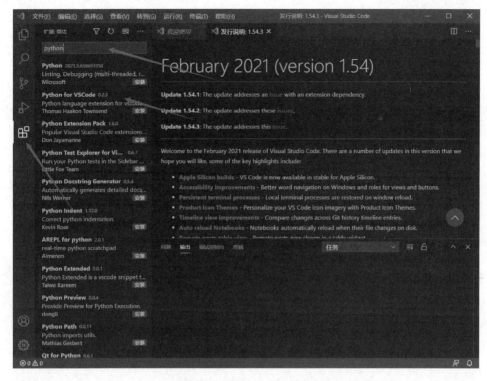

图 4-8　安装 Python 扩展插件

任务三　程序设计基本语法和编程规范

➔ 任务描述

本任务介绍 Python 的基础语法和编程规范，帮助同学们快速上手 Python 基础编程。Python 作为一门通用编程语言，需要提供一些基本的语法规范，开发者需要遵循这些规范来书写源程序。

下面我们一起来学习 Python 的基础语法知识，包括标识符、数据类型、运算符、表达式、程序结构和数据结构等。

➔ 任务实施

程序设计基本语法和编程规范

任务四　简单程序的编写

➔ 任务描述

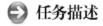

简单程序设计举例

本任务通过对案例的讲解，使同学们会编写、调试程序。

任务实施

4.4.1 比较两个数的大小，输出较大值

1. 案例分析

本案例涉及两个数 a、b，比较 a、b 的值，如果 a 大于 b 则输出 a，否则输出 b，最大值的输出可能有两种情况。在 Python 程序中，当根据条件在两种情况中选择其一执行时，可用 if-else 语句，其结构如下：

```
if:
程序一
else:
程序二
```

其执行情况为如果条件成立选择执行程序一，否则执行程序二。if-else 结构中条件通常为关系或逻辑表达式，值为布尔值。Python 布尔值有两个，True 代表真值，False 代表假值。

Python 的算术运算符有+、−、*（乘）、/（除）等，关系运算符有>、<、>=、<=、==、!=、in、not in，逻辑运算符有 and（与）、or（或）、not（非）。

2. 代码编写

```
a=10;              #定义数 a
b=50;              #定义数 b
if a>b:            #比较 a、b 的大小
    print(a);      #输出打印 a
else:
    print(b);      #输出打印 b
```

在 Python 编程中注意空格的使用，空格在 Python 代码中是有意义的，因为 Python 的语法依赖于缩进，在行首的空格称为前导空格，前导空格代表语句的层次关系。非前导空格在 Python 代码中没有意义，但适当地加入非前导空格可以提高代码的可读性。

3. 运行结果

50

4.4.2 打印 10 万个问号 "？"

1. 案例分析

如果把打印一个问号 "？" 看作一个操作，那么打印十万个问号要重复做十万次同一件事。因此，打印十万个问号 "？" 属于典型的循环重复操作。在 Python 程序中，循环操作可用 for 语句，其结构如下：

```
for 变量 in 范围:
        程序块
```

结构中的范围通常用 range() 函数表示，range() 函数的格式如下：

```
range(start, end, step)
```

range()函数返回一个从 start 开始、end 结束（不包含 end），且间隔为 step 的整数序列对象。其中 step 值可为正数也可为负数，如果省略则默认间隔为 1。如 range(0,5)表示[0, 1, 2, 3, 4]，不包括 5。

for 语句执行情况为，变量依次从前向后取范围列表中的值，变量每取一个值执行一次程序块，对程序块的执行形成反复执行的效果。

2. 代码编写

```
for i in range(0,100000):    #重复 100000 次
    print('?',end='')         #输出？且不换行
```

3. 运行结果

打印十万个？

4.4.3 为 10 个数批量增加 5

1. 案例分析

在 Python 程序中，存放多个数据元素的集合为序列，常见的序列有列表、字典和元组，本案例用常见的列表来实现。在 Python 语言中，列表元素用方括号 "[ ]" 括起来，元素之间用英文逗号分隔。其定义格式如下：

```
列表名=[值 1,值 2,值 3,值 4,…]
```

列表元素可以通过索引位置进行访问和选取，如 alist=[1,2,3,4,5,6,7]，alist[0]为 1、alist[2]为 3、alist[-1]为 7，对多个连续元素的选取称为切片，切片操作的位置是左闭右开的，也就是说，包含左边位置但不包含右边位置的元素，例如，alist[:2]为[1,2]，alist[3:]为[4,5,6,7]。

可以使用列表自带的一些函数功能，例如，list.append(obj)在列表末尾添加新的对象，list.count(obj)统计某个元素在列表中出现的次数，list.reverse()反向列表中的元素等。

2. 代码编写

```
list=[10,20,30,40,50,60,70,80,90,100]    #创建包含 10 个数的列表
for i in list:                            #对列表中的数进行循环操作
    k=i+5                                 #对当前数加 5
    print(k,end=' ')                     #输出增加后的数，end=' '为不换行
```

3. 运行结果

15 25 35 45 55 65 75 85 95 105

课后作业

一、单选题

1. 下列哪种数据类型不是 Python 中的内置数据类型？（　　　）

    A. 数值型　　　　　B. 布尔/逻辑型　　　　C. 字符串型　　　　　D. 字符型

2. 关于 Python 变量名，下列选项中错误的是（　　　）。

    A. hF = 100　　　　B. Var100 = "abc"　　　C. _100 = "100"　　　D. True = 0

3．关于 Python 中的逻辑运算，下列选项中描述错误的是（　　）。

A．逻辑运算要求参与运算的操作数都是逻辑类型

B．整数 1 在参与逻辑运算的过程中，被视为逻辑真值

C．逻辑运算的结果不一定是布尔值

D．空字符串在逻辑运算中被视为逻辑假值

4．下面代码的输出结果是（　　）。

```
print(11 % 5)
```

A．2　　　　　　　B．2.2　　　　　　　C．0　　　　　　　D．1

5．下列哪个选项是错误的？（　　）

A．a = 1 + "2"　　　B．a = 1 + 10.0　　　C．a = 1 + True　　　D．a = False + True

6．下列不是整型数的是（　　）。

A．160　　　　　　B．-78　　　　　　C．0×123　　　　　D．1.0

7．下列哪个选项不是 Python 的保留字？（　　）

A．True　　　　　B．if　　　　　　C．def　　　　　D．int

8．关于结构化程序设计所要求的基本结构，下列选项中描述错误的是（　　）。

A．重复（循环）结构　　　　　　　　B．选择（分支）结构

C．goto 跳转　　　　　　　　　　　D．顺序结构

9．关于 Python 的分支结构，下列选项中描述错误的是（　　）。

A．分支结构使用 if 保留字

B．Python 中 if-else 语句用来形成二分支结构

C．Python 中 if-elif-else 语句用来描述多分支结构

D．分支结构可以向执行过的语句部分跳转

10．关于程序的异常处理，下列选项中描述错误的是（　　）。

A．程序发生异常后经过妥善处理可以继续执行

B．异常语句可以与 else 和 finally 保留字配合使用

C．程序语言中的异常和错误是完全相同的概念

D．Python 通过 try、except 等保留字提供异常处理功能

11．下面代码的输出结果是（　　）。

```
for i in range(3):
    print(i,end='')
```

A．012　　　　　　B．123　　　　　　C．333　　　　　　D．12

12．下列哪个选项对死循环的描述是正确的？（　　）

A．使用 for 语句不会出现死循环　　　B．死循环就是没有意义的

C．死循环有时候对编程有一定作用　　D．无限循环就是死循环

13．下列有关 break 语句与 continue 语句的描述，不正确的是（　　）。

A．当多个循环语句彼此嵌套时，break 语句只适用于最里层的语句

B．continue 语句类似于 break 语句，也必须在 for、while 循环中使用

C．continue 语句结束循环后，继续执行循环语句的后继语句

D．break 语句结束循环后，继续执行循环语句的后继语句

14．下列哪个选项所对应的 except 语句数量可以与 try 语句搭配使用？（　　　）

　　A．一个且只能是一个　　　　　　　B．多个

　　C．最多两个　　　　　　　　　　　　D．0 个

二、填空题

1．表达式[1, 2, 3]*3 的执行结果为_____。

2．表达式[3] in [1, 2, 3, 4]的值为_____。

3．列表对象的 sort()方法用来对列表元素进行原地排序，该函数返回值为_____。

4．假设列表对象 aList 的值为[3, 4, 5, 6, 7, 9, 11, 13, 15, 17]，那么切片 aList[3:7]得到的值为_____。

5．表达式 str((1, 2, 3))的值为_____。

6．切片操作 list(range(6))[::2]的执行结果为_____。

7．字典对象的_____方法返回字典的"键"列表。

8．字典对象的_____方法返回字典的"值"列表。

9．表达式 'apple.peach,banana,pear'.find('p') 的值为_____。

10．表达式 'abcdefg'.split('d') 的值为_____。

三、实作题

1．比较任意两个数的大小并输出较小值。

2．打印 100 个星号"*"。

3．计算 1 到 100 的累加值。

4．计算 10 个数的最大值。

5．输出如下图形：

```
********
********
********
```

项目 5

大数据

≪≪≪≪≪

学习目标

- 理解大数据的基本概念、结构类型和核心特征；
- 了解大数据的时代背景、应用场景和发展趋势；
- 熟悉大数据在获取、存储和管理方面的技术架构，掌握大数据系统架构的基础知识；
- 掌握大数据工具与传统数据库工具的应用场景的区别，能搭建简单的大数据环境；
- 了解大数据分析算法模式，初步建立数据分析概念；
- 了解基本的数据挖掘算法，掌握从数据预处理到数据挖掘的整体应用流程；
- 熟悉大数据可视化的主要工具，掌握其基本使用方法；
- 了解大数据应用中面临的常见安全问题和风险及大数据安全防护的基本方法，自觉遵守和维护相关法律法规。

项目描述

大数据时代带来了信息技术发展的巨大变革，并深刻影响着社会生产和人们生活的方方面面。了解大数据概念、具备大数据思维、会进行相关操作，是新时代对人才的新要求。本项目对智慧校园大数据进行介绍，然后讨论身边的大数据应用，一步步引导学生了解大数据，提高学生的大数据思维能力。

任务一　什么是大数据

任务描述

大数据技术涉及数据采集、数据整理、数据存储、数据安全、数据分析、数据呈现和数据应用等技术。本任务对大数据进行介绍，通过对身边的大数据应用案例的分析，使同学们了解大数据技术的相关概念和应用情景。

任务实施

5.1.1　大数据定义

大数据简介

数据是指对客观事件进行记录并可以鉴别的符号，是对客观事物的性质、状态及相互关系等进行记载的物理符号或这些物理符号的组合。它是可识别的、抽象的符号，它不仅指狭义上的数字，还可以是具有一定意义的文字、字母、数字符号的组合、图形、图像、视频、音频等，也是客观事物的属性、数量、位置及其相互关系的抽象表示。

随着信息技术的发展，数据体量和数据类型急剧增加，以至于原有的数据存储、传输、处理及管理技术都不能胜任，急需全新的技术工具和手段。于是衍生出大数据的概念，大数据并不单纯地指数据规模大，如一份现在看起来很小的数据，纵向积累久了可以变成大数据，横向与其他数据关联起来也可以形成大数据。但一份很大的数据如果没有关联性和价值则不是大数据。很多人以为大数据就是数据量很大，其实大数据的大是大计算的大，"大计算+数据"称为大数据。

大数据是指无法在一定时间范围内用常规软件工具进行捕捉、管理和处理的数据集合，是需要新处理模式才能具有更强的决策力、洞察发现力和流程优化能力的海量、高增长率和多样化的信息资产。

5.1.2　大数据结构类型

大数据按结构类型可以分为以下三类。

1. 结构化数据

结构化数据通常是指用关系数据库方式记录的数据，数据按表和字段进行存储，字段之间相互独立。

2. 半结构化数据

半结构化数据是指以自描述的文本方式记录的数据，由于自描述数据无须满足关系数据库中那种非常严格的结构和关系，因此，在使用的过程中非常方便。

很多网站和应用访问日志都采用这种格式的数据，网页本身也是这种格式的数据。

3. 非结构化数据

非结构化数据通常是指语音、图片、视频等格式的数据。

这类数据一般按照特定应用格式进行编码，数据量非常大，且不能简单地转换成结构化数据。

5.1.3　大数据核心特征

大数据是伴随互联网、社交网络、云计算等信息技术而产生的海量数据集，是无法在一定时间范围内用常规软件工具进行捕捉、管理和处理的数据集合，是需要新处理模式才能具有更强的决策力、洞察发现力和流程优化能力的海量、高增长率和多样化的信息资产。大数据具有5V特点，即 Volume（量大）、Velocity（高速）、Variety（多样）、Value（低价值密度）、Veracity（真实性）。

5.1.4　大数据的应用

大数据应用

大数据来源于世界各行各业随时产生的数据。学校中也汇聚了大量的信息，从学生角度来看，包括个人基本信息、生活信息、学习信息、第二课堂信息等；从教师角度来看，包括教学信息、科研信息；从管理者角度来看，包括学校的资产信息、师资信息、招生就业信息等。

在大数据时代，任何微小的数据都可能产生不可思议的价值。学校可以在就业情况分析、学习行为分析、学科规划、心理咨询、校友联络等方面借助大数据分析技术，挖掘数据中潜在的价值。

很多高校正在使用大数据分析技术解决遇到的实际问题，例如，利用大数据技术分析学校用户 IT 设备使用行为产生的数据，确定用户行为异常，审计 IT 设备基础环境，制定安全防护措施。某大学教育基金会通过大数据分析，将每个月在食堂吃饭超过 60 顿、一个月总消费不足 420 元的学生列为受资助对象；有一些高校通过分析学生参与网络课堂产生的数据，来确定如何改进课程讲述方式，达到因材施教的教育目标；重庆城市管理职业学院构建一站式服务平台，充分利用学校已有的数据，建设服务于学校领导、教师和学生的大数据应用，为领导决策、学生管理、教学管理和科研管理等提供支持服务。

下面以就业情况分析为例，介绍校园大数据的实际应用情景。

传统的就业分析一般从就业单位、就业地区、所在院系专业、性别、签约类别、就业年份等维度来分析，得到的只是一般意义上的统计结果，对于指导单个学生就业和预测未来的就业情况所发挥的作用有限。

利用大数据技术，可以将学生就业涉及的所有信息进行采集和收集，构建就业智能分析模型，不仅可以对就业数据进行汇总统计，还能为毕业生推荐就业，为在校生提供学习预警功能。

1. 数据采集与存储

学生就业数据包括学生学习情况、社团信息、生活信息、校外实习、参加的竞赛及获奖情况、所投公司当年的招聘计划、历届学生在所投公司的表现，以及世界和中国整体经济趋势、就业行业情况分布、行业人才需求情况等。

以上的各类数据有的来源于信息系统，有的来源于网络，对于结构良好的各信息系统的数据，可采用 ETL（Extract Transform Load）工具将数据从不同来源端抽取并存储到数据库中；对于 Web 网页这类非结构化数据，可通过网络爬虫进行抓取并存储到数据库中。

2. 数据清洗和整理

采集的数据常常是不完全的、有噪声的、不一致的。数据清洗可以对遗漏数据、噪声数据及不一致数据进行处理，检测和纠正（或删除）记录集、表或数据库中不准确的或损坏的记录，识别不正确、不完整、不相关、不准确或其他有问题（"脏"）的数据，然后替换、修改或删除这些数据。

3. 数据分析

对清洗整理后的就业数据进行汇总、统计分析，利用机器学习工具对数据进行学习，为毕业生推荐就业，为在校生提供学习预警。首先，通过分析已就业学生的成绩、参加的社团活动、关注的行业、性格特点、就业单位、就业岗位等，计算学生之间的相似度，为即将毕业的学生推荐适合的就业单位和岗位，提供个性化的服务；其次，通过不同维度对未能及时就业的学生进行分析，从中找出共同点，然后通过比较在校生的相关属性，及时对在校生给出预警，以便其在后续的学习和生活中加以改进。

4. 数据展示

将就业分析的结果进行可视化的展示，将数据与美观的图表完美地结合在一起，以更形象直观的方式进行呈现。常见的图表包括饼图、柱状图、地图、动态图等。

大数据具有的强大张力，给生产、生活和思维方式带来革命性改变。但在大数据热中也需要冷静思考，特别是正确认识和应对大数据技术带来的伦理问题，以便趋利避害。大数据技术带来的伦理问题主要包括隐私泄露问题、信息安全问题，贯穿在大数据采集、使用过程中。因此，我们在保护好个人数据安全的同时，还要在使用大数据时遵纪守法，树立正确的伦理道德观，不利用技术做危害社会、侵犯他人隐私的事情。

5.1.5　大数据应用案例

大数据无处不在，已经融入包括金融、汽车、零售、餐饮、电信、能源、政务、医疗、体育、娱乐等在内的社会各行各业。如今，大数据技术已被广泛应用于人们的日常生活中，在衣食住行各个领域都有应用，使人们的生活更加便利和舒适。现在，一些大数据人工智能的计算能力、决策能力和分析能力已经远远超过人类，在许多领域开始代替人类的工作。

案例一：苏州消防运用大数据筑牢三道防线。

苏州市公安消防支队利用火灾风险预测"火眼 1.0"系统等智能手段，以"微消防"推动"大消防"，用大数据构建大格局，编织起火灾防控立体网络，进一步筑牢"不起火，烧不大，跑得掉"三道防线，城市火灾形势实现平稳可控，为苏州经济高质量发展提供了安全保障。据统计，2017 年，苏州消防火眼防控范围内的 9.6 万单位发生火灾同比减少 163 起，下降 31%，无人员伤亡，社会面单位火灾防控成效显著。

案例二：银联商务开放平台在沪发布，运用大数据识别信用风险。

银联商务积累了海量的有价值数据，具有很好的大数据基因。银联商务开放平台是一个智慧互联、资源共享的平台，其全方位的数据、信息、资源对各界合作伙伴开放，触手可及，有利于共筑更具开放力的开放生态圈。第一批通过该平台面向银行、保险、政务服务及电商类的平台客户开放的接口服务，实现反欺诈类服务。后续将考虑进一步开放基于银联商务银杏产品的数据服务，如信用评价、精准营销、风险监控等。通过上述数据服务，为金融机构或政府企事业单位提供完备的风控反欺诈和统一身份认证方案，有效识别个人和企业身份及信用风险。

案例三：白河县审计局运用大数据分析提升扶贫资金审计效能。

白河县审计局在近期开展的扶贫资金审计中，按照扶贫对象精准、项目安排精准、资金使用精准的要求，科学运用大数据分析方法，揭示精准扶贫的过程中，人员识别、资金使用中存在的问题，有效提升了审计监督效能。

案例四：贵州初步建立"大数据+农业"体系，致力于农业信息化应用服务。

目前，贵州"大数据+农业"体系初步形成，全省已建成农村土地确权调查登记及产权交易系统、特色优势农产品物联网、农产品质量安全追溯系统、农产品批发市场价格信息发布系统、农业网上政务办事大厅等一系列农业大数据平台。"大数据+农业"是对贵州省发展现代山地特色高效农业的重要技术支撑，有助于降低人力资源成本、扩大生产规模、增加农业产业链价值、提高农产品市场竞争力、促进绿色发展、实现农业现代化。目前，一系列"大数据+农业"的创新实践正在全省各地积极推进。未来，贵州省将搭建全省农业云平台框架，基于农业大数据中心、一张图平台，构建农业数字（监测感知）、农业生产管理、农产品市场销售和农业监管服务四大体系，推进大数据与现代农业融合发展。

案例五：医疗大数据智能解决方案分析。

医疗大数据是指所有与医疗卫生和生命健康活动相关的数据集合。医疗大数据的有效利用能为医生提供临床决策支持服务，为患者提供精细化、个性化医疗服务，提高医院服务水平及患者满意度。下面对医疗大数据智能解决方案进行介绍，使同学们对医疗大数据的应用有整体了解。

1. 医疗大数据

医疗数据是医生对患者诊疗和治疗过程中产生的数据，包括患者的基本数据、电子病历、诊疗数据、医学影像数据、医学管理数据、经济数据、医疗设备和仪器数据等。

医疗大数据是指所有与医疗卫生和生命健康活动相关的数据集合，既包括个人从出生到死亡的全生命周期过程中，因免疫、体检、治疗、运动、饮食等相关活动所产生的大数据，又包括医疗服务、疾病防控、健康保障、食品安全、养生保健等方面的数据。

2. 医疗大数据分类

（1）电子病历数据。

电子病历数据是患者就医过程中产生的数据，包括患者基本信息、疾病主诉信息、检验数据、影像数据、诊断数据、治疗数据等，这类数据一般产生及存储在医疗机构的电子病历中，这也是医疗数据最主要的产生地。电子病历中所采集的数据是数据量最多、最有价值的医疗数据。通过与临床信息系统的整合，内容涵盖医院内的方方面面的临床数据。

（2）检验数据。

医院检验部门产生大量患者的检验数据和诊断数据，还有大量第三方医学检验中心产生的检验数据。检验数据是医疗临床子系统中的一个细分小类，但是可以通过检验数据直接发现患者的疾病发展和变化情况，目前，医院通过实验室信息系统对检验数据进行收集。

（3）影像数据。

影像数据是通过影像成像设备和影像信息化系统产生的，医院影像科和第三方独立影像中心存储了大量数字化影像数据。医学影像大数据是由 DR、CT、MR 等医学影像设备产生并存储在 PACS 系统内的大规模、高增速、多结构、高价值和真实准确的影像数据集合。与检验信息系统（LIS）大数据和电子病历（EMR）等同属于医疗大数据的核心范畴。医学影像数据的量非常庞大，影像数据增速快、标准化程度高。影像数据与临床上的其他数据比，其标准化、格式化和统一性是最好的，价值开发也最早。

（4）费用数据。

费用数据包括医院门诊费用、住院费用、单病种费用、医保费用、检查和化验费用、卫生材料费用、诊疗费用、管理费用率、资产负债率等与经济相关的数据。除了医疗服务费用，还包含医院所提供医疗服务的成本数据，以及药品、器械、卫生人员工资等成本数据。

（5）基因数据。

基因检测技术通过基因组信息以及相关数据系统，预测患者罹患多种疾病的可能性。基因测序会产生大量个人遗传基因数据，一次全面的基因测序，产生的个人数据可达到300GB。

（6）智能穿戴数据。

智能穿戴数据包括血压、心率、体重、体脂、血糖、心电图等健康体征数据，还有其他智能设备收集的健康行为数据，如每天的卡路里摄入量、喝水量、步行数、运动时间、睡眠时间等。

（7）体检数据。

体检数据是体检部门产生的健康人群的身高、体重、检验和影像等数据。这部分数据来自于医院或者第三体检机构，其中大部分是健康人群的体征数据。随着亚健康人群、慢性病患者的增加，越来越多的体检者除了想从体检报告中了解自己的健康状况，还想从体检结果中获得精准的健康风险评估，以及如何进行健康、慢性病管理。

（8）移动问诊数据。

移动问诊数据是指通过移动设备端或者PC端连接到互联网医疗机构，产生的轻问诊数据和行为数据。通过互联网问诊数据，能分析各地医生问诊的活跃度、细分疾病种类的问诊行为等。

3. 医疗大数据的应用

由于医疗行业的特殊性，医疗数据的有效整合利用仍然存在很多困难，如医院内部数据有孤岛，医院间数据无通路，结构化与非结构化数据并存且缺乏统一规范的形式、表达方式，以及事件的记录文本信息不利于机器的理解，数据指标口径存在差异等。

随着大数据技术的发展，出现了一系列医疗大数据解决方案，如医渡云、金豆医疗、人仁医等。这些方案对大规模多源异构医疗数据进行深度处理和分析，建立真实世界疾病领域模型，助力医学研究、医疗管理、政府公共决策、创新新药开发，帮助患者实现智能化疾病管理等。这些医疗大数据解决方案主要包括以下几方面的应用。

（1）医院管理决策辅助。

通过对医院的临床数据、运营数据、物资数据进行挖掘，解决医院管理中的各种问题，提高设备的使用效率，降低医院运营成本，实现对绩效、医保、药事、门诊、住院、手术等的管理，并能实时监控医院的运营状态，为医院的发展方向和运营提供决策支持的依据，以降低医院成本，提高医院的营收。

（2）健康管理。

通过数据分析，让人不生病、少生病，是医疗大数据应用的终极方向。借助物联网、智能医疗器械、智能穿戴设备，实时收集居民的健康大数据，通过对体征数据的监控，实现对居民的健康管理。

（3）智慧养老。

智慧养老领域和慢性病管理领域是有结合的，智慧养老领域也关注健康的老年人。智慧养老领域在大数据方面的应用还有待进一步研发。目前，大部分企业通过智能穿戴设备或者其他传感器收集老年人的体征数据、状态数据，然后通过数据评估来监管老年人的身体状况。

（4）医药研发。

通过医疗、医药大数据，利用人工智能深度学习能力的算法系统，对研发药物中的各种化合物及化学物质进行分析，预测药品研发过程中的安全性、有效性、副作用等，可以有效地降低药品研发成本，缩短研发周期，降低药品价格。

（5）慢性病管理。

慢性病的管理行为通常在院外发生，通过智能终端、数据管理系统、移动医疗设备和医疗健康应用软件，实现多项检测数据的网络接入，同时对患者的行为习惯、用药记录进行智能监护和跟踪。通过数据监控，可以了解患者当前的体征状况，是否遵循医嘱按时吃药。慢性病管理类型的医疗大数据企业，其数据可能来自于临床医疗机构，也可能来自于患者所使用的智能设备。

（6）临床科研。

临床科研是指对临床医学资源的发掘、收集、整理及利用，其中大样本、多中心临床研究是目前疾病诊疗及药物开发的主要证据来源。大数据平台通过对大规模多源异构医疗数据进行集合和融合，以大数据技术、专病库为支撑，满足多中心临床研究项目需求，为医学研究者提供专业、高效、便捷、安全的在线医学研究全流程智能服务。

（7）辅助诊疗。

辅助诊疗是指借助过往各类病例和各类数据源，通过大规模机器学习，深入分析相关病症并寻找、推荐最优治疗方案，为个性化诊疗提供依据，降低出现医疗错误的风险。

（8）教学。

利用大数据技术建立包括影像资料、电子病历等资料在内的大数据模型，把一手资料直接呈现给学生，让学生先对着课本学习再对着临床数据学习，提高医学教育的质量。

案例六：智慧电商平台解决方案分析。

大数据已广泛应用于电子商务行业，使用人工智能、机器学习等关键技术对用户的使用习惯、产品销售情况等数据进行智能分析，可以实现对整体销售策略的决策辅助。下面对智慧电商平台解决方案进行介绍，使同学们对大数据在电商行业的应用有整体了解。

1. 电商

电商指在互联网（Internet）、内部网（Intranet）和增值网（VAN，Value Added Network）上商家以电子交易方式进行交易活动和相关服务活动，是传统商业活动各环节的电子化、网络化。电子商务包括电子货币交换、供应链管理、电子交易市场、网络营销、在线事务处理、电子数据交换（EDI）、存货管理和自动数据收集系统。

2. 电商大数据

电商行业在数据上有着天生的优势，每单交易都会产生各种维度的数据，电商数据包括平台内部数据和外部数据。内部数据包括销售数据（销量、销额）、用户评论数据、用户行为数据、用户属性等，这些数据可以帮助商家了解用户画像、用户的需求和痛点，定制渠道运营策略。外部数据包括行业大盘的销售数据、品牌市场份额、竞品品牌的促销策略、投放渠道、价格监控数据等，这些数据可以帮助品牌方了解自身品牌的市场竞争力，当下大众的选择，了解客户的潜在需求，市场份额增长高的品牌策略行为。

虽然电商行业有数据上的优势，但是如何利用这些数据也成为一大挑战。电商行业目前面临拉新成本高、付费转化率和用户留存率低等一系列问题。借助大数据技术，构建电商数据分析模型，能有效突破行业瓶颈，通过优化引流策略、产品体验，提高平台流量，实现平台持续性收益增长；同时，利用分析模型探索客户流失的关键节点，了解用户的真实体验，打造差异化竞争策略，提高用户付费转化率。

3. 电商大数据应用

目前，很多企业都推出智能电商大数据解决方案，如网易云、阿里云、腾讯云等。这些解决方案整合大规模多源异构的电商数据，将数据与场景结合，对电商大数据进行深度处理和分析并以有效手段直观展示数据间的复杂联系，帮助客户发现问题、定位问题，并最终解决问题。这些智慧电商平台方案主要有以下几方面的应用。

（1）用户分析。

根据用户基本属性或行为特征，如消费金额、下单次数、是否参与过某活动等创建用户分群，对比不同群体用户特征的差异。结合用户群体行为特征制定精细化活动运营策略并实施，增加用户黏性，提高用户生命周期复购率，实现持续增长。

（2）平台运营。

实时获取页面浏览量、访客、新增注册等关键指标，通过跳出率、浏览时长、转化率等判断流量质量，及时调整引流策略。建立基础运营指标看板，轻松获取类目结构占比、商品浏览情况、商品销售额、各品类销售库存单元集中度等指标，衡量平台当前运营状态，从而把握用户活跃情况事件分析监测平台上实时在线人数及趋势、明星商品浏览情况等数据，利用分布分析了解用户参与程度、产品黏性和用户行为习惯。

（3）业绩管理。

实时获取商品下单量、总销售额、品牌类目销售额、有效订单等指标，及时调整运营策略，确保业绩指标的完成。根据客户付费关键行为建立付费转化漏斗模型，了解客户新增注册或付费转化率和跳出情况，针对问题优化获客及付费全流程，提高客户付费转化率。

（4）活动效果评估。

分析活动关注度、活动参与度，追踪参与活动用户留存情况，结合活动成本等指标综合评估活动效果。监测各渠道广告点击情况、各渠道客户付费转化率等指标，评估广告投放价值，调整广告投放策略。分析各合作平台的合作回报率，优化合作策略。

（5）实时监控。

提取重要环节上的数据，针对数据创建定时任务，然后将定时任务生成的数据绑定至专业图表上，最终形成一系列大屏展示页面。

（6）定制图表。

为客户定制具有视觉冲击力的实时动效组件，以满足客户对数据可视化图表的个性化需求。

任务二 大数据环境搭建

➡ 任务描述

大数据时代带来了信息技术发展的巨大变革，并深刻影响着社会生产和人们生活的方方面面。了解大数据技术、具备大数据思维、会进行相关操作，是新时代对人才的新要求。

➡ 任务实施

Anaconda 是一个可用于科学计算的 Python 发行版，支持 Linux、Mac、Windows 系统，内置了常用的科学计算包。本任务在 Anaconda 官网下载安装包并进行安装，使同学们了解 Anaconda Jupyter Notebook 的一般操作方法。

Anaconda 是一个开源的 Python 发行版本，其包含 conda、Python 等 180 多个科学计算包及其依赖项，主要用于进行大规模的数据处理、预测分析、科学计算和机器学习。

1. Anaconda 下载安装

1）Anaconda 下载

打开 Anaconda 官网，找到 Anaconda 安装包地址，如图 5-1 所示。

图 5-1　Anaconda 安装包地址

下拉页面，找到 Windows 系统应用软件，选取 64 位软件进行下载，具体位置如图 5-2 所示。

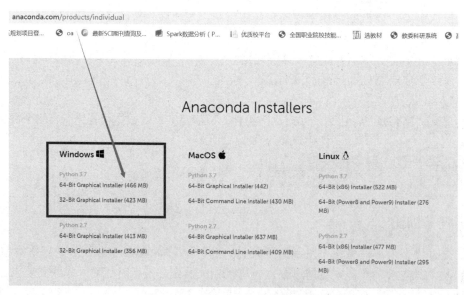

图 5-2　Anaconda 官网下载位置

2）Anaconda 安装

双击下载的安装包文件，选择安装路径，然后单击"Next"按钮即可完成软件的安装，路径选择如图 5-3 所示。

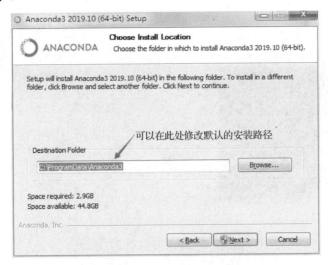

图 5-3　Anaconda 安装路径选择

2. 启动 Jupyter Notebook

单击"开始"菜单，找到 Anaconda3 下面的 Jupyter Notebook 图标并单击，即可启动 Jupyter Notebook 程序，如图 5-4 和图 5-5 所示。注意启动后的命令窗口不能关闭，否则 Python 程序无法正常运行。

图 5-4　Anaconda 启动选择

3. 我的第一个 Python 程序

1）新建 Python 程序文件夹

单击"New"按钮，在下拉菜单中选择"Folder"，创建 Python 程序存放目录文件夹，如图 5-6 所示。

图 5-5　Anaconda 启动后界面

图 5-6　新建 Python 程序文件夹

可根据实际情况修改文件夹名，先勾选重命名文件夹，再单击"Rename"进行修改，如图 5-7 所示。

图 5-7　修改文件夹名

2）新建 Python 程序

单击"New"按钮，在下拉菜单中选择"Python 3"，即可创建 Python 程序，可单击程序名"Untitled"修改程序名，如图 5-8 所示。

图 5-8　修改 Python 程序名

3）编写我的第一个程序

在单元格内输入以下三行代码：

```
a=5   #变量 a 的值为 5
b=4   #变量 b 的值为 4
a+b   #求 ab 的和
```

其中"#"为单行注释符号，其后的内容为本行代码的解释说明，不参与代码运行，对代码没有影响。a、b 为标识符，标识符用于给变量、常量、语句块、函数、类、模块等命名，标识符的第一个字符必须是文字字符或者下画线"_"，其他部分可以由文字字符、下画线或数字组成，不能是空格、@、%、$等特殊字符。自定义标识符时不能使用系统预留的有特别意义的保留字，如 def、if、else、for 等。

4）运行程序

单击"运行"按钮即可运行程序，如图 5-9 所示，单元格的运行也可用快捷键"Shift+Enter"。

图 5-9　运行程序

4．Jupyter Notebook 常用快捷键

（1）命令模式（按 Esc 键启动）。

Shift+Enter：运行本单元，选中下一个单元

Ctrl+Enter：运行本单元

Alt+Enter：运行本单元，在其下插入一个单元

Y：单元转入代码状态

M：单元转入 markdown 状态

Up：选中上方单元

Down：选中下方单元

A：在上方插入新单元

B：在下方插入新单元

X：剪切选中的单元

C：复制选中的单元

Shift+V：粘贴到上方单元

V：粘贴到下方单元

Z：恢复删除的最后一个单元

D（按两次）：删除选中的单元

Shift+M：合并选中的单元

（2）编辑模式（按 Enter 键启动）。

Tab：代码补全或缩进

Shift+Tab：提示

Ctrl+A：全选

Ctrl+Z：复原

Ctrl+Up：跳到单元开头

Ctrl+End：跳到单元末尾

Esc：退出编辑模式，进入命令模式

Ctrl+M：进入命令模式

Shift+Enter：运行本单元，选中下一个单元

Ctrl+Enter：运行本单元

Alt+Enter：运行本单元，在其下插入一个单元

任务三　数据可视化和数据安全

任务描述

可以通过图表对分析的数据进行形象直观的呈现。本任务利用 Python 第三方包 Matplotlib 进行数据可视化呈现，以帮助同学们快速上手。

→ 任务实施

5.3.1 数据可视化

Matplotlib 有一套完全仿照 MATLAB 的函数形式的绘图接口，在 Matplotlib.pyplot 模块中，这套函数接口方便 MATLAB 用户过渡到 Matplotlib 包。在绘图结构中，figure 创建窗口，subplot 创建子图。所有绘画只能在子图上进行。plt 表示当前子图，若没有就创建一个子图。

绘图方式如下所示：

```
#使用 numpy 产生数据
x=np.arange(-5,5,0.1)
y=x*3
#创建窗口、子图
#方法 1：先创建窗口，再创建子图
fig = plt.figure(num=1, figsize=(15, 8),dpi=80)        #开启一个窗口
ax1 = fig.add_subplot(2,1,1)  #通过 fig 添加子图，参数：行数，列数，第几个
ax2 = fig.add_subplot(2,1,2)  #通过 fig 添加子图，参数：行数，列数，第几个
print(fig,ax1,ax2)
#方法 2：一次性创建窗口和多个子图
fig,axarr = plt.subplots(4,1)  #开启一个新窗口
ax1 = axarr[0]     #通过子图数组获取一个子图
print(fig,ax1)
#方法 3：一次性创建窗口和一个子图
ax1 = plt.subplot(1,1,1,facecolor='white') #开一个新窗口，facecolor 设置背景颜色
print(ax1)#获取对窗口的引用，适用于上面三种方法
# fig = plt.gcf()    #获得当前 figure
# fig=ax1.figure    #获得指定子图所属的窗口
# fig.subplots_adjust(left=0)    #设置窗口左内边距为 0，即左边留白
#设置子图的基本元素
ax1.set_title('python-drawing')      #设置图体，plt.title
ax1.set_xlabel('x-name')        #设置 x 轴名称，plt.xlabel
ax1.set_ylabel('y-name')        #设置 y 轴名称，plt.ylabel
plt.axis([-6,6,-10,10])        #设置横、纵坐标轴范围，这个在子图中被分解为下面两个函数
ax1.set_xlim(-5,5)         #设置横轴范围，会覆盖上面的横坐标，plt.xlim
ax1.set_ylim(-10,10)        #设置纵轴范围，会覆盖上面的纵坐标，plt.ylim
ax1.set_xticks([])        #去除坐标轴刻度
ax1.set_xticks((-5,-3,-1,1,3,5))      #设置坐标轴刻度
ax1.set_xticklabels(labels=['x1','x2','x3','x4','x5'],rotation=-30,fontsize='small')    #设置刻度的显示文本，
rotation 为旋转角度，fontsize 为字体大小
plot1=ax1.plot(x,y,marker='o',color='g',label='legend1')    #点图：marker 图标
plot2=ax1.plot(x,y,linestyle='--',alpha=0.5,color='r',label='legend2')
#线图：linestyle 为线性，alpha 为透明度，color 为颜色，label 为图例文本
plt.show()      #显示窗口
```

下面是一个数据分析可视化案例的代码：

```
import numpy as np
```

```
import pandas as pd
import matplotlib.pyplot as plt
plt.rcParams['font.sans-serif']=['simhei']
plt.rcParams['axes.unicode_minus']=False
data=pd.read_csv('d://directory.csv')
data.head()
#数据导入效果图如图 5-10 所示
```

	Brand	Store Number	Store Name	Ownership Type	Street Address	City	State/Province	Country	Postcode	Phone Number	Timezone	Longitude	Latitude
0	Starbucks	47370-257954	Meritxell, 96	Licensed	Av. Meritxell, 96	Andorra la Vella	7	AD	AD500	376818720	GMT+1:00 Europe/Andorra	1.53	42.51
1	Starbucks	22331-212325	Ajman Drive Thru	Licensed	1 Street 69, Al Jarf	Ajman	AJ	AE	NaN	NaN	GMT+04:00 Asia/Dubai	55.47	25.42
2	Starbucks	47089-256771	Dana Mall	Licensed	Sheikh Khalifa Bin Zayed St.	Ajman	AJ	AE	NaN	NaN	GMT+04:00 Asia/Dubai	55.47	25.39
3	Starbucks	22126-218024	Twofour 54	Licensed	Al Salam Street	Abu Dhabi	AZ	AE	NaN	NaN	GMT+04:00 Asia/Dubai	54.38	24.48
4	Starbucks	17127-178586	Al Ain Tower	Licensed	Khaldiya Area, Abu Dhabi Island	Abu Dhabi	AZ	AE	NaN	NaN	GMT+04:00 Asia/Dubai	54.54	24.51

图 5-10　数据导入效果图

```
#店铺数量排名前 10 的城市
plt.figure(figsize=(10,6))
cityns=data['City'].value_counts()[0:10]
plt.bar(cityns.index,cityns)
for x,y in zip(cityns.index,cityns):
    plt.text(x,y,y, ha='center',va='bottom')
#城市排名柱状图如图 5-11 所示
```

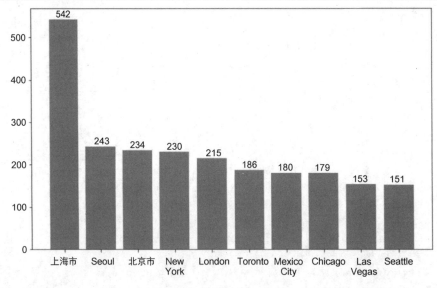

图 5-11　城市排名柱状图

```
#各类型店铺所占比例
types=data['Ownership Type'].value_counts()
labels = list(types.index)
plt.title("各类型店铺所占比例")
```

```
plt.pie(types,labels=labels,autopct='%1.1f%%',shadow=False,startangle=150)
#各类型店铺所占比例效果图如图 5-12 所示
```

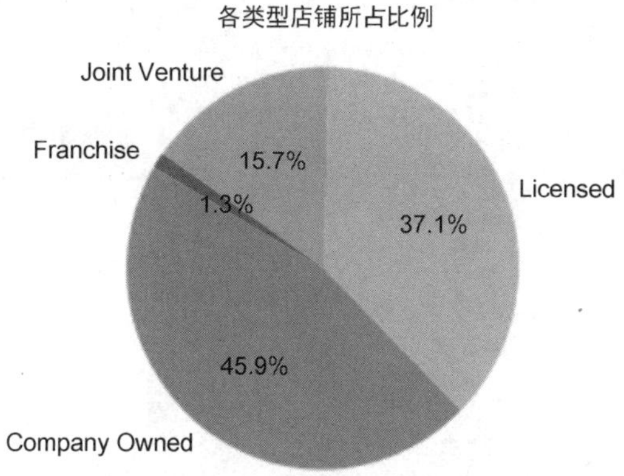

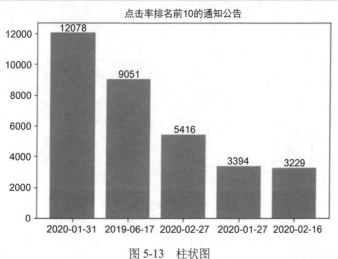

图 5-12 各类型店铺所占比例效果图

1. 绘制柱状图

柱状图用函数 bar()实现，对案例中分析的点击率排名前 10 的通知公告信息进行可视化展示，绘制柱状图，具体代码如下，其效果图如图 5-13 所示。

```
import matplotlib.pyplot as plt #导入绘图包并取别名为 plt
plt.rcParams['font.sans-serif']=['simhei'] #解决图形中乱码情况
d01=d.sort_values(by='click',ascending=False)[0:10] #得到点击排名前 10 的数据
plt.bar(d01['date'],d01['click']) #绘制柱状图
plt.title('点击率排名前 10 的通知公告')  #绘制图形标题
#显示柱子上的数字
for x,y in zip(d01['date'],d01['click']):  #x、y 为横、纵坐标位置
    plt.text(x,y,y, ha='center',va='bottom')
#第 2 个 y 为柱子上显示的数字，ha、va 分别为水平和纵向对齐格式
```

图 5-13 柱状图

2. 绘制饼图

饼图用函数 pie()实现，在案例基础上分析每年发布信息的分布情况，并进行可视化展示，绘制饼图，具体代码如下，其效果图如图 5-14 所示。

```
d02=d['year'].value_counts()    #获取每年发布信息的数据
labels = list(d02.index)    #饼图标签数据，即鼠标放上去出现的提示信息
plt.title("各年发布信息所占比例") #绘制标题
#绘制饼图
plt.pie(d02,labels=labels,autopct='%1.1f%%')
# autopct 为自动将数据转换为百分比格式
```

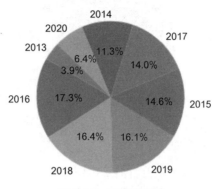

图 5-14　饼图效果图

3. 绘制密度图

密度图用来描述一组数据的分布情况，用函数 kde()的参数实现，在案例的基础上分析每年发布信息条数的分布情况，并进行可视化展示，绘制密度图，具体代码如下，其效果图如图 5-15 所示（图中"1e-6"为 1×10^{-6}）。

```
d4=d['click'].groupby(d['year']).sum()#计算每年发布新闻的总点击量
d4.plot(kind='kde')    #绘制密度图
```

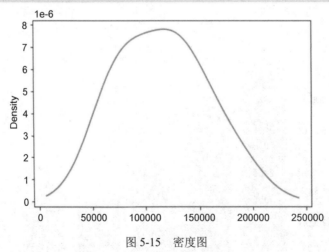

图 5-15　密度图

5.3.2　大数据安全性

安全是大数据发展的前提。随着大数据在国家治理、现代经济体系运行和民生方面的影响日益加深，数据安全问题日益凸显。大数据在引起安全问题和挑战的同时，也为信息安全领域

带来发展机遇，即基于大数据的信息安全相关技术可以反过来用于大数据的安全和隐私保护。

大数据给信息安全带来以下挑战和机遇。

1）大数据成为网络攻击的显著目标

在网络空间中，大数据成为更容易被发现的大目标，引起人们越来越多的关注。一方面，大数据不仅意味着海量的数据，也意味着更复杂、更敏感的数据，这些数据会引来更多的潜在攻击者，成为更具吸引力的目标。另一方面，数据的大量聚集，使得黑客一次成功的攻击能够获得更多的数据，无形中降低了黑客的进攻成本，增加了其"收益率"。

2）大数据加大隐私泄露风险

网络安全中的数据来源非常广泛，大量数据不可避免地加大了用户隐私泄露的风险。一方面，个人隐私和各种行为的细节数据的集中存储增加了数据泄露的风险，而这些数据不被滥用，也成为人身安全的一部分。另一方面，一些敏感数据的所有权和使用权并没有明确的界定，很多基于大数据的分析都未考虑其中涉及的个体隐私问题。

3）大数据对现有的存储和安防措施提出挑战

大数据存储带来安全问题。数据大量集中的后果是复杂多样的数据存储在一起，可能会出现违规地将某些生产数据放在经营数据存储位置的情况，造成企业安全管理不合规。大数据的大小影响安全控制措施能否正确落实。对于海量数据，常规的安全扫描手段需要耗费过多的时间，已经无法满足安全需求。安全防护手段的更新升级速度无法跟上数据量非线性增长的步伐，大数据安全防护存在漏洞。

4）大数据技术被应用到攻击手段中

在企业用数据挖掘和数据分析等大数据技术获取商业价值的同时，黑客也在利用大数据技术向企业发起攻击。黑客最大限度地收集更多有用信息，如电话号码、家庭地址及社交网络、微博上的信息，为发起攻击做准备，大数据分析让黑客的攻击更精准。此外，大数据为黑客发起攻击提供了更多机会。

5）大数据成为高级可持续攻击的载体

黑客利用大数据将攻击很好地隐藏起来，使传统的防御措施很难检测出来。传统的检测是基于单个时间点进行的基于威胁特征的实时匹配检测，而高级可持续攻击（APT攻击）是一个实施过程，并不具有能够被实时检测出来的明显特征，无法被实时检测。同时，APT攻击代码隐藏在大量数据中，很难被发现。

6）大数据技术为信息安全提供新支撑

大数据在带来安全风险的同时也为信息安全的发展提供了新机遇。大数据正在为安全分析提供新的可能性，对海量数据的分析有助于信息安全服务提供商更好地刻画网络异常行为，从而找出数据中的风险点。对实时安全和商务数据结合在一起的数据进行预防性的分析，可以识别钓鱼攻击，防止诈骗和阻止黑客入侵。

课后作业

一、单选题

1. 大数据起源于（　　）。

　　A. 金融　　　　　B. 电信　　　　　C. 互联网　　　　　D. 公共管理

2. 大数据的最显著特征是（　　）。

    A. 数据规模大 　　　　　　　　　　B. 数据类型多样

    C. 数据处理速度快 　　　　　　　　D. 数据价值密度高

3. 在当前社会中，最为突出的大数据环境是（　　）。

    A. 互联网 　　　　B. 物联网 　　　　C. 综合国力 　　　　D. 自然资源

4. 在大数据时代，数据使用的关键点是（　　）。

    A. 数据收集 　　　B. 数据存储 　　　C. 数据分析 　　　D. 数据再利用

5. 大数据的本质是（　　）。

    A. 洞察 　　　　　B. 采集 　　　　　C. 统计 　　　　　D. 联系

6. 大数据环境下的隐私担忧，主要表现为（　　）。

    A. 个人信息的被识别与暴露 　　　　B. 用户画像的生成

    C. 恶意广告的推送 　　　　　　　　D. 病毒入侵

7. 当前大数据技术的基础是由（　　）首先提出的。

    A. 微软 　　　　　B. 百度 　　　　　C. 谷歌 　　　　　D. 网易

8. 根据不同业务需求建立数据模型，抽取最有意义的向量，决定选取哪种方法的数据分析人员是（　　）。

    A. 数据管理人员 　　　　　　　　　B. 数据分析员

    C. 研究科学家 　　　　　　　　　　D. 软件开发工程师

9. 数据清洗的方法不包括（　　）。

    A. 缺失值处理 　　　　　　　　　　B. 噪声数据清除

    C. 一致性检查 　　　　　　　　　　D. 重复数据记录处理

10. 下列说法错误的是（　　）。

    A. 大数据是一种思维方式 　　　　　B. 大数据不仅仅是数据的体量大

    C. 大数据会带来机器智能 　　　　　D. 大数据的英文名称是 Large Data

11. 大数据正快速发展为对数量巨大、来源分散、格式多样的数据进行采集、存储和关联分析，从中发现新知识、创造新价值、提升新能力的（　　）。

    A. 新一代信息技术 　　　　　　　　B. 新一代服务业态

    C. 新一代技术平台 　　　　　　　　D. 新一代信息技术和服务业态

12. 规模巨大且复杂，用现有的数据处理工具难以获取、整理、管理及处理的数据，这指的是（　　）。

    A. 大数据 　　　　B. 富数据 　　　　C. 贫数据 　　　　D. 繁数据

二、判断题

1. 对于大数据而言，最基本、最重要的要求就是减少错误、保证质量。因此，大数据收集的信息量要尽量精确。（　　）

2. 大数据的核心思想就是用规模剧增来改变现状。（　　）

3. 具备很强的报告撰写能力，可以把分析结果通过文字、图表、可视化等方式清晰地展现出来，能够清楚地论述分析结果及可能产生的影响，从而使决策者信服并采纳其建议，是数据分析能力对大数据人才的基本要求。（　　）

4. 谷歌流感趋势充分体现了数据重组和扩展对数据价值的重要意义。（　　）

5. 数据化就是数字化，两者是等同关系。（　　）

6. 大数据与云计算结合，将给世界带来一场深刻的管理技术革命与社会治理创新。（ ）

7. 因为数据的内涵发生了改变，计算的内涵也发生了改变。（ ）

8. 大数据颠覆了众多传统。（ ）

9. 计算机是根据逻辑推理来回答天为什么是蓝色的。（ ）

三、讨论题

1. 大数据在日常生活中的典型应用及对生活的影响有哪些？

2. 你身边的大数据应用有哪些？

3. 大数据技术未来将会如何影响人类社会的发展？

四、思考题

"大数据是未来，是新的油田、金矿。"随着大数据向各个行业渗透，未来的大数据将会无处不在地为人类服务。大数据宛如一座神奇的钻石矿，其价值潜力无穷。它与其他物质产品不同，并不会随着使用而有所消耗，相反，取之不尽，用之不竭。我们第一眼所看到的大数据的价值仅是冰山的一角，绝大部分隐藏在表面下，可不断地被使用并重新释放它的能量。大数据宛如一股洪流注入世界经济，成为全球各个经济领域的重要组成部分。大数据已经无处不在，大数据已经融入社会各行各业。请根据你所学习的专业，思考如何实现大数据与本专业的结合。

项目 6

人工智能

学习目标

- 了解人工智能的定义、基本特征和社会价值；
- 了解人工智能的发展历程、典型应用和发展趋势；
- 掌握常用人工智能软硬件的应用；
- 了解人工智能涉及的核心技术及部分算法，能使用人工智能相关应用解决实际问题；
- 熟悉人工智能技术应用的常用开发平台、框架和工具；
- 熟悉人工智能技术应用的流程和步骤；
- 能辨析人工智能在社会应用中面临的伦理、道德和法律问题。

项目描述

人工智能是研究、开发用于模拟、延伸和扩展人的智能的理论、方法、技术及应用系统的一门新的技术科学。随着互联网、大数据的进一步发展，海量数据有效地支撑了人工智能发展，推动全社会向智能化演进。熟悉和掌握人工智能相关技能，是建设未来智能社会的必要条件。本项目包括人工智能的基础知识、人工智能的核心技术、人工智能技术的应用等内容。

通过本项目的学习，使学生了解最新的前沿技术，激发学生努力学习，培养学生用科学的方法解决问题的能力。

任务一　初识人工智能

初识人工智能

任务描述

本任务主要介绍人工智能的概念，人工智能的发展历史和研究领域，人工智能的应用等。

任务实施

人工智能使用案例

6.1.1　什么是人工智能

1997 年，IBM 公司"深蓝"计算机击败了世界国际象棋特级大师卡斯帕罗夫，人工智能技术首次完美亮相；2016 年，由谷歌公司开发的 AlphaGo，在人机大战中以 4∶1 战胜世界围棋冠军李世石，这些都是人工智能技术的完美表现，人工智能在经历了两次低谷后，又一次成为舆论的焦点。目前，人工智能已经在象棋、围棋等比赛中战胜人类顶级选手。除此之外，人工智能在图像识别、人脸识别、机器翻译、语音识别、自然语言处理、语音合成等领域也取得了丰硕的成果。它在人类社会生产和生活中得到了广泛应用，在部分专业领域已经接近甚至超过人脑的表现。

那么人工智能到底是什么？

我们通常所说的 AI 是 Artificial Intelligence 的缩写，译为人工智能，目前，人工智能多数情况下可以解释为计算机环境下对人类智能的模拟再现及其相关技术，通俗解释就是让机器做那些人们需要通过智能来做的事情。

6.1.2　人工智能的发展历程

1．人工智能的出现

1950 年，艾伦·图灵提出著名的图灵测试。图灵被称为人工智能之父，图灵测试被认为是测试机器智能的重要标准，如图 6-1 所示。

图灵测试是一个非常简单的测试：一个测试官、一个人、一台机器分别在不同的房间，他们之间通过电传打字机对话。测试官提出问题，人与机器同时回答。当测试官不能判定哪个是人或者哪个是机器时，这个机器就是智能的。测试官不能判断人和机器的区别是"机器是智能的"的充要条件。当然这个判断在后续也被提出了质疑，因为一个比较笨的测试官或者不是很了解科技的测试官来判断，他们很容易被骗，那么图灵测试就不成立了。

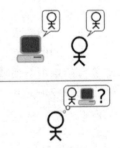

图 6-1　图灵测试

1951 年，马文·明斯基建成世界上第一个神经网络机器 SNARC。

1955 年，艾伦·图灵等人编制了一个名为"逻辑理论家"的程序来模拟人类解决问题的技能，这就是日后被广泛应用的搜索推理。

在 1956 年的达特茅斯会议上，科学家首次提出人工智能这一概念，于是人工智能就诞生了。

2. 人工智能发展的第一次浪潮（1956—1974 年）

1963 年开启的 Project MAC 项目，推动了对视觉和语言理解等的研究。

1964—1966 年，第一个自然语言对话程序 ELIZA 诞生。

20 世纪 70 年代，由于计算机的计算能力不足以及视觉、自然语言理解的模糊性和复杂性，人工智能进入第一个冬天，发展进入瓶颈期。

3. 人工智能发展的第二次浪潮（1980—1987 年）

20 世纪 80 年代，专家系统和人工神经网络等相关技术开始发展。

专家系统是一种基于特定规则来回答特定领域问题的程序系统。1980 年，美国卡耐基梅隆大学为迪吉多公司研发的 XCON 专家系统为其节省了 4000 万美元，再次激发人们对研究人工智能的热情。

人工神经网络是由大量的简单基本元件——神经元相互连接而成的自适应非线性动态系统。每个神经元的结构和功能都比较简单，但大量神经元组合产生的系统行为却非常复杂。人工神经网络反映了人脑功能的若干基本特性，但并非生物系统的逼真描述，只是某种模仿、简化和抽象。它是由众多的神经元可调的连接权值连接而成的，具有大规模并行处理、分布式信息存储、良好的自组织自学习能力等特点。与数字计算机相比，人工神经网络在构成原理和功能等方面更接近人脑，它不是按给定的程序一步一步地执行运算，而是自己适应环境、总结规律，完成某种运算、识别或过程控制。

20 世纪 80 年代后期，专家系统开发维护成本高、商业价值有限，很多因素制约了人工智能的发展，由于投入减少，人工智能再次进入冬天。

4. 人工智能发展的第三次浪潮（2010 年至今）

20 世纪 90 年代，科学家开始注重对某个具体领域人工智能的研究。在这个阶段，数学工具大量引入，形成一大批新的数学模型和算法。如统计学习理论、支持向量机、概率图模型等相关机器学习算法。这些为人工智能发展的第三次浪潮奠定了基础。

进入 20 世纪以后，在大数据和高性能计算机算力的支持下，人工智能取得重大突破。

2012 年，在全球图像识别竞赛 ImageNet 中，多伦多大学开发的多层神经网络的识别准确率达到 83.6%，在识别准确率上是巨大的提升。此后，以多层神经网络为基础的深度学习被广泛应用。

2016 年，谷歌公司通过深度学习训练的围棋程序 AlphaGo 以 4∶1 战胜世界围棋冠军李世石，再一次激发人们对研究人工智能的热情。

人工智能的发展历程经历了多次波折，在互联网的推动下，人工智能再次成为整个科技领域关注的重点，伴随着算力（云计算）的不断提升和数据量（大数据）的不断增大，人工智能领域的研究也取得一定的突破，一系列人工智能产品正处在落地应用的初期，相信在 5G 通信和产业互联网的联合推动下，未来，在人工智能领域很有可能打开一个巨大的价值空间。

6.1.3 人工智能发展史上的重大事件

通过扫描右侧的二维码了解具体内容。

人工智能发展史上的重大事件

6.1.4 人工智能的研究领域

现今，人工智能已经在全世界得到广泛应用，例如，弱人工智能领域的图像识别、人脸识别、语音识别、自然语言处理等应用；强人工智能领域的智能机器人等。但人工智能并不是万能的，就目前来看，人工智能擅长从大量的数据中找到规律或模式，即擅长分类处理。下面介绍人工智能比较擅长的知识应用领域。

1. 专家系统

专家系统是指一种智能的计算机程序，它应用知识和推理来解决只有专家才能解决的问题。这里的知识和问题均属于同一个特定领域。可以这样理解，它是具有专门知识和经验的计算机智能程序系统，后台采用的数据库相当于人脑，具有丰富的知识储备，它采用数据库中的知识数据和知识推理技术来模拟专家解决复杂问题。所以专家系统=知识库+推理机。

专家系统是人工智能中最重要的也是最活跃的一个应用领域，它实现了人工智能从理论研究走向实际应用、从一般推理及策略探讨转向运用专门知识的重大突破。专家系统是早期人工智能的一个重要分支。

2. 语音识别

语音识别是一门交叉学科，它属于感知智能范畴。与机器进行语音交流，让机器明白你说了什么，这是人们梦寐以求的事情。如今，人工智能将这一理想变为现实，并使它进入人们的日常生活中。

老年人、低龄儿童和残疾人等最有体验，老年人视力下降、动作不灵活，大部分低龄儿童没有手写能力，盲人很难识别事物等，而通过语音交互能给他们的生活带来便利，增加他们的生活幸福指数。

技术和理念上的突破，使人机之间的交互变得频繁，人类操控设备的方式也变得越来越复杂，怎样改变现状，让人工操控变得简单方便呢？智能操作系统时代的到来，使语音成为主流交互手段，能让人们对智能设备的操作变得简单化，从而节省人机互动的时间。语音导航、语音拍照、语音拨号、语音唤醒等功能被集成在智能手机、平板电脑、智能家居和智能汽车等产品中，被人们越来越多地使用。

现在，智能语音操控已由当初的聊天功能发展为能帮助用户解决实际问题的功能性应用，几乎所有主流智能手机都有一定程度的语音功能。例如，苹果公司 iOS 有 Siri，谷歌公司 Android 有 Google Now，微软公司 Windows Phone 有 Cortana 等。在这方面，智能语音正在走向成熟，智能语音控制将成为行业发展的一大特色。

另外，通过语音识别技术，可以让人机交互以人类最熟悉和习惯的方式进行。这种优势和价值一旦被充分挖掘并发挥出来，必将对即时通信、购物和搜索等垂直应用产生巨大影响。目前，已将语音交互技术应用于搜索引擎、浏览器等应用的入口，成为产业巨头们纷纷投入资源进行研发的重要内容。

随着语音识别技术的发展，语音交互产业链基本形成。在语音交互技术领域，仅就我国来说，就涌现出一大批优秀企业。它们经过多年探索，让语音技术不再成为国际巨头垄断的技术，拥有核心技术的成果不断面世，例如，清华、中科院等人工智能技术研究机构推出的智能机器人；科大讯飞、捷通华声等掌握的人机交互技术等。在影视、音乐、餐饮、旅游和导航等领域，语音识别技术得到广泛运用。

3. 自然语言处理

自然语言处理是一门集语言学、计算机科学、数学于一体的科学。自然语言处理的目的是实现人与计算机之间用自然语言进行有效通信的各种理论和方法，是人工智能的一个子领域。

可简单理解为使机器能理解汉语、英语等人类语言的技术。例如，一台机器如果既懂汉语又懂英语，那么它就可以在两者之间充当翻译；如果电视机能理解观众的语言，那么观众就可以不用按钮而直接通过说话来遥控电视机，选择自己喜爱的节目。自然语言处理所涉及的范畴主要包括文本朗读、语音合成、语音识别、自动分词、词性标注、句法分析、自然语言生成、文本分类、信息检索、信息抽取、文字校对、问答系统、机器翻译、自动摘要和文字蕴涵等。

自然语言尽管是人类智慧的结晶，但在自然语言处理方面，由于自然语言本身具有歧义性或多义性，要实现自然语言在机器上被理解和生成是非常困难的，这也是人工智能的难题之一。NEC 美国研究院是世界上最早开展深度学习自然语言处理研究工作的机构。该机构于 2008 年开始采用 embedding 和多层一维卷积的结构，解决 POS Tagging、Chunking 等典型自然语言处理问题。他们将同一个模型用于不同任务，都取得了相当显著的成果。

典型应用一——多语言翻译。利用人工智能技术的翻译机能够胜任复杂的专业翻译。过去，计算机翻译的句子基本上都是不符合语言逻辑的，需要人们再次对句子进行二次加工排列组合，至于专业领域的翻译，如法律、医疗领域，机器翻译无法胜任。现在，人工智能自然语言处理正在打破翻译的壁垒，只要提供海量的数据，机器就能自己学习任何语言。例如，法律类专业文章翻译，优质法律文章的总量是有限的，让机器学习一遍这些文章，就可以使翻译达到95%的流畅度，而且能做到实时同步。

典型应用二——虚拟个人助理。虚拟个人助理是指使用者通过声控、文字输入的方式，来完成一些日常生活的小事。大部分虚拟个人助理都可以做到搜集简单的生活信息，并在观看有关评论的同时，帮助用户优化信息、智能决策。部分虚拟个人助理还可以直接播放智能音响或者收取电子邮件，这些都是虚拟个人助理的变化形式之一。虚拟个人助理应用在人们生活中的方方面面，如音响、车载、智能家居、智能车载，智能客服等。一般来说，听到语音指令就可以完成服务的，基本上都是虚拟个人助理。

4. 图像识别

计算机视觉是人工智能正在快速发展的一个分支。从人工智能角度来说，计算机视觉可赋予机器"看"的智能，就是让机器自动实现人类视觉系统的功能，包括图像或视频的获取、处理、分析和理解。它与语音识别一样都属于感知智能范畴。简单来说，计算机视觉就是用机器代替人眼来做测量和判断。

计算机视觉主要分为文字识别、图片识别、人脸识别等。在 2012 年，图像识别技术取得重大突破，这主要得益于算法的提升。计算能力提升和海量的训练数据，让深度学习模型成功应用于一般图像的识别和理解，不仅大大提高了图像识别的准确性，避免了人工特征提取的时间消耗，还提高了在线计算效率。因此，深度学习方法已成为图像识别的主流方法。

2015 年 5 月，谷歌公司推出 Google Photos，人们称该产品为"人工智能和图片搜索结合后所产生的强大功能"。该产品如果要搜寻一个人，可以搜寻到这个人从婴儿时期以来的所有照片；如果搜寻某个品种，则能找到与该品种对应的所有照片。

Facebook 公司在 Messenger 应用上推出了一项新功能，通过扫描手机相册照片来进行面部识别处理。这项功能的特别之处在于，即使遮住了脸部，其面部识别功能也能识别被遮住的面部。这些都是图像识别技术应用上的新突破。Facebook 公司的最终目标是在任何场景下识别出任何人，哪怕是在光线不清晰的情况下。

在娱乐行业中，用于人脸识别的相机具有自动对焦、自动美颜功能。在金融风控领域中，人脸识别技术大大提高了工作效率并节省了人力成本。如在金融行业，为了控制贷款风险，在用户注册或贷款发放时需要验证本人信息，就是通过人脸识别技术来实现的。在智能家居领域，通过图像识别技术能识别出摄像头获取的图像内容，如果发现是可疑的人或物体，则及时向户主报警；如果图像和主人的面部匹配，则会主动为主人开门。图像识别技术应用在医疗领域，可以更精准、更快速地分辨 X 光片、MRI 和 CT 扫描等图片；既能诊断预防癌症，又能加速发现治病救命的新药。图像识别技术还被广泛应用于交通运输领域，用于交通违章监测、交通拥堵检测、信号灯识别等，以提高交通管理者的工作效率，更好地解决城市交通问题。

典型应用——人脸识别打拐。当前，我国公安机关严厉打击拐卖儿童犯罪活动。目前，公安机关利用计算机视觉的"人像识别、人脸对比"功能，最快可以让被拐儿童在 7 小时内被寻回，这是计算机视觉在安全领域的应用，今后会越来越多地应用在打击犯罪等方面。

随着图像识别技术的不断发展，能够具有人一样的视觉、能够理解照片的人工智能将无处不在。届时，真正意义上的类人机器兴许会出现。

5. 各领域交叉应用

人工智能的应用其实或多或少会涉及不同的领域，交叉应用最突出的是智能机器人。机器人是自动执行工作的机器装置，它既可以接受人类指挥，又可以运行预先编制的程序，还可以根据以人工智能技术制定的原则来行动。它的任务是协助或取代人类的工作，如生产行业、建筑行业中的工作，或者危险的工作。

应用一——物流机器人。物流机器人是结合机器人产品和人工智能技术实现高度柔性和智能的物流自动化的技术变革的引领者。在消费升级的市场压力下，海量 SKU 的库存管理、难以控制的人力成本，都已成为电商、零售等行业的共同困扰。物流机器人管理成本低，包裹完整性强，可以满足各种分拣效率和准确率的要求，投资回报周期短。它的出现可有效提升生产柔性，助力企业实现智能化转型，会越来越多地应用在日常生活中。

应用二——萌宠机器人。学前教育机构存在收费较高，师资力量不足等问题，在这种情况下，萌宠机器人的存在可在一定程度上解决这一问题。萌宠机器人所具有的语音功能使其能像幼儿的小伙伴一样与其交流，萌宠机器人利用其强大的记忆功能可以很快找到幼儿想听的内容，并提供快乐儿歌、国学经典、启蒙英语等早期教育内容，其传至云端上的内容可以持续更新。

应用三——无人汽车。无人驾驶汽车是智能汽车中的一种，也称轮式移动机器人。无人驾驶汽车是通过车载传感系统感知道路环境，自动规划行车路线并控制车辆到达预定目标的智能汽车。它利用车载传感器来感知车辆周围的环境，并根据感知所获得的道路、车辆位置和障碍物信息，控制车辆的转向和速度，从而使车辆能够安全、可靠地在道路上行驶。它集自动控制、体系结构、人工智能、视觉计算等技术于一体，是计算机科学、模式识别和智能控制技术高度发展的产物，也是衡量一个国家科研实力和工业水平的重要标志之一，在国防和国民经济领域具有广阔的应用前景。

6.1.5 人工智能在各行各业的应用

人工智能在各行各业的应用

自动翻译、无人驾驶、人脸识别……随着智能产品不断展示在人们面前，人工智能对于公众而言，已不再神秘莫测。在工业、教育、医疗、交通、金融等行业中对人工智能应用的研究，使新的智能产品不断涌现，大大提高了社会管理水平和人们的生活质量，如图 6-2 所示。机器视觉、语音识别、自然语言处理等人工智能技术已经在各行各业中得到广泛应用。

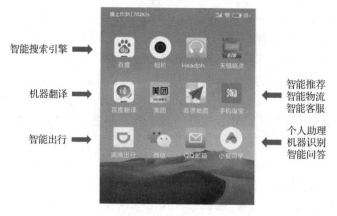

图 6-2　智能应用

6.1.6　人工智能的未来发展趋势

1. 数据综合方法的使用

人工智能依赖于深度学习和机器学习方法来引入和增强各种系统。使用深度学习方法开发的预训练模型高度依赖于实际数据。但是，按时获取数据并设法将其合并到现有系统中可能是一个挑战。这就是人工智能朝着新的更好数据发展的原因。

人工智能不会调用实时数据，但会使用数据合成的方法，将已有的数据用于创建新数据。例如，如果你分享自己驾驶汽车的视频，则记录的数据足够了解一个人如何驾驶汽车及其驾驶过程中可能面临的问题。

2. 更好的业务监控

如今，常规业务操作（如填写表格、管理文档等）可以通过人工智能自动进行，从而可以更快、更准确地完成工作。

机器人流程自动化会成为所有业务流程的一部分，几乎能负责所有管理工作。因此，企业将能够更加专注于其核心任务。

3. 实时个性化机会

通过人工智能的应用，可以实时了解你的客户，确认他们的需求并相应地向他们提供服务或产品。人工智能能够与客户进行实时交互并研究其购买行为，从而为其提供有吸引力的产品或服务。这种互动必须实时进行，以确保客户全面了解为其提供的产品并保持参与度，这是至关重要的。

当用户对某产品感兴趣时，人工智能将与他们互动并提出相关建议。企业的个性化选择数量正在不断增加。

4. 人工智能设备的增加

未来，在实现人工智能驱动的设备上的总支出将减少，而提供人机界面和自动化功能的设备将增加。

人工智能驱动的设备会为企业带来不可忽视的机遇。不断创建可移动设备，以及用户对自动化的兴趣不断增加，可以减少经常重复且耗时的人工工作量。

从家用电器设备到与工作相关的生产力管理工具，大多数事物都可以在不久的将来由人工智能提供支持。当前，企业正在投资于人工智能驱动的智能手表、智能手机，以及其他智能设备和智能解决方案，以帮助实现实时工作并提高可用于关键决策的数据的准确性。

5. 医疗保健的准确性极大提升

随着数据准确性和实时诊断能力的提高，医疗保健将展现出卓越的能力。人工智能驱动的诊断工具可以帮助医生早期发现乳腺癌和其他严重疾病，甚至制订针对每个患者的治疗计划。

当将人工智能技术应用于 MRI、CT 等时，获得的诊断数据将更加准确。人工智能在医学成像中的应用会非常广泛，机器学习的应用可以促进医学成像技术的发展。

6. 增强网络安全

人工智能会与网络安全集成，从而为最终用户提供严格的安全解决方案。通过跟踪和防止网络钓鱼来改进算法并使其更先进，人工智能技术将提高所有系统的安全性。未来，人工智能将能够预测交易是否存在欺诈，以防范所有类型的网络犯罪，并提高系统的警惕性。

7. 结合面部识别

目前，只有少数几个地方强制性地将面部识别之类的生物识别技术作为安全措施。越来越多的国家准备利用面部识别技术，并制定加强其安全的措施。

人工智能将被用来识别人，并知道他们是人还是机器人。深度学习算法已经到位，以确保该技术超越常规的面部识别，并且可以理解他们的真实身份。

8. 与人工智能互动

在不久的将来，人工智能将以多种方式与我们互动。虚拟助手或聊天机器人可能成为常态，因为与雇用技术人员相比，它们能提高成本效益和效率。用户在不久的将来会与机器人或人工智能驱动的设备进行对话，而不是真正的人。人工智能设备经过训练会以类似于人的方式与用户进行交互，并能实时解决用户的问题。

人工智能将改善企业的未来并改善与用户的互动。人工智能有潜力改善对话的方式、数据的解释方式，并完善数据的使用，以提出更好的见解和改进的措施。

人工智能的发展将使企业的业务水平提高一个等级，并将为企业如何可视化自己及如何确定工作的优先级设定新的基准。凭借自动化和准确的数据可用性，所有行业都可以借助人工智能蓬勃发展。

6.1.7　人工智能应用体验

通过扫描右侧的二维码了解具体内容。

人工智能应用体验

6.1.8　人工智能面临的伦理、道德及法律问题

通过扫描右侧的二维码了解具体内容。

人工智能面临的伦理、
道德及法律问题

任务二　人工智能的核心技术

➡ 任务描述

人工智能技术关系到人工智能产品是否可以顺利应用到我们的生活场景中。在人工智能领

域，它一般包括机器学习、知识图谱、自然语言处理、人机交互、计算机视觉、生物特征识别、AR/VR 七个核心技术。

➡️ 任务实施

6.2.1　人工智能七大核心技术

人工智能的核心技术

1. 机器学习

机器学习（Machine Learning）是一门涉及统计学、系统辨识、逼近理论、神经网络、优化理论、计算机科学、脑科学等领域的交叉学科，研究计算机怎样模拟或实现人类的学习行为，以获取新的知识或技能，重新组织已有的知识结构使之不断改善自身的性能，是人工智能技术的核心。基于数据的机器学习是现代智能技术中的重要方法之一，研究从观测数据（样本）出发寻找规律，利用这些规律对未来数据或无法观测的数据进行预测。根据学习模式、学习方法及算法的不同，机器学习存在不同的分类方法。

根据学习模式将机器学习分为监督学习、无监督学习和强化学习等。

根据学习方法将机器学习分为传统机器学习和深度学习。

2. 知识图谱

知识图谱本质上是结构化的语义知识库，是一种由节点和边组成的图的数据结构，以符号形式描述物理世界中的概念及其相互关系，其基本组成单位是"实体—关系—实体"三元组，以及实体及其相关"属性—值"对。不同实体之间通过关系相互联结，构成网状的知识结构。在知识图谱中，每个节点表示现实世界的实体，每条边为实体与实体之间的"关系"。通俗地讲，知识图谱就是把所有不同种类的信息连接在一起从而得到的一个关系网络，提供了从"关系"角度分析问题的能力。

知识图谱可用于反欺诈、不一致性验证、组团欺诈等公共安全保障领域，需要用到异常分析、静态分析、动态分析等数据挖掘方法。知识图谱在搜索引擎、可视化展示和精准营销方面有很大的优势，已成为业界的热门工具。但是，知识图谱的发展也面临很大的挑战，如数据的噪声问题，即数据本身有错误或者数据存在冗余。随着知识图谱应用的不断深入，还有一系列关键技术需要突破。

3. 自然语言处理

自然语言处理是计算机科学领域与人工智能领域中研究的一个重要方向，自然语言处理是指能实现人与计算机之间用自然语言进行有效通信的各种理论和方法，涉及的领域较多，主要包括机器翻译、机器阅读理解和问答系统等。

1）机器翻译

机器翻译技术是指利用计算机技术实现从一种自然语言到另外一种自然语言的翻译过程。基于统计的机器翻译方法突破了之前基于规则和实例翻译方法的局限性，翻译水平能得到巨大提高。基于深度神经网络的机器翻译在日常口语等一些场景的成功应用已经显现出巨大潜力。随着上下文的语境表征和知识逻辑推理能力的发展，自然语言知识图谱不断扩充，机器翻译会在多轮对话翻译及篇章翻译中发挥更大作用。

2）语义理解

语义理解技术是指利用计算机技术实现对文本篇章的理解，并且回答与篇章相关的问题的过程。语义理解更注重于对上下文的理解及对答案精准程度的把控。随着 MCTest 数据集的发布，语义理解受到更多关注，取得了快速发展，相关数据集和对应的神经网络模型层出不穷。语义理解技术将在智能客服、产品自动问答等相关环节发挥重要作用，进一步提高问答与对话系统的精度。

3）问答系统

问答系统分为开放领域的对话系统和特定领域的问答系统。问答系统技术是让计算机像人类一样用自然语言与人交流的技术。人们可以向问答系统提交用自然语言表达的问题，系统会返回关联性较高的答案。尽管问答系统目前已经有不少应用产品出现，但大多数是在信息服务系统和智能手机助手中的应用，在问答系统鲁棒性方面仍然存在问题和挑战。

自然语言处理面临以下四大挑战：

（1）在词法、句法、语义、语用和语音等不同层面存在不确定性；

（2）新的词汇、术语、语义和语法导致未知语言现象的不可预测性；

（3）数据资源的不充分使其难以覆盖复杂的语言现象；

（4）语义知识的模糊性和错综复杂的关联性难以用简单的数学模型描述，语义计算需要参数庞大的非线性计算。

4. 人机交互

人机交互主要研究人和计算机之间的信息交换，主要包括人到计算机和计算机到人的两部分信息交换，是人工智能领域的重要外围技术。人机交互是与认知心理学、人机工程学、多媒体技术、虚拟现实技术等密切相关的综合学科。传统的人与计算机之间的信息交换主要依靠交互设备进行，主要包括键盘、鼠标、操纵杆、数据服装、眼动跟踪器、位置跟踪器、数据手套、压力笔等输入设备，以及打印机、绘图仪、显示器、头盔式显示器、音箱等输出设备。人机交互除了传统的基本交互和图形交互，还包括语音交互、情感交互、体感交互及脑机交互等。

5. 计算机视觉

计算机视觉是使用计算机模仿人类视觉系统的科学，让计算机拥有类似人类提取、处理、理解、分析图像及其序列的能力。自动驾驶、机器人、智能医疗等领域均需要通过计算机视觉技术从视觉信号中提取并处理信息。近年来，随着深度学习的发展，预处理、特征提取与算法处理渐渐融合，形成端到端的人工智能算法技术。根据解决的问题，计算机视觉可分为计算成像学、图像理解、三维视觉、动态视觉和视频编解码五大类。

目前，计算机视觉技术发展迅速，已具备初步的产业规模。未来，计算机视觉技术的发展主要面临以下挑战：

（1）如何在不同应用领域与其他技术更好地结合。计算机视觉在解决某些问题时可以广泛利用大数据，并可以超过人类，而在某些问题上却无法达到很高的精度。

（2）如何降低计算机视觉算法的开发时间和人力成本。目前，计算机视觉算法需要大量的数据与人工标注，需要较长的研发周期以达到应用领域所要求的精度与耗时。

（3）如何加快新型算法的设计开发。随着新的成像硬件与人工智能芯片的出现，要设计与开发针对不同芯片与数据采集设备的计算机视觉算法。

6. 生物特征识别

生物特征识别技术是通过个体生理特征或行为特征对个体身份进行识别认证的技术。从应用流程看，生物特征识别通常分为注册和识别两个阶段。注册阶段通过传感器对人体的生物表征信息进行采集，如利用图像传感器对指纹和人脸等光学信息及通过麦克风对说话声等声学信息进行采集,利用数据预处理及特征提取技术对采集的数据进行处理,得到相应的特征并进行存储。

识别过程采用与注册过程一致的信息采集方式对待识别人进行信息采集、数据预处理和特征提取，然后将提取的特征与存储的特征进行比对分析，完成识别。生物特征识别一般分为辨认与确认两种任务，辨认是指从存储库中确定待识别人身份的过程，是一对多的问题；确认是指将待识别人的信息与存储库中特定的单人信息进行比对，以确定身份的过程，是一对一的问题。

生物特征识别技术涉及的内容十分广泛，包括指纹、掌纹、人脸、虹膜、指静脉、声纹、步态等生物特征，其识别过程涉及图像处理、计算机视觉、语音识别、机器学习等技术。目前，生物特征识别作为重要的智能化身份认证技术，在金融、公共安全、教育、交通等领域得到广泛应用。

7. VR/AR

虚拟现实（VR）/增强现实（AR）是指通过以计算机为核心的新型视听技术，结合相关科学技术，在一定范围内生成与真实环境在视觉、听觉、触感等方面高度近似的数字化环境。用户借助必要的装备与数字化环境中的对象进行交互，相互影响，获得近似真实环境的感受和体验，通过显示设备、跟踪定位设备、触力觉交互设备、数据获取设备、专用芯片等实现。

虚拟现实/增强现实从技术特征角度按照不同处理阶段，可以分为获取与建模技术、分析与利用技术、交换与分发技术、展示与交互技术、技术标准与评价体系。获取与建模技术研究如何把物理世界或者人类的创意进行数字化和模型化，难点是三维物理世界的数字化和模型化技术；分析与利用技术重点研究对数字内容进行分析、理解、搜索和知识化的方法，其难点是内容的语义表示和分析；交换与分发技术主要强调各种网络环境下大规模的数字化内容流通、转换、集成和面向不同终端用户的个性化服务等，其核心是开放的内容交换和版权管理技术；展示与交互技术重点研究符合人类习惯的数字内容的各种显示技术及交互方法，以便提高人对复杂信息的认知能力，其难点是建立自然和谐的人机交互环境；技术标准与评价体系重点研究虚拟现实/增强现实中基础资源、内容编目、信源编码等的规范标准及其相应的评估技术。

目前，虚拟现实/增强现实面临的挑战主要体现在智能获取、普适设备、自由交互和感知融合四个方面。在硬件平台与装置、核心芯片与器件、软件平台与工具、相关标准与规范等方面存在一系列科学技术问题。总的来说，虚拟现实/增强现实呈现虚拟现实系统智能化、虚实环境对象无缝融合、自然交互全方位与舒适化的发展趋势。

6.2.2 初识机器学习

1. 机器学习的定义

什么叫机器学习（Machine Learning，ML）？机器学习的目的是让机器能像人一样具有学习能力。机器学习领域奠基人之一的美国工程院院士 Mide 教授认为，机器学习是计算机科学和统计学的交叉，同时也是人工智能和数据科学的核心。他撰写的经典教材 *Machine Learning* 中给出的机器学习的经典定义为"利用经验来改善计算机系统自身的性能"。所以，机器学习是研究如何通过计算的手段，利用经验改善系统自身性能的，其根本任务是数据的智能分析与建模，进而从数据中挖掘出有价值的信息。

机器学习是指用某些算法指导计算机利用已知数据自主构建合理的模型，并利用此模型对新的情境给出判断的过程。

传统编程与机器学习

2. 机器学习的过程

通过扫描右侧的二维码了解具体内容。

机器学习的过程

3. 机器学习的分类

目前，机器学习一般分为：监督学习、无监督学习、强化学习。

1）监督学习

监督学习（Suprevised Learning）是最常见的一种机器学习，它的训练数据是有标签的，训练目标是能够给新数据（测试数据）以正确的标签。

例如，将邮件进行是否是垃圾邮件的分类，先将一些邮件及其标签（垃圾邮件或非垃圾邮件）一起进行训练，学习模型通过不断捕捉这些邮件与标签间的联系进行自我调整和完善，然后给一些不带标签的新邮件，让该模型对新邮件进行是否是垃圾邮件的分类。

2）无监督学习

无监督学习（Unsuprevised Learning）的训练数据是无标签的，训练目标是能对观察值进行分类或者区分等。监督学习常被用于数据挖掘，用于在大量无标签数据中发现些什么。

例如，无监督学习能在不给任何额外提示的情况下，仅依据所有猫的图片的特征，将猫的图片从大量的各种各样的图片中区分出来。

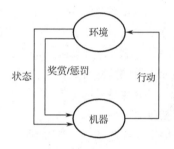

强化学习模式

3）强化学习

强化学习（Reinforcement Learning）又称再励学习、评价学习，是从动物学习、参数扰动自适应控制等理论发展而来的，它把学习过程看作一个试探、评价的过程。强化学习模式如图6-3所示。

图6-3　强化学习模式

4. 深度学习

深度学习（Deep Learning）属于机器学习的子类。它的灵感来源于人类大脑的工作方式，是利用深度神经网络来解决特征表达的一种学习过程。深度神经网络本身并不是一个全新的概念，可理解为包含多个隐含层的神经网络结构。为了提高深层神经网络的训练效果，人们对神经元的连接方法及激活函数等做出调整。其目的是建立模拟人脑进行分析学习的神经网络，模仿人脑的机制来解释数据，如文本、图像、声音。

人工智能、机器学习、深度学习的关系如图6-4所示。

图6-4　人工智能、机器学习、深度学习的关系

5. 机器学习在日常生活中的应用

通过扫描右侧的二维码了解具体内容。

机器学习在日常生活中的应用

6.2.3　机器学习算法

机器学习一直都是人工智能研究的核心领域。它主要通过各种算法使机器能从样本数据和经验中学习规律，从而对新的样本做出识别或对未来做出预测。20 世纪 80 年代开始的机器学习浪潮诞生了决策树学习、推导逻辑规划、聚类、强化学习和贝叶斯网络等机器学习算法，它们被广泛应用于网络搜索、垃圾邮件过滤、推荐系统、网页搜索排序、广告信用评价、欺诈检测等领域。

6.2.4　人工神经网络与深度学习

机器学习算法

人工神经网络（ANN）是一种模拟人脑的神经网络以期能够实现类人工智能的机器学习技术，是一门重要的机器学习技术，是目前最为火热的研究方向——深度学习的基础。它从信息处理角度对人脑神经元网络进行抽象，建立某种简单模型，按不同的连接方式组成不同的网络。人工神经网络是现代人工智能的重要分支，它是一个为人工智能提供动力，可以模仿动物神经网络行为特征，进行分布式并行信息处理的系统。在工程与学术界常称其为神经网络或类神经网络。

近十多年来，人工神经网络的研究工作不断深入，取得很大进展，其在模式识别、智能机器人、自动控制、预测估计、生物、医学、经济等领域成功地解决了许多现代计算机难以解决的问题，表现出其智能特性。

1．走进深度学习

1）人工智能、机器学习、深度学习、神经网络的关系

人工智能：人类通过直觉可以解决的问题，如自然语言理解、图像识别、语音识别等，计算机很难解决，而人工智能就是要解决这类问题。

机器学习：机器学习是一种能够赋予机器学习的能力以便让它完成直接编程无法完成的功能的方法。但从实践的意义上来说，机器学习是一种通过利用数据训练出模型，然后使用模型预测的方法。

深度学习：其核心是自动将简单的特征组合成更加复杂的特征，并用这些特征解决问题。

神经网络：最初是一个生物学的概念，一般是指由大脑神经元、触点、细胞等组成的网络，用于产生意识，帮助生物思考和行动，后来人工智能受神经网络的启发，便出现了人工神经网络。人工神经网络是指一种模仿动物神经网络行为特征，进行分布式并行信息处理的算法数学模型，多层神经网络是深度学习的基础。

人工智能、机器学习、深度学习、神经网络的关系如图 6-5 所示。

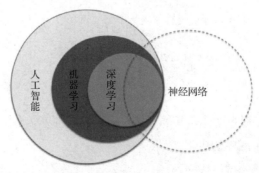

图 6-5　人工智能、机器学习、深度学习、神经网络的关系

2）深度学习模式

机器学习是先把数据预处理成各种特征，然后对特征进行分类，分类的效果高度取决于特征选取的好坏，因此，把大部分时间花在寻找合适的特征上。

深度学习是把大量数据输入一个非常复杂的模型，让模型自己探索有意义的中间表达，深度学习的优势在于让神经网络自己学习如何抓取特征，因此，可以把它看作一个特征学习器。

机器学习与深度
学习模式图

2. 人工神经网络

人工神经网络（Artificial Neural Network，ANN）也称神经网络或连接模型（Connection Model），是一种模仿动物神经网络行为特征，进行分布式并行信息处理的算法数学模型。神经网络是将多个神经元按一定规则联结在一起而形成的网络，这种网络依靠系统的复杂程度，通过调整内部大量节点之间相互连接的关系，从而达到处理信息的目的。

人工神经网络

任务三　人工智能技术应用开发

➡ 任务描述

本任务主要介绍人工智能应用的开发工具、流程和步骤。

➡ 任务实施

6.3.1　人工智能技术应用的开发工具

1. 人工智能的集成开发环境

集成开发环境（Integrated Development Enviroment，IDE）是一种辅助程序开发人员进行开发工作的应用软件，其可以辅助编写代码，并编译打包，使代码成为可用的程序，有些甚至可以设计图形接口。下面介绍三种开发环境 Anaconda、PyCharm 及 Eclipse。

1）Anaconda

Anaconda 严格来说不算 IDE，但它集成了多个 IDE 和开发工具，属于包管理平台。Anaconda 是一个用于科学计算的 Python 发行版，支持 Linux、Mac OS 和 Windows 系统，提供包管理与环境管理的功能，可以很方便地解决多版本 Python 并存、切换及各种第三方包的安装问题。Anaconda 利用工具/命令 conda 进行 package（包）和 environment（环境）的管理，它包含 Python 和相关的配套工具。

Anaconda 的特点

2）PyCharm

PyCharm 是由 JetBrains 公司开发的一款 Python 集成开发环境，带有一整套可以帮助用户在使用 Python 语言开发时提高其效率的工具，如调试、语法高亮、Project 管理、代码跳转、智能提示、自动完成、单元测试和版本控制等。

PyCharm 的功能

3）Eclipse

Eclipse 是一个开源的、跨平台的集成开发环境，主要用于 Java 语言开发。它也可以通过插件成为 Python、C++、PHP 等语言的开发工具，灵活性极佳。

Eclipse 为高度集成的工具开发提供一个全功能的、具有商业品质的工业平台。

Eclipse 的特点

2. 常用的人工智能开发框架

人工智能应用框架的出现，降低了人工智能入门的门槛，开发者不需要进行底层的编码，可以在高层进行配置。任何框架都不可能绝对完美，不同框架都有自身的独特之处。如表 6-1 所示为当前常用框架在维护机构、核心语言和所支持的接口语言等方面的对比。

常用的人工智能
开发框架

表 6-1　常用框架的对比

特性	TensorFlow	PyTorch	MXNet	Caffe	MindSpore
维护机构	Google	Facebook	DMLC	BVLC	Huawei
核心语言	C++ Python	C++ Python	C++	C++	C/C++
接口语言	C++ Python	C++ Python	C++ Python Julia …	C++ Python MATLAB	Python
是否开源	是	是	是	是	是
是否支持分布式	是	是	是	否	是

6.3.2　人工智能技术应用的流程和步骤

人工智能技术
应用的流程

1. 人工智能技术应用的流程和步骤

人工智能技术应用的流程包括商业理解、数据理解、数据准备、数据建模、模型评价和模型部署六个阶段。

2. 人工智能模型测试

测试是一个找错的过程，测试只能找出程序中的错误，而不能证明程序无错。测试要求以较少的用例、时间和人力找出软件中潜在的各种错误和缺陷，以确保系统的质量。换句话说，测试是指为了发现错误而执行程序的过程。

人工智能模型测试

人工智能模型的测试主要包含测试用例、测试方法与技术、测试计划及测试报告。

课后作业

1. 什么是人工智能？谈一谈你对人工智能的看法。

2．简述人工智能的发展史。

3．人工智能的七大核心技术包括哪些？

4．谈一谈生活中还有哪些机器学习的应用案例。

5．简单介绍 TensorFlow 开发框架的特点。

6．人工智能模型开发项目的流程包括哪几个阶段？

项目 7

云计算

- 理解云计算的基本概念，了解云计算的主要应用行业和典型场景；
- 熟悉云计算的服务交付模式，包括基础架构即服务（IaaS）、平台即服务（PaaS）和软件即服务（SaaS）等；
- 熟悉云计算的部署模式，包括公有云、私有云、混合云等；
- 了解分布式计算的原理，熟悉云计算的技术架构；
- 了解云计算的关键技术，包括网络技术、数据中心技术、虚拟化技术、分布式存储技术、Web 技术、安全技术等；
- 了解主流云服务商的业务情况，熟悉主流云产品及解决方案，包括云主机、云网络、云存储、云数据库、云安全、小程序云开发等；
- 能合理选择云服务，掌握典型云服务的配置、操作和运维。

项目描述

作为 IT 行业的热门技术，云计算频繁出现在各大媒体的新闻报道中。BAT 这样的互联网企业，也经常把它挂在嘴边。相信很多人都想学习云计算，跟上技术潮流。如果对云计算有一定的了解，那么应该或多或少地听到这些名词——OpenStack、Hypervisor、KVM、Docker、K8S 等。

云计算是推动信息技术能力实现按需供给、提高信息化建设利用水平的新技术、新模式、新业态，并能够为互联网、大数据、人工智能等领域发展提供重要的基础支撑，其赋能传统企业变革升级，有助于企业聚焦于核心业务，从而更快适应变化多端的市场竞争。本项目通过对云计算应用相关案例进行介绍，培养学生"云端"思维，引导学生探寻"云端"与自己专业的应用结合点。

任务一 认识云计算

任务描述

本任务主要介绍云计算技术，云计算的部署模式和基本架构。

任务实施

云计算的应用　　　云计算的服务方式

7.1.1 云计算技术

1. 什么是云计算

云计算到底是什么呢？在这个问题上，可谓众说纷纭。例如，在维基百科上的定义是"云计算是一种基于互联网的计算新方式，通过互联网上异构、自治的服务为个人和企业用户提供按需即取的计算"；著名咨询机构 Gartner 将云计算定义为"云计算是利用互联网技术来将庞大且可伸缩的 IT 能力集合起来作为服务提供给多个客户的技术"；而 IBM 公司则认为"云计算是一种新兴的 IT 服务交付方式，应用、数据和计算资源能够通过网络作为标准服务在灵活的价格下快速地提供给最终用户"。

"云"实质上就是一个网络，从狭义上来说，云计算就是一种提供资源的网络，使用者可以随时获取"云"上的资源，按需求量使用，并且可以看成是无限扩展的，只要按使用量付费就可以，"云"就像自来水厂一样，我们可以随时接水，并且不限量，按照自己家的用水量，付费给自来水厂就可以。

从广义上来说，云计算是与信息技术、软件、互联网相关的一种服务，这种计算资源共享池叫作"云"，云计算把许多计算资源集合起来，通过软件实现自动化管理，只需要很少的人参与，就能让资源被快速提供。也就是说，计算能力作为一种商品，可以在互联网上流通，就像水、电、煤气一样，可以方便地取用，且价格较为低廉。

总之，云计算不是一种全新的网络技术，而是一种全新的网络应用概念，云计算的核心概念就是以互联网为中心，在网站上提供快速且安全的云计算服务与数据存储，让每个使用互联网的人都可以使用网络上的庞大的计算资源与数据中心。

云计算是继互联网、计算机之后在信息时代又一种创新，云计算是信息时代的一个大飞跃，未来的时代可能是云计算的时代，虽然目前有关云计算的定义很多，但总体上来说，云计算的基本含义是一致的，即云计算具有很强的扩展性和需要性，可以为用户提供一种全新的体验，云计算的核心是可以将很多计算机资源协调在一起，因此，使用户通过网络就可以获取无限的资源，同时获取的资源不受时间和空间的限制。

云计算结构如图 7-1 所示，云计算是新一代 IT 模式，它能在后端庞大的云计算中心的支撑下为用户提供更方便的体验和更低廉的成本。

具体而言，由于在后端有规模庞大、非常自动化和高可靠性的

图 7-1 云计算结构

云计算中心的存在，人们只要接入互联网，就能非常方便地访问各种基于云的应用和信息，并免去了安装和维护等烦琐操作，同时，企业和个人也能以低廉的价格来使用这些由云计算中心提供的服务或者在云中直接搭建其所需的信息服务。在收费模式上，云计算和水电等公用事业非常类似，用户只需为其所使用的部分付费。对云计算的使用者（主要是个人用户和企业）来讲，云计算将会在用户体验和成本这两方面给他们带来很多非常实在的好处。

2. 云计算的发展

互联网自 1960 年开始兴起，主要用于军方、大型企业等之间的纯文字电子邮件或新闻集群组服务。直到 1990 年才开始进入普通家庭，随着 Web 网站与电子商务的发展，网络已经成为目前人们离不开的生活必需品之一。云计算这个概念首次在 2006 年 8 月的搜索引擎会议上被提出，成为互联网的第三次革命。

在 20 世纪 90 年代，出现了以思科为代表的一系列公司，随即网络出现泡沫时代。

在 2004 年，Web 2.0 会议举行，Web 2.0 成为当时的热点，这也标志着互联网泡沫破灭，计算机网络发展进入了一个新的阶段。在这一阶段，让更多的用户方便快捷地使用网络服务成为互联网发展亟待解决的问题，与此同时，一些大型公司也开始致力于开发大型计算能力的技术，为用户提供更加强大的计算处理服务。

在 2006 年 8 月 9 日，Google 首席执行官埃里克·施密特（Eric Schmidt）在搜索引擎大会上首次提出云计算（Cloud Computing）的概念。这是云计算发展史上第一次正式地提出这一概念，具有巨大的历史意义。

2007 年以来，云计算成为计算机领域令人关注的话题之一，同样也是大型企业、互联网建设着力研究的重要方向。因为云计算的提出，互联网技术和 IT 服务出现了新的模式，引发了一场变革。

在 2008 年，微软公司发布了其公共云计算平台（Windows Azure Platform），由此拉开了微软的云计算大幕。同样，云计算在国内也掀起一场风波，许多大型网络公司纷纷加入云计算的阵列。

2009 年 1 月，阿里软件在江苏南京建立首个"电子商务云计算中心"。同年 11 月，中国移动云计算平台"大云"计划启动。到现阶段，云计算已经发展到较为成熟的阶段。

2019 年 8 月 17 日，北京互联网法院发布《互联网技术司法应用白皮书》。发布会上，北京互联网法院互联网技术司法应用中心揭牌成立。

3. 云计算的特点

（1）超大规模：大多数云计算中心都具有相当的规模。例如，Google 云计算中心拥有几百万台服务器，而 Amazon、IBM、微软、Yahoo 等企业所掌控的云计算规模也毫不逊色，并且云计算中心能通过整合和管理这些数目庞大的计算机集群来赋予用户前所未有的计算和存储能力。

（2）抽象化：云计算支持用户在任意位置、使用各种终端获取应用服务，所请求的资源都来自"云"，而不是固定的有形的实体。应用在"云"中某处运行，但实际上用户无须了解，也不用担心应用运行的具体位置，这样能有效地简化应用的使用。

（3）高可靠性：云计算中心在软硬件层面采用数据多副本容错、心跳检测和计算节点同构可互换等措施来保障服务的高可靠性，还在设施层面上的能源、制冷和网络连接等方面采用冗余设计来进一步确保服务的可靠性。

（4）通用性：云计算中心很少为特定的应用存在，但其有效支持业界大多数的主流应用，并且一个"云"可以支撑多个不同类型的应用同时运行，并保证这些服务的运行质量。

（5）高可扩展性：用户所使用"云"的资源可以根据其应用的需要进行调整和动态伸缩，再加上前面所提到的云计算中心本身的超大规模，使得"云"能有效地满足应用和用户大规模增长的需要。

（6）按需服务："云"是一个庞大的资源池，用户可以按需购买，就像自来水、电和煤气等那样根据用户的使用量计费，无须任何软硬件和设施等方面的前期投入。

（7）廉价：首先，由于云计算中心本身巨大规模所带来的经济性和资源利用率的提升，其次，"云"大都采用廉价和通用的 X86 节点来构建，因此，用户可以充分享受云计算所带来的低成本优势，只要花费几百美元就能完成以前需要数万美元才能完成的任务。

（8）自动化："云"中不论是应用、服务和资源的部署，还是软硬件的管理，都主要通过自动化的方式来执行和管理，从而极大地降低整个云计算中心庞大的人力成本。

（9）节能环保：云计算技术能将许多分散在低利用率服务器上的工作负载整合到"云"中，以提高资源的使用效率，而且"云"由专业管理团队运维，所以其 PUE 值（电源使用效率值）和普通企业的数据中心的 PUE 值相比非常出色。例如，Google 数据中心的 PUE 值在 1.2 左右，也就是说，每 1 元的电力花在计算资源上，只需再花 0.2 元电力在制冷等设备上，而常见的 PUE 在 2～3 元之间，并且能将"云"建在水电站等洁净资源的旁边，这样既能进一步节省能源方面的开支，又能保护环境。

（10）完善的运维机制：在"云"的另一端，有全世界最专业的团队来帮助用户管理信息，有全世界最先进的数据中心来帮助用户保存数据，而且严格的权限管理策略可以保证这些数据的安全。这样，用户无须花费重金就可以享受专业的服务。

由于这些特点的存在，使得云计算能为用户提供更方便的体验和更低廉的成本，同时这些特点也是云计算能脱颖而出，并能被大多数业界人员所推崇的原因之一。

4．云计算的优势和劣势

1）云计算的优势

云计算对于社会层面来说：

（1）能降低全社会的 IT 能耗，减少排放，真正做到"绿色计算"。

（2）能提高全社会的 IT 设备使用率，并降低电子产品的数量，从而减少因设备淘汰而产生的电子产品垃圾，对于保护环境大有裨益。

（3）使信息技术产业进一步合理分工——由资金雄厚、技术过硬、专业人士众多的机构负责建设并管理云端，从而提高整个社会信息技术处理环境的可靠性，也就是降低了因天灾人祸导致的生命财产损失。

（4）形成新的云计算产业。

（5）有利于全社会共享数据信息，打破信息孤岛。尤其是涉及公民的身份信息、档案信息、信用信息、健康信息及教育工作信息等的全国性公共云平台，带来的社会效益更是巨大的。

云计算对于技术需求的消费者来说：

（1）能降低信息技术成本。前期投入和日常使用成本得到大幅度降低，同时也降低了因各种 IT 事故导致的损失。

（2）能提高数据的安全性。

（3）能提高应用系统的可靠性。

（4）能提高用户体验。当今网络无处不在，云计算消费者可以随时随地采用任何云终端接入云端并使用"云"中的计算资源，真正实现移动办公。

（5）使大型昂贵软件平民化。如可靠性工程软件、ERP 系统、CRM 系统、商业智能系统等云化之后以 SaaS 模式出租，这些以前只有大型企业才能使用的软件系统，现在广大中小型企业和个人都能用得起。

（6）从复杂的 IT 技术泥潭中摆脱出来，专注于自己的核心业务和市场。

（7）能快速响应消费者对计算资源的弹性需求，从而能及时满足企业的业务变化。在传统 IT 系统下，一项新业务对 IT 资源的扩容要求，往往在数月或者一年后才能得到满足，这使得市场人员和管理层难以接受，因为市场是瞬息万变的。

（8）有利于企业之间或者个人之间共享信息，打破信息孤岛。

（9）使个人、中小企业和机构也用得起高性能计算。

2）云计算的劣势

（1）严重依赖网络。没有网络的地方，或者网络不稳定的地方，消费者可能根本无法使用云服务或用户体验很差。但这并不是云计算固有的缺陷，随着网络普及越来越广、网速越来越快，甚至是城市无线 Wi-Fi 全覆盖、国家无线 Wi-Fi 全覆盖的到来，网络将不再是问题。针对这个问题，现在有一些胖云终端产品，会把一些常见的应用程序驻留在本地，同时缓存数据，当网络良好时，数据自动与云端同步。

（2）数据可能泄密的环节增多。云端、灾备中心、离线备份介质、网络、云终端、账号和密码，这些都有可能成为信息的泄密点。但是云计算使得数据信息遭到非人为因素破坏的概率大大降低了。例如，在传统 IT 系统中，存储设备损坏、机房火灾、地震、雷劈、洪水等都会破坏数据，而在云计算环境则没有这些隐患。总之，云计算消除了一些数据泄密和破坏点，但是又带来了一些新的不安全因素。

（3）相对于传统的分散计算，云计算把计算资源集中在一起，因而风险也被集中在一起。云端成了单点故障，如果云端发生事故，则影响面将非常巨大。目前，常见的应对措施是数据冗余存储、建立灾备中心、建立双活数据中心等。

（4）用户对数据和技术的掌控灵活度下降。

对于 IaaS 云服务，用户无法掌控基础设施层；对于 PaaS 云服务，用户无法掌控基础设施层和平台软件层；对于 SaaS 云服务，用户失去了对基础设施层、平台软件层和应用软件层的掌控。

另外，数据存放在云端，如果数据量巨大，那么用户移动数据既耗时又耗力，如果网速慢，则势必会严重影响数据的掌控灵活性。不过，对技术掌控降低反过来表示用户可以脱离繁杂的技术陷阱，从而专心关注企业的核心业务和市场，因此，这也是优势。

7.1.2 云计算典型企业与产品

云计算典型企业与产品

在国外，Google GAE、Amazon AWS、Microsoft Azure 和 IBM Bluemix 等企业开发并提供云支持。在国内，百度云、阿里云、华为云等企业开发并提供云支持。我们应该对这些企业的应用有所了解。

7.1.3 云计算的四种部署模式

虽然从技术或者架构角度看，云计算都是比较单一的，但是在实际情况下，为了适应用户的不同需求，它会演变为不同模式。在美国国家标准技术研究院（National Institute of Standards and Technology，NIST）的名为"The NIST Definition of Cloud Computing"的关于云计算概念的著名文档中，共定义了云的四种模式，即公有云、私有云、混合云和行业云。下面详细介绍每种模式的概念、构建方式、优势、不足之处及其对未来的展望等。

1. 公有云

公有云是现在主流也是非常受欢迎的云计算模式。它是一种对公众开放的云服务，能支持数目庞大的请求，而且因为规模的优势，其成本偏低。公有云由云供应商运行，为最终用户提供各种各样的 IT 资源。云供应商负责从应用程序、软件运行环境到物理基础设施等 IT 资源的安全、管理、部署和维护。在使用 IT 资源时，用户只需为其所使用的资源付费，无须任何前期投入，所以非常经济，而且在公有云中，用户不清楚与其共享和使用资源的还有其他哪些用户，整个平台是如何实现的，甚至无法控制实际的物理设施，所以云服务提供商能保证其所提供的资源满足安全和可靠等非功能性需求。

许多 IT 巨头都推出自己的公有云服务，包括 Amazon 公司的 AWS、微软公司的 Windows Azure Platform、Google 公司的 Google Apps 与 Google App Engine 等，一些著名的 VPS 和 IDC 厂商也推出自己的公有云服务，如 Rackspace 的 Rackspace Cloud 和国内世纪互联的 CloudEx 云快线等。

2. 私有云

关于云计算，虽然人们谈论最多的莫过于以 Amazon EC2 和 Google App Engine 为代表的公有云，但是对许多大中型企业而言，因为很多限制和条款，在短时间内很难大规模地采用公有云技术，可是这些企业也期盼"云"所带来的便利，所以引出私有云这一云计算模式。私有云主要为企业内部提供云服务，不对公众开放，在企业的防火墙内工作，并且企业 IT 人员能对其数据、安全性和服务质量进行有效的控制。与传统的企业数据中心相比，私有云可以支持动态灵活的基础设施，降低 IT 架构的复杂度，使各种 IT 资源得以整合和标准化。

在私有云界，主要有两大联盟：其一是 IBM 公司与其合作伙伴，主要推广的解决方案有 IBM Blue Cloud 和 IBM CloudBurst；其二是由 VMware、Cisco 和 EMC 公司组成的 VCE 联盟，主推的是 Cisco UCS 和 vBlock。在实际例子方面，已经建设成功的私有云有采用 IBM Blue Cloud 技术的中化云计算中心和采用 Cisco UCS 技术的 Tutor Perini 云计算中心。

3. 混合云

混合云虽然不如公有云和私有云那么常用，但已经有类似的产品和服务出现。顾名思义，混合云是把公有云和私有云结合到一起的方式，即它是让用户在私有云的私密性和公有云灵活的低廉之间做一定权衡的模式。例如，企业可以将非关键的应用部署到公有云上来降低成本，而将安全性要求很高、非常关键的核心应用部署到完全私密的私有云上。

现在混合云的例子非常少，最相关的就是 Amazon VPC（Virtual Private Cloud，虚拟私有云）和 VMware vCloud。例如，通过 Amazon VPC 服务能将 Amazon EC2 的部分计算能力接入企业的防火墙内。

4. 行业云

行业云主要指的是专门为某个行业的业务设计的"云"，并且开放给多个同属于这个行业的企业。

医疗云是指在云计算、移动技术、多媒体、4G 通信、大数据，以及物联网等新技术基础上，结合医疗技术，使用云计算来创建医疗健康服务云平台，实现医疗资源的共享和医疗范围的扩大。云计算技术的运用与结合，使医疗云能提高医疗机构的效率，方便居民就医。像现在医院的预约挂号、电子病历、医保等都是云计算与医疗领域结合的产物，医疗云还具有数据安全、信息共享、动态扩展、布局全国的优势。

金融云是指利用云计算的模型，将信息、金融和服务等功能分散到庞大分支机构构成的互联网"云"中，旨在为银行、保险和基金等金融机构提供互联网处理和运行服务，同时共享互联网资源，从而解决现有问题并达到高效、低成本的目标。

教育云实质上是指教育信息化的一种发展。具体地，教育云可以将所需要的任何教育硬件资源虚拟化，然后将其传入互联网中，以向教育机构和学生及老师提供一个方便快捷的平台。现在流行的 MOOC（慕课）就是教育云的一种应用。MOOC 指的是大规模开放的在线课程。现阶段慕课的三大优秀平台为 Coursera、EdX 以及 Udacity。在国内，中国大学 MOOC 也是非常好的平台。在 2013 年 10 月 10 日，清华大学推出 MOOC 平台——学堂在线，许多大学现已使用学堂在线开设一些课程的 MOOC。

7.1.4　云计算的基本架构

云计算是建立在先进互联网技术基础上的，其实现形式众多，主要通过以下形式完成：

（1）软件即服务。通常用户发出服务需求，云系统通过浏览器向用户提供资源和程序等。值得一提的是，利用浏览器应用传递服务信息不花费任何费用，供应商亦是如此，只要做好应用程序的维护工作即可。

（2）网络服务。开发者能够在 API 的基础上不断改进、开发新的应用产品，大大提高单机程序中的操作性能。

（3）平台服务。一般服务于开发环境，协助中间商对程序进行升级与研发，同时完善用户下载功能，用户可通过互联网下载，具有快捷、高效的特点。

（4）互联网整合。利用互联网发出指令时，也许同类服务众多，云系统会根据终端用户需求匹配相适应的服务。

（5）商业服务平台。构建商业服务平台的目的是给用户和提供商提供一个沟通平台，从而需要管理服务和软件即服务搭配应用。

（6）管理服务提供商。此种应用模式并不陌生，常服务于 IT 行业，常见的服务内容有扫描邮件病毒、监控应用程序环境等。

云计算本身是有迹可循和有理可依的。云计算的基本架构如图 7-2 所示，分为服务和管理两大部分。在服务方面，主要以提供用户基于云的各种服务为主，包含以下三个层次：

（1）Software as a Service（软件即服务），简称 SaaS，这层的作用是将应用主要以基于 Web 的方式提供给客户。

（2）Platform as a Service（平台即服务），简称 PaaS，这层的作用是将一个应用的开发和部署平台作为服务提供给用户。

（3）Infrastructure as a Service（基础架构即服务），简称 IaaS，这层的作用是将各种底层的计算（如虚拟机）和存储等资源作为服务提供给用户。

从用户角度来说，这三层服务，它们之间的关系是独立的，因为它们提供的服务是完全不同的，而且面对的用户也不尽相同。但从技术角度来说，云服务这三层之间的关系并不是独立的，而是有一定依赖关系的，如一个 SaaS 层的产品和服务不仅需要使用 SaaS 层本身的技术，还依赖 PaaS 层所提供的开发和部署平台或者直接部署于 IaaS 层所提供的计算资源上，另外，PaaS 层的产品和服务也很有可能构建于 IaaS 层服务之上。

图 7-2　云计算的基本架构

在管理方面，主要以"云"的管理层为主，它的功能是确保整个云计算中心能够安全和稳定地运行，并且能够被有效地管理。

1. 软件即服务（SaaS）

软件即服务（SaaS）为商用软件提供基于网络的访问。你可能使用过 SaaS，即使你当时并不知道。SaaS 的示例太多了，如 Netflix、Photoshop.com、Acrobat.com、Intuit Quick Books Online、Gmail、Google Docs、Office Web Apps、Zoho、WebQQ、新浪微盘等。可能不太明显的 SaaS 实现包括移动应用程序市场中的相当一部分。

2. 平台即服务（PaaS）

平台即服务（PaaS）提供对操作系统和相关服务的访问。它让用户能够使用提供商支持的编程语言和工具把应用程序部署到"云"中。用户不必管理或控制底层基础架构，而是控制部署的应用程序并在一定程度上控制应用程序驻留环境的配置。PaaS 的提供者包括 Google App Engine、Windows Azure Platform、Force.com、Heroku 等。小企业软件工作室是非常适合使用 PaaS 的企业。通过使用云平台，可以创建世界级的产品，而不需要负担内部生产的开销。

3. 基础架构即服务（IaaS）

基础架构或称基础设施（Infrastructure），是"云"的基础，它由服务器、网络设备、存储磁盘等物理资产组成。在使用 IaaS 时，用户并不实际控制底层基础架构，而是控制操作系统、存储和部署应用程序，还在有限的程度上控制网络组件的选择。

通过 IaaS 这种模式，用户可以从供应商那里获得自己所需要的计算或者存储等资源来装载相关的应用，并只需为其所租用的那部分资源付费，这些基础设施烦琐的管理工作则由 IaaS 供应商负责。

任务二　云计算的关键技术

➡ 任务描述

如果成立了一家公司需要建立一套完整的云计算产品，那么需要解决哪些技术问题呢？

目前，主要的云服务产品是 IaaS 虚拟机，一套完整的对外出租虚拟机的 IaaS 云计算解决方案，必须解决如何运行和管理大量虚拟机并让远方的用户自助使用这些虚拟机的问题，问题中的三个动词"管理""运行""使用"意味着一个 IaaS 云计算系统包含以下三部分：

（1）虚拟化平台（硬件、虚拟软件）——解决如何运行虚拟机的问题。

（2）管理工具——解决如何管理大量虚拟机的问题，包括创建、启动、停止、备份、迁移虚拟机，以及计算资源的管理和分配。

（3）交付部分——解决如何让远端的用户使用虚拟机的问题。

➡ 任务实施

任务实施

7.2.1　网络技术

网络虚拟化技术主要用来对物理网络资源进行抽象并池化，以便分割或合并资源来满足共享的目的。人们很早就意识到网络服务与硬件解耦的必要性，先后产生了许多过渡的技术，其中最重要的是虚拟局域网络（VLAN）、虚拟专用网络（VPN）、主动可编程网络（APN）、叠加网络（Overlay Network）、软件定义网络（SDN）和网络功能虚拟化（NFV）。

APN 把控制信息封装到报文内部，路由器根据报文内的控制信息做出决策。SDN 和 NFV 是目前热门的网络虚拟化技术。

网络虚拟化技术已经出现几十年，但是发展却一直不温不火，原因是缺少一个杀手级的应用。云计算的出现对于网络虚拟化来说是一次千载难逢的机会，可以说，有了云计算，网络虚拟化才变得如此热门，没有网络虚拟化，就没有大规模的云计算。

一个计算机网络必须完成两件事：

（1）把数据从 A 点传送到 B 点，主要包括接收、存储和转发数据。

（2）控制如何传送。主要是各种路由控制协议。

这与交通网络很相似，连接两个城市的交通网络具备的第一个功能就是汽车从一个城市到达另一个城市；第二个功能是控制到底走哪条线路最好。前者就是由公路组成的交通网络，后者就是交通控制系统。

7.2.2　数据中心技术

云计算数据中心是一种基于云计算架构的，计算、存储及网络资源松耦合，完全虚拟化各种 IT 设备，模块化程度、自动化程度较高，具备较高绿色节能程度的新型数据中心。

云计算数据中心和传统 IDC（数据中心）的区别

云数据中心的特点首先是高度的虚拟化，包括服务器、存储、网络、应用等虚拟化，使用户可以按需调用各种资源；其次是自动化管理程度，包括对物理服务器、虚拟服务器的管理，对相关业务的自动化流程管理，对客户服务的收费等自动化管理；最后是绿色节能，云计算数据中心在各方面都符合绿色节能标准，一般 PUE 值不超过 1.5。

7.2.3　虚拟化技术

虚拟化是一个广义的术语，是指计算元件在虚拟的基础上而不是真实的基础上运行，是一个简化管理、优化资源的解决方案。

在云端，虚拟化属于基础设施层，具体包括服务器虚拟化、网络虚拟化和存储虚拟化，虚拟的目的是池化物理资源。在服务器虚拟化领域，VMware（现已被 EMC 收购）已耕耘很多年，把持了大部分的市场。后来者微软、思杰公司都想有所突破。

拓展虚拟技术公司情况

在 X86 平台虚拟化技术中，新引入的虚拟化层通常称为虚拟机监控器（Virtual Machine Monitor，VMM），也称 Hypervisor。虚拟机监控器运行的环境就是真实的物理平台，称为宿主机，而虚拟出来的平台通常称为客户机，里面运行的系统对应地称为客户机操作系统，如图 7-3 所示。

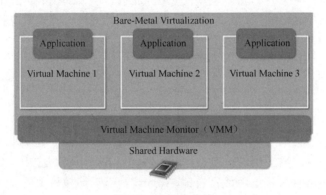

图 7-3　虚拟化总览

开源的服务器虚拟化
组件简单介绍

7.2.4　分布式存储技术

分布式存储技术，分布式数据存储，简单来说，就是将数据分散存储到多个数据存储服务器上。分布式存储与传统的网络存储并不完全一样，传统的网络存储系统采用集中的存储服务器存放所有数据，存储服务器成为系统性能的瓶颈，不能满足大规模存储应用的需要。分布式网络存储系统采用可扩展的系统结构，利用多台存储服务器分担存储负荷，利用位置服务器定位存储信息，它不但能提高系统的可靠性、可用性和存取效率，还易于扩展。借鉴谷歌的经验，先在众多的服务器中搭建一个分布式文件系统，再在这个分布式文件系统上实现相关的数据存储业务，甚至可实现二级存储业务。

分布式存储技术包含非结构化数据存储和结构化数据存储。其中非结构化数据存储主要采用文件存储和对象存储技术，而结构化数据存储主要采用分布式数据库技术，特别是 No SQL 数据库。

云计算系统采用分布式存储的方式存储数据，用冗余存储的方式（集群计算、数据冗余和分布式存储）保证数据的可靠性。冗余的方式通过任务分解和集群，用低配机器替代超级计算机的性能来保证低成本，这种方式保证分布式数据的高可用、高可靠和经济性，即为同一份数据存储多个副本。云计算系统中广泛使用的数据存储系统是 Google 公司的 GFS 和 Hadoop 团队开发的 GFS 的开源实现 HDFS。

云计算需要对分布的、海量的数据进行处理、分析，因此，数据管理技术必需能够高效地管理大量的数据。云计算系统中的数据管理技术主要是 Google 公司的 BigTable 数据管理技术和 Hadoop 团队开发的开源数据管理模块 HBase。由于云数据存储管理形式不同于传统的 RDBMS 数据管理方式，如何在规模巨大的分布式数据中找到特定的数据，也是云计算数据管理技术所必须解决的问题。云计算提供了分布式的计算模式，客观上要求必须有分布式的编程模式。云计算采用一种思想简洁的分布式并行编程模型 Map-Reduce。Map-Reduce 是一种编程模型和任务调度模型，主要用于数据集的并行运算和并行任务的调度处理。在该模式下，用户只需自行编写 Map()函数和 Reduce()函数即可进行并行计算。其中，在 Map()函数中定义各节点上的分块数据的处理方法，在 Reduce()函数中定义中间结果的保存方法以及最终结果的归纳方法。

云计算资源规模庞大，服务器数量众多并分布在不同的地点，同时运行着数百种应用，有效地管理这些服务器，保证整个系统提供不间断的服务是巨大的挑战。云计算系统的平台管理技术能够使大量的服务器协同工作，方便进行业务部署和开通，快速发现和恢复系统故障，通过自动化、智能化的手段实现大规模系统的可靠运营。

7.2.5 Web 技术

Web 的本意是蜘蛛网和网，在网页设计中称为网页，现广泛译作网络、互联网等技术领域，表现为三种形式，即超文本（Hypertext）、超媒体（Hypermedia）、超文本传输协议（HTTP）。Web 技术指的是开发互联网应用的技术总称，一般包括 Web 服务端技术和 Web 客户端技术。

Web 客户端的主要任务是展现信息内容。Web 客户端设计技术主要包括 HTML 语言、Java Applets、脚本程序、CSS、DHTML、插件技术以及 VRML 技术。

Web 服务端技术与 Web 客户端技术从静态向动态的演进过程类似，Web 服务端的开发技术也是由静态向动态逐渐发展、完善起来的。Web 服务器技术主要包括服务器、CGI、PHP、ASP、ASP.NET、Servlet 和 JSP 技术。

Web 1.0 是简单内容获取与查询，Web 2.0 是大众参与和内容制造，Web 3.0 是互联网与人们日常生活的大融合。

智能移动终端已经逐渐改变大众的行为方式。在公交车上，在地铁站里，看到有人拿着手机刷微博、发微信是再普通不过的一件事了。更重要的，我们已经渐渐习惯了出门拿地图软件找路导航，用团购软件随时随地团购晚餐，打开支付宝钱包付款，甚至用滴滴或快的打车……而在其背后，是网络服务提供者为用户各种社会生活量身定制的各种服务。Web 3.0 时代必将是互联网和大众社会活动的大融合。

云计算不仅可以处理 Web 3.0 时代的大数据，还可以简化 Web 3.0 时代服务制造者开发服务的难度，并为服务的高效和高质量提供保障。高速、高可靠性移动网络保证用户可以随时随地访问 Web，提供了人与 Web 融合的媒介。智能硬件和物联网让更多的设备接入互联网，融入用户的社会生活，是 Web 3.0 时代的基础。

7.2.6　安全技术

云安全技术是网络时代信息安全的最新体现，它融合了并行处理、网格计算、未知病毒行为判断等新兴技术和概念，通过网状的大量客户端对网络中软件行为的异常监测，获取互联网中木马、恶意程序的最新信息，推送到 Server 端进行自动分析和处理，然后把病毒和木马的解决方案分发到每个客户端。

云安全技术是 P2P 技术、网格技术、云计算技术等分布式计算技术混合发展、自然演化的结果。

要想建立云安全系统，并使其正常运行，需要解决以下四大问题。

（1）需要海量的客户端（云安全探针）。只有拥有海量的客户端，才能对互联网上出现的恶意程序和危险网站有最灵敏的感知能力。一般而言，安全厂商的产品使用率越高，反应应当越快，最终应当能够实现无论哪个网民中毒、访问挂马网页，都能在第一时间做出反应。

（2）需要专业的反病毒技术和经验。发现的恶意程序被探测到，应当在尽量短的时间内被分析，这需要安全厂商具有过硬的技术，否则容易造成样本的堆积，使云安全的快速探测的结果大打折扣。

（3）需要大量的资金和技术投入。云安全系统在服务器、带宽等硬件上需要极大的投入，同时要求安全厂商应当具有相应的顶尖技术团队、持续的研究经费。

（4）可以是开放的系统，允许合作伙伴加入。云安全系统可以是开放性的系统，其探针应当与其他软件兼容，即使用户使用不同的杀毒软件，也可以享受云安全系统带来的成果。

云安全技术关键在于首先理解客户及其需求，并设计针对这些需求的解决方案，如全磁盘或基于文件的加密、客户密钥管理、入侵检测/防御、安全信息和事件管理 SIEM、日志分析、双重模式身份验证、物理隔离等。

任务三　主流云产品及解决方案

➡ 任务描述

通过了解主流云服务商的业务情况，熟悉主流云产品及解决方案，包括云主机、云网络、云存储、云数据库、云安全、小程序云开发。

➡ 任务实施

腾讯公司成立于 1999 年，第一个产品 QQ 其实就是一朵云。从 PC 时代第一版的 QQ 到现在，腾讯云积极地探寻，从解决如何稳定服务、让用户的 QQ 不掉线，到解决如何满足用户越来越丰富的需求，即更多的社交、更好玩的娱乐、更丰富的在线生活，再到如何开放、如何实现一个中国最大互联网生态平台的价值。

腾讯云基于 QQ、QQ 空间、微信、腾讯游戏真正业务的技术锤炼，从基础架构到精细化运营，从平台实力到生态能力建设，腾讯云将其整合并面向市场，使其能够为企业和创业者提供集云计算、云数据、云运营于一体的云端服务体验。

云计算为 IT 市场乃至整个商业市场带来的变革早已不是空谈。传统企业在云时代实现根本意义上的转型，大企业在云端获得源源不断的生命力，中小企业通过云更快地面向市场从而获得机遇与发展。

腾讯云不管是在社交、游戏还是在其他领域，都有多年的成熟产品并提供产品服务。腾讯在云端完成重要部署，为开发者及企业提供云服务、云数据、云运营等整体一站式服务方案。具体包括云服务器、云存储、云数据库和弹性 Web 引擎等基础云服务；腾讯云分析（MTA）、腾讯云推送（信鸽）等腾讯整体大数据能力；以及 QQ 互联、QQ 空间、微云、微社区等云端链接社交体系，如图 7-4 所示。

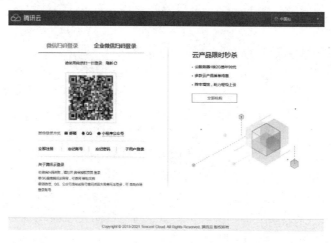

图 7-4　腾讯云

2020 年 2 月，腾讯云推出针对中小企业战疫帮扶计划，免费为超过 10 万家中小企业提供云资源和协同办公产品。

在 2020 年疫情期间，腾讯云开发了疫情整体解决方案"微应急"；支持 100 多个中央部委及地方政府部门上线疫情服务相关小程序；截至 3 月 10 日，腾讯防疫健康码累计亮码超过 16 亿人次，成为全国服务用户最多的健康码。

7.3.1　云主机

云主机是云计算在基础设施应用上的重要组成部分，位于云计算产业链金字塔底层，产品源自云计算平台。该平台整合了互联网应用三大核心要素，即计算、存储、网络，面向用户提供公用化的互联网基础设施服务。云主机是一种类似 VPS 主机的虚拟化技术，VPS 采用虚拟软件，VZ 或 VM 在一台主机上虚拟出多个类似独立主机的部分，能够实现单机多用户，每个部分都可以做单独的操作系统，管理方法与主机一样。而云主机是在一组集群主机上虚拟出多个类似独立主机的部分，集群中每个主机上都有云主机的一个镜像，从而大大提高了虚拟主机的安全性和稳定性，除非集群内的所有主机都出现问题，云主机才会无法访问。

高性能高稳定的云虚拟机，可在"云"中提供弹性可调节的计算容量，不让计算束缚你的想象；你可以轻松购买自定义配置的机型，在几分钟内获取新服务器，并根据需要使用镜像进行快速的扩容。

国内常见的云服务如图 7-5 所示。

图 7-5　国内常见的云服务

对于不支持逻辑分区的计算机，可以直接通过安装 VMware 虚拟化软件来模拟更多的虚拟机，然后在这些虚拟机里安装操作系统和应用软件，可以给虚拟机灵活配置内存、CPU、硬盘和网卡等资源，如图 7-6 所示。

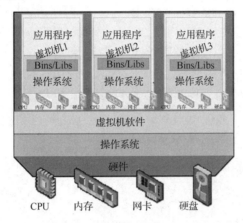

图 7-6　虚拟机结构

实验及拓展

在一台物理机上可以创建很多虚拟机，虚拟机里允许安装不同的操作系统，配置不同的网络 IP 地址。

7.3.2　云网络

Overlay 在网络技术领域指的是一种网络架构上叠加的虚拟化技术模式，其大体框架是对基础网络不进行大规模修改的条件下，实现应用在网络上的承载，并能与其他网络业务分离，并且以基于 IP 的基础网络技术为主。Overlay 技术是在现有的物理网络上构建一个虚拟网络，上层应用只与虚拟网络相关。一个 Overlay 网络主要由以下三部分组成。

（1）边缘设备：是指与虚拟机直接相连的设备。

（2）控制平面：主要负责虚拟隧道的建立、维护，以及主机可达性信息的通告。

（3）转发平面：承载 Overlay 报文的物理网络。

随着云计算虚拟化的驱动，基于主机虚拟化的 Overlay 技术出现，在服务器的 Hypervisor 内 vSwitch 上支持了基于 IP 的二层 Overlay 技术，从更靠近应用的边缘来提供网络虚拟化服务，其目的是使虚拟机的部署与业务活动脱离物理网络及其限制，使云计算的网络形态不断完善。

实现叠加的最新技术有 VXLAN、NVGRE 和 STT，这些技术主要用来解决在大规模、多机房、跨地区的云计算中心部署多租户的环境问题。

VXLAN、NVGRE 和 STT

7.3.3 云存储

云存储是在云计算概念上延伸和衍生发展出来的一个新概念。云计算是分布式处理、并行处理和网格计算的发展，它透过网络将庞大的计算处理程序自动分拆成无数个较小的子程序，并交由多部服务器组成的庞大系统经计算分析之后将处理结果回传给用户。通过云计算技术，网络服务提供者可以在数秒之内，处理数以千万计甚至亿计的信息，提供与超级计算机同样强大的网络服务。

云存储的概念与云计算类似，它是指通过集群应用、网格技术或分布式文件系统等功能，网络中大量各种不同类型的存储设备通过应用软件集合起来协同工作，共同对外提供数据存储和业务访问功能的一个系统，保证数据的安全性，并节约存储空间。简单来说，云存储就是将存储资源放到"云"上供人们存取的一种方案。使用者可以在任何时间、任何地方，通过任何可联网的装置连接到"云"上方便地存取数据。如果这样解释还是难以理解，那么我们可以借用广域网和互联网的结构来解释云存储。

360 安全云盘是奇虎 360 公司推出的在线云存储软件，如图 7-7 所示。无须 U 盘，360 安全云盘可以让照片、文档、音乐、视频、软件、应用等内容，随时随地触手可及，方便使用。

360 安全云盘

图 7-7　360 安全云盘

7.3.4 云数据库

云数据库是指被优化或部署到一个虚拟计算环境中的数据库，可以实现按需付费、按需扩展、高可用性以及存储整合等优势。根据数据库类型一般分为关系型数据库和非关系型数据库（NoSQL 数据库）。

云数据库的特性包括实例创建快速、支持只读实例、读写分离、故障自动切换、数据备份、Binlog 备份、SQL 审计、访问白名单、监控与消息通知等。

云数据库可提供专业、高性能、高可靠的云数据库服务。云数据库不仅提供 Web 界面进行配置、操作数据库实例，还提供可靠的数据备份和恢复、完备的安全管理、完善的监控、轻松扩展等功能支持。相对于用户自建数据库，云数据库具有更经济、更专业、更高效、更可靠、简单易用等特点，使用户能更专注于核心业务。

阿里云关系型数据库（Relational Database Service，RDS）可提供稳定可靠、可弹性伸缩的在线数据库服务。基于阿里云分布式文件系统和 SSD 盘高性能存储，RDS 支持 MySQL、SQL

Server、PostgreSQL、PPAS（Postgre Plus Advanced Server，高度兼容 Oracle 数据库）和 MariaDB TX 引擎，并且提供了容灾、备份、恢复、监控、迁移等方面的全套解决方案。

7.3.5 云安全

云安全是我国企业创造的概念，在国际云计算领域独树一帜。云安全（Cloud Security）计划是网络时代信息安全的最新体现，它融合了并行处理、网格计算、未知病毒行为判断等新兴技术和概念，通过网状的大量客户端对网络中软件行为的异常监测，获取互联网中木马、恶意程序的最新信息，传送到 Server 端进行自动分析和处理，然后把病毒和木马的解决方案分发到每个客户端。

在云计算的架构下，云计算开放网络和业务共享场景更加复杂多变，安全性方面的挑战更加严峻，一些新型的安全问题变得比较突出，如多个虚拟机租户间并行业务的安全运行，公有云中海量数据的安全存储等。由于云计算的安全问题涉及广泛，以下仅对几个主要问题进行介绍。

1. 用户身份安全问题

云计算通过网络提供弹性可变的 IT 服务，用户需要登录到云端来使用应用与服务，系统需要确保使用者身份的合法性，才能为其提供服务。如果非法用户取得了用户身份，则会危及合法用户的数据和业务。

2. 共享业务安全问题

云计算的底层架构（IaaS 和 PaaS 层）是通过虚拟化技术实现资源共享调用的，优点是资源利用率高，但是共享会引入新的安全问题，一方面需要保证用户资源间的隔离，另一方面需要面向虚拟机、虚拟交换机、虚拟存储等虚拟对象的安全保护策略，这与传统的硬件上的安全策略完全不同。

3. 用户数据安全问题

数据的安全性是用户最为关注的问题，广义的数据不仅包括客户的业务数据，还包括用户的应用程序和用户的整个业务系统。数据安全问题包括数据丢失、泄露、篡改等。传统的 IT 架构中，数据是离用户很"近"的，数据离用户越"近"越安全。而云计算架构下数据常常存储在离用户很"远"的数据中心中，需要对数据采取有效的保护措施，如进行多份备份、数据存储加密，以确保数据的安全。

瑞星云安全计划的内容是，将用户和瑞星技术平台通过互联网紧密相连，组成一个庞大的木马/恶意软件监测、查杀网络，每个"瑞星卡卡"用户都为云安全计划贡献一份力量，同时分享其他所有用户的安全成果。

"瑞星卡卡"的"自动在线诊断"模块，是云安全计划的核心之一，每当用户启动计算机时，该模块就会自动检测并提取计算机中的可疑木马样本，然后上传到瑞星"木马/恶意软件自动分析系统"，整个过程只需要几秒钟。随后 RsAMA 把分析结果反馈给用户，查杀木马病毒，并通过瑞星安全资料库分享给其他所有"瑞星卡卡"用户。

"瑞星卡卡"本身只是一个数兆大小的安全工具，但是它的背后是国内最大的信息安全专业团队，是瑞星"木马/恶意软件自动分析系统"（RsAMA）和"瑞星安全资料库"（RsSD），同时，共享数千万其他"瑞星卡卡"用户的可疑文件监测成果。

7.3.6 小程序·云开发

小程序·云开发是腾讯云和微信团队联合开发的，集成于小程序控制台的原生 Serverless 云服务。

腾讯云与微信小程序团队合作推出基于全新架构的"小程序·云开发"解决方案，提供云函数、数据库、存储管理等云服务，提供一站式开发服务。基于"小程序·云开发"解决方案，小程序开发者可以将服务部署与运营环节进行云端托管，通过 Serverless 开发模式实现小程序产品的上线与迭代。

微信将小程序定义为一种新的应用形态。微信方面强调，小程序、订阅号、服务号、企业号目前是并行的体系。

小程序的推出并非意味着微信要来充当应用分发市场的角色，而是"给一些优质服务提供一个开放的平台"。另外，小程序可以借助微信联合登录，将开发者已有的 App 后台的用户数据打通，但不会支持小程序和 App 直接的跳转。

随着小程序正式上线，用户可以通过二维码、搜索等方式体验开发者开发的小程序。

用户只要将微信更新至最新版本，体验过小程序后，便可在发现页面看到小程序 TAB，但微信并不会通过这个地方向用户推荐小程序。

小程序提供了显示在聊天顶部的功能，这意味着用户在使用小程序的过程中可以快速返回至聊天界面，而在聊天界面也可快速进入小程序，实现小程序与聊天之间的便捷切换。

安卓版用户还可将小程序快捷方式添加至桌面。

自选股小程序对 App 功能做了相对更多的保留，仅舍弃了"资讯"作为独立板块，保留了自选、行情、设置三个主要功能板块，并提供了与 App 中一致的股价提醒等功能，分享具体股票页面，好友点击查看到的是实时股价信息，体验非常完整。

微信团队此前提到的公众号关联功能在当前的公众号主页已经能够体现。

在开发小程序的公众号主页上，能够看到该主体开发的小程序，点击即可进入相应小程序。由于处于同一账号体系下，公众号的关注者可以以更低的成本成为小程序的用户。

微信小程序提供的功能

任务四　云计算平台的选择与搭建

➡ 任务描述

本任务是搭建合适的云计算平台。

大学毕业生王某在一家公司做售后，主要工作是解决客户的问题，其活动范围包括家、公司、客户处。他经常出差，具体工作包括写文档、修改软件 Bug、管理问题库工具。他准备利用云计算平台来解决工作问题。

➡ 任务实施

公司给他在云平台上创建了一台虚拟机。

7.4.1 KVM 简介

KVM 全称是 Kernel-Based Virtual Machine，也就是说，KVM 是基于 Linux 内核实现的，是一个开源的系统虚拟化模块，自 Linux 2.6.20 之后集成在 Linux 的各个主要发行版本中。它使用 Linux 自身的调度器进行管理，所以相对于 Xen，其核心源码很少。KVM 已成为学术界的主流 VMM 之一。

KVM 的虚拟化需要硬件支持（如 Intel VT 技术或 AMD V 技术），是基于硬件的完全虚拟化。Xen 早期是基于软件模拟的 Para-Virtualization，新版本则是基于硬件支持的完全虚拟化。但 Xen 本身有自己的进程调度器，存储管理模块等，所以代码较为庞大。广为流传的商业系统虚拟化软件 VMware ESX 系列是基于软件模拟的 Full-Virtualization。

KVM 有一个内核模块叫 kvm.ko，只用于管理虚拟 CPU 和内存。那么 I/O 的虚拟化，如存储和网络设备由谁实现呢？这个就交给 Linux 内核和 Qemu 来实现。作为一个 Hypervisor，KVM 本身只关注虚拟机调度和内存管理这两个方面，I/O 外设的任务交给 Linux 内核和 Qemu。

7.4.2 安装 KVM

通过扫描右侧的二维码了解具体内容。

安装 KVM

7.4.3 使用 virt-manager 管理 KVM

virt-manager 是一套虚拟机的桌面管理工具，与 VMware 的 vCenter 和 xenCenter 差不多，该工具提供虚拟机管理的基本功能，如开机、挂起、重启、关机、强制关机/重启、迁移等，并且可以进入虚拟机图形界面进行操作。该工具还可以管理各种存储以及网络。

能够管理 KVM 的工具很多。首先是单个资源的基础虚拟化管理，有开源的虚拟化工具集 libvirt，通过命令行接口提供安全的远程管理，可管理单个系统。

然后是管理全部运行 KVM 的多个服务器，有两种，即 Red Hat Enterprise Virtualization-Management（管理多个 RHEV-H 系统）和 IBM Systems Director VMControl（管理多个 RHEL 系统）。

最后是 Tivoli 产品，包括 Tivoli Provisioning Manager、Tivoli Service Automation Manager 和 Tivoli Monitoring for Virtual Servers。

学习 virt-manager 的使用

7.4.4 Docker 简介

Docker 就是虚拟化的一种轻量级替代技术。Docker 的容器技术不依赖任何语言、框架或系统，可以将 App 变成一种标准化、可移植的、自管理的软件，并脱离服务器硬件在任何主流系统中开发、调试和运行。简单来说，就是在 Linux 系统上迅速创建一个容器（类似虚拟机），并在容器上部署和运行应用程序，通过配置文件可以轻松实现应用程序的自动化安装、部署和升级，非常方便。因为使用容器后，可以很方便地把生产环境和开发环境分开，互不影响。Docker 并没有传统虚拟化中的 Hypervisor 层（Hypervisor 是运行在物理服务器和操作系统之间的中间软件层，可以允许多个操作系统和应用共享一套基础物理硬件），也就是说，Docker 没有模拟硬件设备资源，其虚拟化技术是基于内核的 Cgroup 和 Namespace 技术。

1. Cgroup 和 Namespace 技术

通过扫描右侧的二维码了解具体内容。

2. 在 Docker 虚拟化中有三个概念需要理解

通过扫描右侧的二维码了解具体内容。

Cgroup 和 Namespace 技术

在 Docker 虚拟化中有
三个概念需要理解

7.4.5　Docker 的安装与使用

通过扫描右侧的二维码了解具体内容。

Docker 的安装与使用

课后作业

一、单选题

1. 云计算是对（　　）技术的发展与运用。

　　A. 并行计算　　　　B. 网格计算　　　　C. 分布式计算　　　　D. 三个选项都是

2. 从研究现状上看，下面不属于云计算特点的是（　　）。

　　A. 超大规模　　　　B. 虚拟化　　　　C. 私有化　　　　D. 高可靠性

3. Amazon 公司的 AWS 提供的云计算服务类型是（　　）。

　　A. IaaS　　　　　B. PaaS　　　　C. SaaS　　　　D. 三个选项都是

4. 将平台作为服务的云计算服务类型是（　　）。

　　A. IaaS　　　　　　　　　　　　　B. PaaS

　　C. SaaS　　　　　　　　　　　　　D. 三个选项都不是

5. 将基础设施作为服务的云计算服务类型是 IaaS，其中的基础设施包括（　　）。

　　A. CPU 资源　　　B. 内存资源　　　C. 应用程序　　　D. 存储资源

　　E. 网络资源

6. Google Docs 属于云服务的哪一类？（　　）

　　A. SaaS　　　　　　　　　　　　　B. PaaS

　　C. IaaS　　　　　　　　　　　　　D. 以上三项都不是

7. 下列关于公有云和私有云的描述，不正确的是（　　）。

　　A. 公有云是指云服务提供商通过自己的基础设施直接向外部用户提供服务

　　B. 公有云能够以低廉的价格，提供有吸引力的服务给最终用户，创造新的业务价值

　　C. 私有云是为企业内部使用而构建的计算架构

　　D. 构建私有云比使用公有云更便宜

8. 下列关于云存储的描述，不正确的是（　　）。

　　A. 需要通过集群应用、网格技术或分布式文件系统等技术实现

　　B. 可以将网络中大量各种不同类型的存储设备通过应用软件集合起来协同工作

　　C. "云存储对于使用者来讲是透明的"，也就是说，使用者清楚存储设备的品牌和型号的具体细节

D. 云存储通过服务的形式提供给用户使用

9. 目前，选用开源的虚拟化产品组建虚拟化平台，构建基于硬件的虚拟化层，可以选用（　　）。

  A. Xen   B. VMware   C. Hyper-v   D. Citrix

10.（　　）与 SaaS 不同，这种"云"计算形式把开发环境或者运行平台也作为一种服务提供给用户。

  A. 软件即服务 B. 基于平台服务 C. 基于 Web 服务 D. 基于管理服务

二、多选题

1. 云安全主要考虑的关键技术有哪些？（　　）

  A. 数据安全 B. 应用安全   C. 虚拟化安全   D. 客户端安全

2. 未来云计算服务面向哪些客户？（　　）

  A. 个人   B. 企业   C. 政府   D. 教育

  E. 研究所

3. 目前，在国内已经提供公共云服务器的商家为（　　）。

  A. 腾讯   B. 华为   C. 中国移动   D. 阿里巴巴

4. "云"服务包括（　　）。

  A. 理财服务   B. 健康服务   C. 交通导航服务   D. 个人服务

5. "云"是一个平台，是一个业务模式，给客户群体提供一些比较特殊的 IT 服务，分为（　　）等三部分。

  A. 管理平台 B. 服务提供   C. 构建服务   D. 硬件更新

6. 云平台层的功能有（　　）。

  A. 开发环境 B. 运行时环境   C. 运营环境   D. 测试环境

7. 云架构包含（　　）。

  A. 基础设施层 B. 服务层   C. 应用层   D. 平台层

8. 云计算的特性包括（　　）。

  A. 简便的访问   B. 高可信度

  C. 经济型   D. 按需计算与服务

9. 云计算按照服务类型大致可分为（　　）。

  A. IaaS   B. PaaS   C. SaaS   D. 效用计算

10. 虚拟化常见的类型有（　　）。

  A. 服务器虚拟化   B. 桌面虚拟化

  C. 存储虚拟化   D. 网络虚拟化及应用虚拟化

三、判断题

1. 所谓云计算就是一种计算平台或者应用模式。（　　）

2. 云计算可以有效地进行资源整合，解决资源闲置问题，提高资源利用率。（　　）

3. 云计算服务可信性依赖于计算平台的安全性。（　　）

4. 存储虚拟化的原理是利用高性能存储平台作为一级存储，其他存储作为二级存储，统一构建一个存储池，其内部数据可以自由"流动"，前端业务不感知。（　　）

5. 随着云计算的发展和推动，云桌面一定会代替传统本地桌面。（　　）

项目8

现代通信技术

＜＜＜＜＜＜

学习目标

● 理解通信技术、现代通信技术、移动通信技术、5G 技术等概念，掌握相关的基础知识；
● 了解现代通信技术的发展历程及未来趋势；
● 熟悉移动通信技术中的传输技术、组网技术等；
● 了解 5G 的应用场景、基本特点和关键技术；
● 掌握 5G 网络架构和部署特点，掌握 5G 网络建设流程；
● 了解蓝牙、Wi-Fi、ZigBee、NFC. RFID、卫星通信、光纤通信等现代通信技术的特点和应用场景；
● 了解现代通信技术与其他信息技术的融合发展。

项目描述

通信技术是实现人与人之间、人与物之间、物与物之间信息传递的一门技术。现代通信技术是数字化通信技术，是将通信技术与计算机技术、数字信号处理技术等新技术相结合，其发展具有数字化、综合化、宽带化、智能化和个人化的特点。现代通信技术是大数据、云计算、人工智能、物联网、虚拟现实等信息技术发展的基础，以 5G 为代表的现代通信技术是中国新基建的重要助力者。本项目包括现代通信技术基础、5G 技术、其他现代通信技术等内容。

通过本项目的学习，使学生感受到我国的 5G 技术世界领先，激发学生的爱国热情和民族自豪感。

任务一　通信技术的基本知识

🔵 任务描述

在本任务中主要介绍通信技术的相关概念，通信和通信技术的区别，通信系统的分类，通信技术的发展。

🔵 任务实施

8.1.1　通信技术的发展

在古代，人们通过手势、表情、符号、语言、驿站、飞鸽传书、击鼓、烽火报警等方式进行信息传递，这种传递基本依靠人的视觉和听觉完成。19世纪，人们开始研究如何用电传送信号。

1887年，美国人莫尔斯发明了著名的莫尔斯电码，实现了有线电报通信。

1864年，英国物理学家麦克斯韦发表了电磁场理论，为现代通信奠定了理论基础。

1876年，苏格兰青年亚历山大·贝尔发明了电话，直接将声信号转变为电信号沿导线传送。

1887年，德国物理学家赫兹在实验室证实了电磁波的存在，这标志着从有线电通信向无线电通信的转折。

1896年，俄国的波波夫、意大利的马可尼分别发明了无线电报，实现了信息的无线电传播。

1906年，美国物理学家福雷斯特发明了具有放大能力的真空三极管，使电子学真正进入实用阶段并作为一门新兴科学而崛起。

1918年，调幅无线电广播、超外差接收机问世，这标志着广播事业的开始。

1925年，多路通信和载波电话问世。

1936年，英国、美国先后开播黑白电视广播，开创了电子电视的新时代。

1938年，发明脉冲编码调制原理。

1940—1945年，雷达、微波通信线路研制成功。

1946年，世界上第一台电子计算机在美国研制成功，标志着电子计算机通信时代的开始。

1947年，美国贝尔实验室的巴丁和肖克莱、布拉坦发明了晶体管。

1948年，香农提出了信息论，建立了通信统计理论。

1950年，将时分多路通信用于电话。

1957年，苏联发射了第一颗人造地球卫星，这不仅标志着航天时代的开始，也意味着一个利用卫星进行通信的时代即将到来。

1958年，美国的基尔比研制成了世界上第一块集成电路，微电子技术诞生了。

1960—1970年，实现了实用卫星通信，出现了电缆电视、激光通信、计算机网络和数字技术、光电处理等。模拟通信开始向数字通信过渡。

1970—1980年，大规模集成电路、商用卫星通信、程控数字交换机、光纤通信、微处理机等迅猛发展，标志着数字电话的全面实用和数字通信新时代的到来。

1980—1990年，各种信息业务应用增多，超大规模集成电路、移动通信、光纤通信广泛应用，综合业务数字网 ISDN 崛起，Internet 在全世界兴起，第一代模拟移动通信网 AMPS 蜂窝系统在美国芝加哥开通，个人通信得以迅速发展。

1990—2000 年，卫星通信、移动通信、光纤通信技术进一步飞速发展，高清晰数字电视技术不断成熟，全球定位系统（GPS）得到广泛应用，蜂窝网进入第二代，即数字式无线移动通信（2G），GSM 作为第二代移动通信系统的代表，在全球得到广泛应用。

21 世纪，人类已进入信息化时代。各种数字技术、通信新技术不断涌现，光纤通信得到普遍应用，国际互联网和多媒体通信技术得到极大发展。5G 建设有序推进，6G 技术已在中国开始研究，中国通信业正在加快发展。中国通信业正在加强生态合作，聚焦物联网、云服务、智慧生活、垂直行业应用、5G 等重点领域，加快培育新兴业务，真正意义上实现在任何时间、任何地点以任何方式与任何人进行信息交换。

8.1.2 通信技术的相关概念

1. 通信

广义上讲，通信是指需要信息的双方或多方在不违背各自意愿的情况下采用任意方法、任意媒质，将信息从某一方准确安全地传送到另一方。狭义上讲，通信就是使用电、磁、光等手段传送语音、图像、文字等数据信息的过程。

2. 信号

信号是表示消息的物理量，是运载消息的工具，是消息的载体。在通信过程中，发送端利用电、磁、光等传输介质将传输的消息转换为对应的物理量，在接收端传输介质取得信号后，再将其还原成数据。如电信号可以通过幅度、频率、相位的变化来表示不同的消息。不同传输介质所承载的信号类型不同，信号的物理特性也不同。铜质缆线承载的是电流信号，光缆线承载的是光信号，无线通信通过天空传递电磁波信号。

信号的分类很多，这里简单介绍模拟信号、数字信号和数字基带信号。

（1）模拟信号。模拟信号是指用连续变化的物理量表示的信息，其信号的幅度、频率、相位随时间做连续变化，或者在一段连续的时间间隔内其代表信息的特征量可以在任意瞬间呈现为任意数值的信号，如图 8-1 所示。模拟信号传输过程中，先把信息信号转换成几乎"一模一样"的波动电信号（因此叫模拟），再通过有线或无线的方式传输出去，电信号被接收后，通过接收设备还原成信息信号。普通的电话、传真、电视的信号都是模拟信号。

（2）数字信号。数字信号是指自变量和因变量都是离散的信号，如图 8-2 所示，是在模拟信号的基础上经过采样、量化和编码而形成的。在计算机中，数字信号的大小常用有限位的二进制数表示。采样就是把输入的模拟信号按适当的时间间隔得到各个时刻的样本值。量化是把经采样测得的各个时刻的值用二进制码来表示，编码则是把量化生成的二进制数排列在一起形成顺序脉冲序列，数码"1"表示有一定持续时间（Ts）的有电流脉冲，数码"0"表示有一定持续时间（Ts）的无电流脉冲。现代电子计算机输入、输出的信号及所处理的信号都是数字信号。

模拟信号和数字信号可以实现相互转换。模拟信号通常使用 PCM（Pulse Code Modulation，脉冲编码调制）方法量化并转换为数字信号。

（3）数字基带信号。在数字通信系统中，信源（信息源，也称发送端）发出的未经调制的数字信号所占据的频谱是从零频或很低频率开始的，称为数字基带信号。

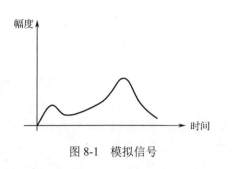

图 8-1 模拟信号

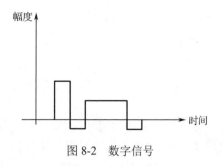

图 8-2 数字信号

3. 通信技术

通信技术实际上就是指通信系统和通信网的技术。通信系统是指以传递或交换信息，实现通信为目标的硬件、软件以及人的集合。而通信网是由许多通信系统组成的多点之间能相互通信的全部设施。

4. 其他相关概念

（1）消息。消息是信息的表现形式。消息具有不同的形式，如符号、文字、语音、数据、图片、视频等。也就是说，一条信息可以用多种形式的消息来表示，不同形式的消息可以包含相同的信息。例如，分别用文字和语音向朋友表达相同的祝福，两种方式所包含的信息内容是相同的。

（2）信息。信息可被理解为消息中包含的有意义的内容。信息一词在概念上与消息的意义相似，但它的含义却更普通化、抽象化。

5. 调制与解调

调制器的任务是把各种数字信息脉冲转换成适于信道传输的调制信号波形。这些波形要根据信道特点来选择。解调器的任务是将收到的信号转换成原始数字信号脉冲。数字调制技术可分为幅度键控（ASK）、频移键控（FSK）、相移键控（PSK）、连续相位调制（CPM），以及它们的各种组合。对于这些调制信号，在接收端可以进行相干解调或非相干解调，前者需要知道载波的相位才能检测，而后者不需要。对于高斯噪声下信号的检测，一般采用相关接收机或抽样匹配滤波器。各种不同的调制方式具有不同的检测性能，其指标为比特差错概率 P_b，它是比特能量与噪声功率谱密度之比（E_b/N_0）的函数。

调制与编码过去一直是被分开研究的，前者实际上相当于波形编码。人们在分别优化的基础上，将二者统一考虑，互相匹配，研究出网格状编码调制技术（Trellis Coded Modulation），即在不增加带宽的条件下，通过增加符号集的冗余度，增加信号之间的最小距离差别。应用 Trellis 编码和正交幅度调制技术（QAM），人们研制出各种性能优秀的智能调制解调器（MODEM）产品。

若信号传输距离不太远且通信容量不太大，一般可采用电话电缆直接进行基带数字信号传输，就不需要调制和解调。由于除了明线或电缆可以直接用于传输数字基带信号，其他媒介都工作在较高的频段上，因此，将数字基带信号不经过调制而直接送到信道传输的方式称为数字基带传输，将数字基带信号经过调制后送到信道传输的方式称为数字频带调制传输。

若数字信号不经过频带调制而用于基带传输，需要进行码型变换和波形滤波。对于噪声干扰下基带信号的传输，在接收端可用最大似然接收机、匹配滤波器或相关检测。如果传输通带不能满足理想传输的要求，则出现信号波形底部展宽的流散变形，产生码间串扰。数字通信经常研究的问题之一是如何消除码间串扰。一般可采用脉冲整形以减少所需带宽，也可采用横向滤波器或各种自适应均衡技术。

6. 信道与噪声

（1）信道。从信息传输角度看，信道是指传输信号的通道，即从发送设备到接收设备信号传递所经过的媒介。因此，信道是任何通信系统不可缺少的组成部分。当信号从发送端传送到接收端时，信道自身传输特性的缺陷和信道中所存在的各种噪声都会影响通信系统的传输性能。

信道可分为有线信道和无线信道。有线信道是指能够传导电信号或光信号的物理信道，如架空明线、电缆、光纤、波导等能够看得见的媒介；而无线信道则是指传播电磁波的自由空间，包括短波电离层反射、对流层散射等。无线信道的传输特性没有有线信道的传输特性稳定和可靠，但无线信道具有方便、灵活、可移动等优点。

（2）噪声。在信道中传输信号时，存在噪声是不可避免的，它干扰信号的正常传输，导致传输过程出现差错，是影响通信质量指标的主要原因之一。通信系统的各个环节都可能出现噪声干扰，如白噪声、无线电噪声、工业噪声、脉冲噪声等。

8.1.3 通信系统分类

1. 通信系统按所用传输媒介的不同分类

通信系统按所用传输媒介的不同分为以下两类。

（1）有线通信系统。以金属导体为传输媒介，如常用的通信线缆等，这种以线缆为传输媒介的通信系统称为有线通信系统。

（2）无线通信系统。利用无线电波在大气、空间、水或岩、土等传输媒介中传播来进行通信，这种通信系统称为无线通信系统。光通信系统也有有线和无线之分，它们所用的传输媒介分别为光学纤维和大气、空间或水。

2. 通信系统按通信业务和用途（即所传输的信息种类）的不同分类

通信系统按通信业务和用途的不同可以分为常规通信、控制通信等。常规通信又分为话务通信和非话务通信。话务通信业务主要是电话信息服务业务、语音信箱业务和电话智能网业务。非话务通信业务主要是分组数据业务、计算机通信、电子数据交换、传真存储转发、可视图文及会议电视、图像通信等。由于电话通信最为发达，其他通信常常借助于公共的电话通信系统。未来的综合业务数字通信网中，各种用途的消息都能在统一的通信网中传输、交换和处理。控制通信包括遇测、遥控通信和遥调通信等，如雷达数据通信和遥测、遥控指令通信等。根据不同通信业务，通信系统可以分为多种类型：

（1）单媒体通信系统，如电话、传真等。

（2）多媒体通信系统，如电视、可视电话、会议电话、远程教学等。

（3）实时通信系统，如电话、电视等。

（4）非实时通信系统，如电报、传真、数据通信等。

（5）单向通信系统，如广播、电视等。

（6）交互系统，如电话、点播电视（VOD）等。

（7）窄带系统，如电话、电报、低速数据通信等。

（8）宽带通信系统，如点播电视、会议电话、远程教学、远程医疗、高速数据通信等。

3. 按调制方式分类

根据是否采用调制，可将通信系统分为基带传输和频带（调制）传输。

基带传输是将未经调制的原始信号（也称基带信号）直接传送到信道中传输，如音频市内电话、数字信号基带传输等。基带信号含有低频成分或直流成分。频带（调制）传输是将基带信号经高频载波调制后进行传输，接收端再经过相应解调还原基带信号。

调制的目的：

（1）便于信息的传输。调制过程可将信号频谱搬移到需要的频谱范围，便于与信号传输特性匹配。例如，无线传输时必须将信号载入高频才能使其易于以电磁波的形式在自由空间辐射出去；在数字电话中将连续信号变换为脉冲编码调制信号，以便在数字系统中传输。

（2）改变信号占据的带宽。调制后的信号频谱通常被搬移到某个载频附近的频带内，其有效带宽相对于载频而言是一个窄带信号，在此窄带内引入的噪声就会减小，从而提高通信系统的抗干扰性。

（3）改善系统性能。由信息论的观点可以证明，可以用增加带宽的方式来换取信噪比的提高，从而提高通信系统的可靠性。各种调制方式有不同的带宽。表8-1给出了常用调制方式及用途。

表8-1　常用调制方式及其用途

调　制　方　式			用　　途
连续波调制	线性调制	常规双边带调幅（AM）	广播
		抑制载波双边带调幅（DSB）	立体声广播
		单边带调幅（SSB）	载波通信、无线电台、数据传输
		残留边带调幅（VSB）	电视广播、数据传输、传真
	非线性调制	频率调制（FM）	微波中继、卫星通信、广播
		相位调制（PF）	中间调制方式
	数字调制	幅度键控（ASK）	数据传输
		频率键控（FSK）	数据传输
		相位键控（PSK、DPSK、QPSK等）	数据传输、数字微波、空间通信
		其他高效数字调制（QAM、MSK等）	数字微波、空间通信
脉冲调制	脉冲模拟调制	脉幅调制（PAM）	中间调制方式、遥测
		脉宽调制（PDM、PWM）	中间调制方式
		脉位调制（PPM）	遥测、光纤通信
	脉冲数字调制	脉码调制（PCM）	市话、卫星、空间通信
		增量调制（DM、CVSD等）	军用、民用电话
		差分脉幅调制（DPCM）	电视电话、图像编码
		其他语音编码方式（ADPCM、APC、LPC等）	中、低速数字电话

4．按传送信号的特征分类

按照信道中所传输的是模拟信号还是数字信号，通信可分为模拟通信和数字通信。

（1）模拟通信。模拟通信是指在信道上把模拟信号从信源传送到信宿的一种通信方式，通常由信源、调制器、信道、解调器、信宿及噪声源组成。模拟通信利用正弦波的幅度、频率或相位的变化，或者利用脉冲的幅度、宽度或位置的变化来模拟原始信号，以达到通信的目的，故称为模拟通信。

由于导体中存在电阻，信号直接传输的距离不能太远，解决的方法是通过载波来传输模拟信号。载波是指被调制以传输信号的波形，通常为高频振荡的正弦波。这样，把模拟信号调制在载波上传输，可传输更远的距离。一般要求正弦波的频率远远高于调制信号的带宽，否则会发生混叠，使传输信号失真。

模拟通信的优点是直观且容易实现，但保密性差，抗干扰能力弱。由于模拟通信在信道传输的信号频谱比较窄，因此，可通过多路复用使信道的利用率提高。

（2）数字通信。数字通信是指在信道上把数字信号从信源传送到信宿的一种通信方式。它与模拟通信相比，其优点为抗干扰能力强，没有噪声积累；可以进行远距离传输并能保证质量；能适应各种通信业务要求，便于实现综合处理；传输的二进制数字信号能直接被计算机接收和处理；便于采用大规模集成电路实现，通信设备便于集成化；容易进行加密处理，安全性更容易得到保证。

5. 按信号的复用方式分类

传送多路信号有三种复用方式，即频分复用、时分复用、码分复用。频分复用是用频谱搬移的方法使不同信号占据不同的频谱范围；时分复用是用脉冲调制的方法使不同信号占据不同的时间区间；码分复用是用正交的脉冲序列携带不同信号。传统的模拟通信系统都采用频分复用。随着数字通信的发展，时分复用的应用越来越广泛，码分复用主要用于空间通信的扩频通信系统中。

任务二　现代通信技术的基本知识

➡ 任务描述

在本任务中，主要介绍现代通信关键技术的概念，如数字通信技术、程控交换技术、信息传输技术、通信网络技术，以及数据通信与数据网、蓝牙、Wi-Fi 等。

➡ 任务实施

现代通信技术一般指电信，国际上称远程通信。随着电信业务从以话音为主向以数据为主转移，交换技术也相应地从传统的电路交换技术逐步转向给予分株的数据交换和宽带交换，以及适应下一代网络基于 IP 的业务综合特点的软交换。

8.2.1　现代通信关键技术

现代的主要通信技术有数字通信技术、程控交换技术、信息传输技术、通信网、数据通信、ISDN 与 ATM 技术、接入网技术等。

1. 数字通信技术

数字通信即传输数字信号的通信，通过信源发出的模拟信号经过数字终端的信源编码成为数字信号，终端发出的数字信号经过信道编码变成适合与信道传输的数字信号，然后由调制解调器把信号调制到系统所使用的数字信道上，经过相反的变换最终传送到信宿。按照信息传送的方向和时间，数据通信系统有单工方式、半双工方式和全工方式三种。

2. 程控交换技术

程控交换技术是指人们用专门的计算机根据需要把预先编好的程序存入计算机后完成通信中的各种交换。以程控交换技术发展起来的数字交换机处理速度快，体积小，容量大，灵活性强，服务功能多，便于改变交换机功能，便于建设智能网，向用户提供更多、更方便的电话服务，还能实现传真、数据、图像通信等交换，它由程序控制，是由时分复用网络进行物理上电路交换的一种电话接续交换设备。

3. 信息传输技术

信息传输技术就是一台计算机向远程的另一台计算机或传真机发送传真，一台计算机接收远程计算机或传真机发送的传真，两台计算机之间通过屏幕对话及两台计算机之间实现文件传输的技术，即 EDI（Electronic Data Interchange）技术。其主要用于光纤通信、数字微波通信、卫星通信、移动通信和图像通信。

4. 通信网

通信网是一种由通信端点、节点和传输链路相互有机地连接起来，以实现在两个或更多的规定通信端点之间提供连接或非连接传输的通信体系。通信网按功能与用途不同，一般可分为物理网、业务网和支撑管理网三种。

5. 数据通信

数据通信是通信技术和计算机技术相结合而产生的一种新的通信方式。要在两地之间传输信息必须有传输信道，根据传输媒体的不同，有有线数据通信与无线数据通信之分，但它们都通过传输信道将数据终端与计算机联结起来，使不同地点的数据终端实现软、硬件和信息资源的共享。

6. ISDN 与 ATM 技术

综合服务数字网（Integrated Services Digital Network，ISDN）是在数字电话网 IDN 的基础上发展起来的通信网络，ISDN 能够支持多种业务，包括电话业务和非电话业务，如虚拟多个电话号码，同时可以不占线使用互联网业务。

另一种技术称为异步转移模式（Asynchronous Transfer Mode，ATM），是一种以固定长度的分组方式，并以异步时分复用方式，传送任意传输速率的宽带信号和数字等级系列信息的交换设备。异步转移模式是用于实现宽带综合业务数字网（B-ISDN）的基础技术。它可以综合任意速率的话音、数据、图像和视频的业务。

ATM 技术的发展是顺应多媒体传输的要求。多媒体（语音/图像）的传输特点和传统的数据传输不同，数据传输的特点是允许延时，但不能有差错，数据的差错将导致数据含义的不同，引起错误的结果；语音/图像传输的特点是信息量大，实时性高，但允许有少量的差错，差错只能影响当时的语音/图像的质量。

7. 接入网技术

接入网技术是现代电信网系统的核心部分之一，具有连接本地端用户与终端用户的作用。电线网络结构主要由 UNI（用户网络接口）和 SNI（业务节点接口）两大部分组成，核心网是连接用户网络接口和业务节点接口的纽带。接入网的主要功能是实现用户与终端设备通信信息的有效连接，相比光纤通信技术与蓝牙技术而言，接入网技术不具备复用及交叉连接的作用。

8. 蓝牙技术

随着手机的智能化水平越来越高，蓝牙技术也逐渐走进人们的生活。在所有通信技术中，蓝牙技术是起步最晚的通信技术。蓝牙技术是一种无线数据和语音通信开放的全球规范，它是基于低成本的近距离无线连接，为固定和移动设备建立通信环境的一种特殊的近距离无线技术连接。

蓝牙使当前的一些便携移动设备和计算机设备不需要电缆就能连接到互联网，并且可以无线接入互联网。目前，手机、笔记本电脑、无线耳机及很多外设都有蓝牙功能。可以说蓝牙技术的推广，大大简化了终端设备之间的信息互通。蓝牙技术还能实现无线设备与互联网之间的信息互通，蓝牙技术另外一个巨大的优点是用户在使用蓝牙技术进行信息交换的过程中不需要为此支付费用。此外，蓝牙技术并不需要固定的基础设施，安装起来更加容易，设备适用性更强。

9．Wi-Fi

Wi-Fi，在中文里又称行动热点，与蓝牙技术一样，同属于短距离无线技术，是一个 IEEE 802.11 标准的无线局域网技术。无线网络上网可以简单地理解为无线上网，几乎所有智能手机、平板电脑和笔记本电脑都支持 Wi-Fi 上网，是当今使用最广的一种无线网络传输技术。

无线局域网技术实际上就是把有线网络信号转换成无线信号，使用无线路由器供支持其技术的相关计算机、手机等接收。

10．ZigBee

ZigBee 译为紫蜂，它与蓝牙类似，是一种新兴的短距离无线通信技术，用于传感控制应用（Sensor and Control），由 IEEE 802.15 工作组提出，并由其 TG4 工作组制定规范。ZigBee 适用于传输距离短、数据传输速率低的一系列电子元器件设备之间。

ZigBee 无线通信技术可应用于数以千计的微小传感器之间，依托专门的无线电标准达成相互协调通信，因而该项技术常被称为 Home RF Lite 无线技术、FireFly 无线技术。ZigBee 无线通信技术还可应用于小范围的基于无线通信的控制及自动化等领域，可省去计算机设备、一系列数字设备之间的有线电缆，能够实现多种不同数字设备之间的无线组网，使它们实现相互通信，或者接入互联网。其主要特点如下：

（1）低功耗。

ZigBee 能源消耗显著低于其他无线通信技术。通常，ZigBee 开展传输处理的过程中对应需求的功率为 1MW。如果 ZigBee 进入休眠状态，则其所需的功率更低。通过为装置有 ZigBee 的设备配备两节 5 号电池，该设备便可持续运行超过 6 个月的时间。

（2）低成本。

ZigBee 研发及使用所需投入的成本偏低。现阶段，ZigBee 的成本普遍无须交付专利费。通常情况下，应用 ZigBee 的过程中仅需交付最初的 6 美元，后续的实际操作不会产生更高的费用。因此，ZigBee 的研发及使用成本是广大用户所能接受的。

（3）高安全。

ZigBee 具有较高的安全可靠性。ZigBee 具有十分完备的检测功能，同时在应用 ZigBee 时需要进行反复的检验，以确保 ZigBee 的安全可靠性。另外，ZigBee 在传输数据的过程中可确保数据流的相对平行性，也就是说，ZigBee 可为数据提供宽广的传输空间。

11．NFC

近场通信（Near Field Communication，NFC）是一种新兴的技术，使用 NFC 技术的设备（如手机）可以在彼此靠近的情况下进行数据交换，是由非接触式射频识别（RFID）及互联互通技术整合演变而来的，通过在单一芯片上集成感应式读卡器、感应式卡片和点对点通信的功能，利用移动终端实现移动支付、电子票务、门禁、

NFC 技术

移动身份识别、防伪等应用。当手机有 NFC 时，可以实现快速支付。目前，公交车、地铁等都可以使用 NFC 乘车。

NFC 标准为了和非接触式智能卡兼容，开发了一种灵活的网关系统，具体分为三种工作模式，即点对点模式、读卡器模式和卡模拟模式。

1）点对点模式

在这种模式下，两个 NFC 设备可以交换数据。如多个具有 NFC 功能的数字相机、手机之间可以利用 NFC 技术进行无线互联，实现虚拟名片或数字相片等数据交换。

点对点模式指的是把两个均具有 NFC 功能的设备进行连接，从而使点和点之间的数据传输得以实现。把点对点模式作为前提，让具备 NFC 功能的手机与计算机等相关设备真正实现点对点的无线连接与数据传输，并且在后续的关联应用中，不仅可为本地应用，还可为网络应用。因此，点对点模式的应用，对于不同设备间的蓝牙连接及其通信数据传输起到十分重要的作用。

2）读卡器模式

在这种模式下，NFC 设备作为非接触读写器使用。如支持 NFC 的手机在与标签交互时扮演读写器的角色，开启 NFC 功能的手机可以读/写支持 NFC 数据格式标准的标签。

读卡器模式的 NFC 通信作为非接触读卡器使用，可以从展览信息电子标签、电影海报、广告页面等读取相关信息。读卡器模式的 NFC 手机可以从 TAG 中采集数据资源，按照一定的应用需求完成信息处理功能，有些应用功能可以直接在本地完成，有些需要与 TD-LTE 等移动通信网络结合完成。基于读卡器模式的 NFC 应用领域包括广告读取、车票读取、电影院门票销售等。如电影海报后面贴上 TAG 标签，用户就可以携带一个支持 NFC 协议的手机获取电影信息，也可以购买电影票。读卡器模式还可以支持公交车站点信息、旅游景点地图信息的获取，提高人们旅游交通的便捷性。

3）卡模拟模式

这种模式就是将具有 NFC 功能的设备模拟成一张标签或非接触卡，如支持 NFC 的手机可以作为门禁卡、银行卡等而被读取。

卡模拟模式指的是把具有 NFC 功能的设备进行模拟，使之变成非接触卡的模式。这种模式主要应用于商场或者交通等非接触性移动支付中，在具体应用的过程中，用户仅需把自己的手机或者其他有关的电子设备贴近读卡器，同时输入相应的密码即可使交易达成。对卡模拟模式中的卡片来说，关键是对非接触读卡器的 RF 域实施供电处理，这样即便 NFC 设备没有电也可以继续工作。另外，对卡模拟模式的应用，也可通过在具备 NFC 功能的相关设备中采集数据，然后把数据传输至对应的处理系统中来进行相关处理，还可应用于门禁系统与本地支付中。

12. RFID

无线射频识别即射频识别技术（Radio Frequency Identification，RFID），是自动识别技术中的一种，通过无线射频方式进行非接触双向数据通信，利用无线射频方式对记录媒体（电子标签或射频卡）进行读/写，从而达到识别目标和数据交换的目的。其被认为是 21 世纪最具发展潜力的信息技术之一。

射频识别技术通过无线电波不接触快速信息交换和存储技术，通过无线通信结合数据访问技术，然后连接数据库系统，以实现非接触式的双向通信，从而达到识别的目的，用于数据交换，串联成一个极其复杂的系统。在识别系统中，通过电磁波实现电子标签的读/写与通信。根据通信距离，可分为近场和远场，为此读/写设备和电子标签之间的数据交换方式也对应地被分为负载调制和反向散射调制。

射频识别技术依据其标签的供电方式可分为三类，即无源 RFID、有源 RFID、半有源 RFID。

1）无源 RFID

在三类 RFID 产品中，无源 RFID 出现时间最早、最成熟，其应用也最为广泛。在无源 RFID 中，电子标签通过接收射频识别阅读器传来的微波信号，以及通过电磁感应线圈获取能量来对自身短暂供电，从而完成此次信息交换。因为省去了供电系统，所以无源 RFID 产品的体积可以小到厘米级甚至更小，而且自身结构简单、成本低、故障率低，使用寿命较长。但作为代价，无源 RFID 的有效识别距离通常较短，一般用于近距离的接触式识别。无源 RFID 主要工作在较低频段 125kHz、13.56MHz 等，其典型应用包括公交卡、二代身份证、食堂餐卡等。

2）有源 RFID

有源 RFID 兴起的时间不长，但已在各个领域，尤其是在高速公路电子不停车收费系统中发挥着不可或缺的作用。有源 RFID 通过外接电源供电，主动向射频识别阅读器发送信号。其体积相对较大，但也因此拥有较长的传输距离与较高的传输速率。一个典型的有源 RFID 标签能在百米之外与射频识别阅读器建立联系，读取率可达 1700read/sec。有源 RFID 主要工作在 900MHz、2.45GHz、5.8GHz 等较高频段，且具有可以同时识别多个标签的功能。有源 RFID 具有的远距性、高效性，使得它在一些需要高性能、大范围的射频识别应用场合必不可少。

3）半有源 RFID

无源 RFID 自身不供电，但有效识别距离太短；有源 RFID 识别距离足够长，但需要外接电源，体积较大；而半有源 RFID 就是为这一矛盾而妥协的产物。半有源 RFID 又叫低频激活触发技术。通常情况下，半有源 RFID 产品处于休眠状态，仅对标签中保持数据的部分进行供电，因此耗电量较小，可维持较长时间。当标签进入射频识别阅读器识别范围后，阅读器先以 125kHz 低频信号在小范围内精确激活标签使之进入工作状态，再通过 2.4GHz 微波与其进行信息传输。也就是说，先利用低频信号精确定位，再利用高频信号快速传输数据。其通常应用场景为：在一个高频信号所能覆盖的大范围内，在不同位置安置多个低频阅读器用于激活半有源 RFID 产品。这样既完成了定位，又实现了信息的采集与传输。

射频识别技术具有以下特性：

（1）适用性。RFID 技术依靠电磁波，并不需要进行双方的物理接触。这使得它能够无视尘、雾、塑料、纸张、木材以及各种障碍物建立连接，直接完成通信。

（2）高效性。RFID 系统的读/写速度极快，一次典型的 RFID 传输过程通常不到 100ms。高频段的 RFID 阅读器甚至可以同时识别、读取多个标签的内容，极大地提高了信息的传输速率。

（3）独一性。每个 RFID 标签都是独一无二的，通过 RFID 标签与产品的一一对应关系，可以清楚地了解每件产品的后续流通情况。

（4）简易性。RFID 标签结构简单，识别速率高，所需读取设备简单。尤其是随着 NFC 技术在智能手机上逐渐普及，每个用户的手机都将成为最简单的 RFID 阅读器。

13. 卫星通信

卫星通信实际上也是一种微波通信，它以卫星作为中继站转发微波信号，在多个地面站之间通信，卫星通信的主要目的是实现对地面的无缝覆盖，由于卫星工作于几百、几千甚至上万千米的轨道上，因此，覆盖范围远大于一般的移动通信系统。但卫星通信要求地面设备具有较大的发射功率，因此不易普及。

卫星通信系统由卫星端、地面端、用户端三部分组成。卫星端在空中起中继站的作用，即把地面站发出来的电磁波放大后再送回另一地面站。卫星星体包括两大子系统，即星载设备和卫星母体。地面站是卫星系统与地面公众网的接口，地面用户可以通过地面站出入卫星系统形成链路，地面站包括地面卫星控制中心，及其跟踪、遥测和指令站。用户端就是各种用户终端。

1）卫星通信的分类

按照工作轨道区分，卫星通信系统一般分为以下三类。

（1）低轨道卫星通信系统（LEO）。

低轨道卫星通信系统距地面 500～2000km，其传输时延和功耗都比较小，但每颗星的覆盖范围也比较小，典型系统为 Motorola 的铱星系统。低轨道卫星通信系统由于卫星轨道低，信号传播时延短，所以可支持多跳通信；其链路损耗小，可以降低对卫星和用户终端的要求，采用微型/小型卫星和手持用户终端。但是低轨道卫星系统也为这些优势付出了较大的代价。由于轨道低，每颗卫星所能覆盖的范围比较小，要构成全球系统需要数十颗卫星，例如，铱星系统有 66 颗卫星，Globalstar 有 48 颗卫星，Teledisc 有 288 颗卫星。由于低轨道卫星的运动速度快，对于单一用户来说，卫星从地平线升起到再次落到地平线以下的时间较短，所以卫星间或载波间切换频繁。因此，低轨道卫星通信系统的构成和控制复杂，技术风险大，建设成本相对较高。

（2）中轨道卫星通信系统（MEO）。

中轨道卫星通信系统距地面 2000～20000km，其传输时延大于低轨道卫星通信系统的传输时延，但覆盖范围更大，典型系统为国际海事卫星系统。中轨道卫星通信系统是同步轨道卫星通信系统和低轨道卫星通信系统的折中，中轨道卫星通信系统兼有这两种系统的优点，同时又在一定程度上克服了这两种系统的不足之处。中轨道卫星通信系统的链路损耗和传播时延都比较小，仍然可采用简单的小型卫星。如果中轨道和低轨道卫星通信系统均采用星际链路，当用户进行远距离通信时，中轨道卫星通信系统中的信息通过卫星星际链路子网的时延将比低轨道卫星通信系统的低；而且由于其轨道比低轨道卫星通信系统的高许多，每颗卫星所能覆盖的范围比低轨道卫星通信系统的大得多，当轨道高度为 10000km 时，每颗卫星可以覆盖地球表面的 23.5%，因而只要几颗卫星就可以覆盖全球。如果有十几颗卫星则可以提供对全球大部分地区的双重覆盖，这样可以利用分集接收来提高中轨道卫星通信系统的可靠性，同时该系统投资要低于低轨道卫星通信系统。因此，从一定意义上来说，中轨道卫星通信系统可能是建立全球或区域性卫星移动通信系统较为合适的方案。如果需要为地面终端提供宽带业务，中轨道卫星通信系统有些困难，而利用低轨道卫星通信系统作为高速的多媒体卫星通信系统，其性能优于中轨道卫星通信系统。

（3）高轨道卫星通信系统（GEO）。

高轨道卫星通信系统距地面 35800km，即处于同步静止轨道。理论上，用 3 颗高轨道卫星即可实现全球覆盖。传统的同步轨道卫星通信系统的技术最为成熟，自从同步卫星被用于通信业务以来，用同步卫星来建立全球卫星通信系统已经成为建立卫星通信系统的传统模式。但是，同步卫星有一个不可克服的障碍，就是较长的传播时延和较大的链路损耗，严重影响到它在某些通信领域的应用，特别是在卫星移动通信方面的应用。首先，同步卫星轨道高，链路损耗大，对用户终端接收机的性能要求较高。这种系统难于支持手持机直接通过卫星进行通信，或者需要采用 12m 以上的星载天线（L 波段），这就对卫星星载通信有效载荷提出了较高的要求，不利于小卫星技术在移动通信中的使用。其次，由于链路距离长，传播时延大，单跳的传播时延就会达到数百毫秒，加上语音编码器等的处理时间，单跳的传播时延将进一步增加，当移动用户通过卫星进行双跳通信时，时延甚至能达到秒级，这是用户、特别是话音通信用户难以忍受的。为了避免这种双跳通信就必须采用星上处理使卫星具有交换功能，但这必将增加卫星的复杂度，不但增加系统成本，也有一定的技术风险。

按照通信范围区分，卫星通信系统可以分为国际通信卫星、区域性通信卫星、国内通信卫星。

按照用途区分，卫星通信系统可以分为综合业务通信卫星、军事通信卫星、海事通信卫星、电视直播卫星等。

按照转发能力区分，卫星通信系统可以分为无星上处理能力卫星、有星上处理能力卫星。

2）卫星通信的特点

下行广播，覆盖范围广：对地面的情况如高山、海洋等不敏感，适用于在业务量比较稀少的地区提供大范围的覆盖，在覆盖区内的任意点均可以进行通信，而且成本与距离无关。

工作频带宽：可用频段为 150MHz～30GHz。目前，已经开发 0、v 波段（40～50GHz）。ka 波段甚至可以支持 155Mb/s 的数据业务。

通信质量好：卫星通信中电磁波主要在大气层以外传播，电波传播非常稳定。虽然在大气层内的传播会受到天气的影响，但仍然是一种可靠性很高的通信系统。

网络建设速度快、成本低：除建地面站，无须地面施工。运行维护费用低。

信号传输时延大：高轨道卫星的双向传输时延达到秒级，用于话音业务时会有非常明显的中断。

控制复杂：由于卫星通信系统中所有链路均是无线链路，而且卫星的位置还可能处于不断变化中，因此，控制系统较为复杂。控制方式有星间协商和地面集中控制两种。

3）成熟应用

2020 年 7 月 31 日上午，中国北斗三号全球卫星导航系统（BeiDou Navigation Satellite System，BDS）正式开通，这也是继 GPS、GLONASS 之后的第三个成熟的卫星导航系统。中国的北斗卫星导航系统（BDS）和美国的 GPS、俄罗斯的 GLONASS、欧盟的 GALILEO，都是联合国卫星导航委员会认定的供应商。北斗卫星导航系统由空间段、地面段和用户段三部分组成，可在全球范围内全天候、全天时为各类用户提供高精度、高可靠定位、导航、授时服务，并且具备短报文通信能力，已经初步具备区域导航、定位和授时能力，定位精度为分米、厘米级，测速精度为 0.2m/s，授时精度为 10ns。

14. 光纤通信

光纤通信是光导纤维通信的简称，是利用光波做载波，以光纤作为传输媒质将信息从一处传至另一处的一种通信方式。实际应用中的光纤通信系统使用的不是单根的光纤，而是许多光纤聚集在一起而组成的光缆。

光纤由纤芯、包层和涂层组成，内芯一般为几十微米或几微米，中间层称为包层，通过纤芯和包层的折射率不同，从而实现光信号在纤芯内的全反射也就是光信号的传输，涂层的作用就是增加光纤的韧性保护光纤。

1）国内光纤技术的发展

光纤通信的发展极其迅速，至 1991 年底，全球已敷设光缆 563 万千米，到 1995 年已超过 1100 万千米。光纤通信在单位时间内能传输的信息量大。一对单模光纤可同时开通 35000 路电话，而且它还在飞速发展。光纤通信的建设费用正随着使用数量的增大而降低，同时它具有体积小、重量轻，使用金属少，抗电磁干扰、抗辐射性强，保密性好，频带宽，抗干扰性好，防窃听和价格便宜等优点。

1973 年，世界光纤通信尚未实用。邮电部武汉邮电科学研究院（当时的武汉邮电学院）

就开始研究光纤通信。由于武汉邮电科学研究院采用石英光纤、半导体激光器和编码制式通信机的正确技术路线，使中国在发展光纤通信技术上少走了很多弯路，从而使中国光纤通信在高新技术中与发达国家有较小的差距。

中国研究开发光纤通信正处于十年动乱时期，处于封闭状态。国外技术基本无法借鉴，纯属自己摸索，一切都要自己搞，包括光纤、光电子器件和光纤通信系统。就研制光纤来说，原料提纯、熔炼车床、拉丝机，还包括光纤的测试仪表和接续工具也全都要自己开发，困难极大。武汉邮电科学研究院考虑到保证光纤通信最终能为经济建设所用，开展了全面研究，除了研制光纤，还开展光电子器件和光纤通信系统的研制，使中国有完整的光纤通信产业。

1978年改革开放后，光纤通信的研发工作大大加快。上海、北京、武汉和桂林都研制出光纤通信试验系统。1982年，邮电部重点科研工程"八二工程"在武汉开通。该工程被称为实用化工程，要求一切都是商用产品而不是试验品，要符合国际CCITT标准，要由设计院设计、工人施工，而不是科技人员施工。从此中国的光纤通信进入实用阶段。

在20世纪80年代中期，数字光纤通信的传输速率达到144Mb/s，可传送1980路电话，超过同轴电缆载波。于是，光纤通信作为主流被大量采用，在传输干线上全面取代电缆。经过国家"六五计划""七五计划""八五计划"和"九五计划"，中国已建成"八纵八横"干线网，连通全国各省区市。中国已敷设光缆总长约250万千米。光纤通信已成为中国通信的主要手段。在国家科技部、计委、经委的安排下，1999年，中国生产的8×2.5Gb/sWDM系统首次在青岛至大连开通，随后沈阳至大连的32×2.5Gb/sWDM光纤通信系统开通。2005年，3.2Tb/s超大容量的光纤通信系统在上海至杭州开通，它是至今世界容量最大的实用线路。

2）发展趋势

波分复用系统。超大容量、超长距离传输技术波分复用技术极大地提高了光纤传输系统的传输容量，在未来跨海光传输系统中有广阔的应用前景。波分复用系统发展迅猛。6Tb/sWDM系统已经大量应用，同时全光传输距离也在大幅扩展。提高传输容量的另一种途径是采用光时分复用（OTDM）技术，与WDM通过增加单根光纤中传输的信道数来提高其传输容量不同，OTDM技术通过提高单信道传输速率来提高传输容量，其实现的单信道最高传输速率达640Cb/s。

光孤子通信。光孤子是一种特殊的ps数量级的超短光脉冲，由于它在光纤的反常色散区，群速度色散和非线性效应相应平衡，因而经过光纤长距离传输后，波形和速度都保持不变。光孤子通信就是利用光孤子作为载体实现长距离无畸变的通信，在零误码的情况下信息传输可达万里之遥。

全光网络。未来的高速通信网将是全光网。全光网是光纤通信技术发展的最高阶段，也是理想阶段。传统的光网络实现了节点间的全光化，但在网络节点处仍采用电器件，限制了通信网干线总容量的进一步提高，因此，真正的全光网已成为一个非常重要的课题。全光网络以光节点代替电节点，节点之间也是全光化，信息始终以光的形式进行传输与交换，交换机对用户信息的处理不再按比特进行，而是根据其波长来决定路由。

8.2.2 现代通信技术与其他信息技术的融合发展

1. 现代通信技术与高校教育教学的融合发展

1）翻转课堂，实现个性化教学

翻转课堂把之前在课堂学习的重点难点内容以微课的形式放在网上，让学生灵活掌握学习时间，学生在自学的过程中可以根据自身情况决定学习的进度，学习过程中产生的疑问也可以通过学习平台即时向教师提出。教师根据学生在网上的作业、测试等学习情况有针对性地指导，达到个性化教学目的。

2）优质教育资源共建共享

随着网络和硬设备性能的提高，各种网课平台不断涌现，如重庆高校在线课程平台、中国大学 MOOC、爱课程、网易云课堂等，都已经发展得比较成熟，高校学生可以通过这些平台发布的课程资源进行网课的学习，各个高校教师还可以借助这些资源进行本专业的授课，对不合适的课程进行修改和补充，以达到本校教学需求。未来各个高校之间可以联合进行课程开发和建设，或者每个一流本科专业带领几个普通高校联合进行课程的研究，联合推出共同学习内容，让一流教育资源得到最大限度的利用。

2. 现代通信技术与计算机技术的融合

1）为通信服务化提供较为安全的信息传输渠道

计算机技术和通信技术的有效结合，为信息通信提供了更为安全可靠的传输渠道。当前，计算机通信服务体系集计算机和通信技术的优点于一体，能够充分支撑多媒体信息的传输功能，并且在信息处理中更加快捷。通过有效应用计算机设备的加密技术，在信息处理和保存中能够更加安全，这对于在安全可靠的前提下实现信息传输的稳定性具有重要的现实意义，进而为更多的群体提供更加丰富的服务。

2）建立功能强大的数据库

在计算机通信技术的支撑下，可以建立分布更加广泛的数据库体系，并且通过优选计算机通信技术，使数据库的功能更加强大，并且其结构较为灵活。人们可以应用数据库将数据资源集中化地输入数据库平台中，这不仅可以实现信息共享的功能，还可以大大提高数据的管理质量和效率。例如，当前的网上购票、网上点评以及网络咨询等都是以计算机通信为前提开展的，为人们的生活提供了较大的便利性。

任务三 移动通信技术的基本知识

➡ 任务描述

在本任务中，主要介绍移动通信技术的发展，移动通信技术中传输技术、组网技术等，5G的应用场景、基本特点和关键技术，5G网络架构和部署特点，5G网络建设流程。

➡ 任务实施

8.3.1 移动通信的发展简述

移动通信是指移动体之间的通信。通信双方至少或有一方处于运动中，在运动中进行信息交换的通信方式，包括陆、海、空移动通信。移动体可以是人或者汽车、火车、轮船、收音机等处在移动状态中的物体。移动通信采用的频段包括低频、中频、高频、甚高频和特高频。移动通信的发展满足了人们在任何时间、任何地点与任何人的通信。

移动通信是进行无线通信的现代化技术，这种技术是电子计算机与移动互联网发展的重要成果之一。移动通信技术经过第一代、第二代、第三代、第四代技术的发展，目前，已经迈入第五代发展的时代（5G 移动通信技术），第六代（6G）也正在研究中。移动通信的主要应用系统有无绳电话、无线寻呼、陆地蜂窝移动通信、卫星移动通信、海事卫星移动通信等。陆地蜂窝移动通信是当今移动通信发展的主流和热点。

"无线"一词过去是指无线电的接收器，或称收发器（可以同时作为传送及接收用途的设备），早在无线电报时代就已应用过类似设备。现在，"无线"一词是指现代的无线通信，如蜂巢式网络以及无线宽频通信。

1888 年，赫兹（Heinrich Rudolf Hertz）所做的基础性实验展示了电磁波的存在，这成了后来大部分无线科技的基础。马可尼（Guglielmo Marconi）1901 年发射的无线电信息成功地穿越大西洋，他证明了在海上轮船之间进行通信的可行性。从此，人类开始了对移动通信技术的探索研究。

1. 第一代模拟移动通信技术（1G）

第一代模拟移动通信技术主要用于提供模拟语音业务的蜂窝电话标准。1G 采用的是频分多址（FDMA）模拟制式的模拟信号传输。美国摩托罗拉公司的工程师马丁·库帕于 1976 年首先将无线电应用于移动电话。同年，国际无线电大会批准了 800/900MHz 频段用于移动电话的频率分配方案。1978 年底，美国贝尔试验室研制成功全球第一个移动蜂窝电话系统——先进移动电话系统（Advanced Mobile Phone System，AMPS）。20 世纪 80 年代中期，许多国家开始建设基于频分复用技术（Frequency Division Multiple Access，FDMA）和模拟调制技术的第一代移动通信系统（1st Generation，1G）。

1G 系统主要有 AMPS、NMT、TACS、JTAGS 等，我国主要采用的是 TACS。由于 1G 采用的是模拟技术，只能应用在一般语音传输上，且语音品质低、信号不稳定，涵盖范围也不够全面，价格非常昂贵，使得它无法真正大规模普及和应用。我国在 80 年代初期移动通信产业还属于一片空白，直到 1987 年的广东第六届全运会上，蜂窝移动通信系统才正式启用。

2. 第二代移动通信技术（2G）

20 世纪 80 年代以来，世界各国加速开发数字移动通信技术，其中采用 TDMA 多址方式的代表性制式有泛欧 GSM/DCS1800、美国 ADC 和日本 PDC 等数字移动通信系统。1995 年后，2G 时代 GSM 脱颖而出，采用时分多址（CDMA）技术成为广泛使用的移动通信制式，此时新的通信技术已成熟，逐渐挥别 1G 时代。

第二代数字移动通信技术标准包括 GSM、D-AMPS、PDC（日本数字蜂窝系统）和 IS-95CDMA 等，仍然都是窄带系统。现有的移动通信网络主要以第二代的 GSM 和 CDMA 为主，采用 GSM GPRS、CDMA 的 IS-95B 技术，数据提供能力可达 115.2kb/s，全球移动通信系统（GSM）采用增强型数据速率（EDGE）技术，速率可达 384kb/s。我国应用的第二代蜂窝系统为欧洲的 GSM 系统以及北美的窄带 CDMA 系统。

1）GSM

GSM 1992 年开始在欧洲商用，最初仅为泛欧标准，随着该系统在全球的广泛应用，其含义已成为全球移动通信系统。GSM 系统具有标准化程度高、接口开放的特点，强大的联网能力推动了国际漫游业务，用户识别卡的应用，真正实现了个人移动性和终端移动性。已有 120 多个国家、250 多个运营者采用 GSM 系统，全球 GSM 用户数已超过 2.5 亿。我国从 1995 年开始建设 GSM 网络，到 1999 年底已覆盖全国 31 个省会城市、300 多个地市，到 2000 年 3 月全国 GSM 用户数已突破 5000 万，并实现了与近 60 个国家的国际漫游业务。

2）窄带 CDMA

窄带 CDMA 也称 cdmaOne、IS-95 等，1995 年，在中国香港地区开通第一个商用网。CDMA 技术具有容量大、覆盖好、话音质量好、辐射小等特点，但由于窄带 CDMA 技术成熟较晚，标准化程度较低，在全球的市场规模远不如 GSM 系统。窄带 CDMA 全球用户约 4000 万，其中约 70%的用户在韩国、日本等亚太地区国家。窄带 CDMA 技术在我国经历了曲折的发展过程，我国从 1996 年开始，原中国电信长城网在 4 个城市进行 800MHz CDMA 的商用试验，已有商用用户 10 多万。

与第一代模拟蜂窝移动通信系统相比，第二代移动通信系统采用数字化，声音质量较佳，具有保密性强、频谱利用率高、能提供丰富的业务、标准化程度高等特点，系统的容量增加许多，同时从 2G 时代开始，手机也可以上网、发短信，移动通信得到了空前的发展。

3. 第三代移动通信技术（3G）

第三代移动通信系统（IMT-2000），在第二代移动通信技术基础上进一步演进为以宽带 CDMA 技术为主，支持高速数据传输的蜂窝移动通信技术，是国际电讯联盟（ITU）为 2000 年国际移动通信而提出的，具有全球移动、综合业务、数据传输蜂窝、无绳、寻呼、集群等多种功能。

3G 采用码分多址技术，能满足频谱利用率、运行环境、业务能力和质量、网络灵活及无缝覆盖、兼容等多项要求。系统工作于 2000MHz 频段，可同时提供电路交换和分组交换业务，上下行频段为 1890～2030MHz，2110～2250MHz。

2000 年 5 月，国际电信联盟正式公布第三代移动通信标准，中国提交的 TD-SCDMA 正式成为国际标准，与欧洲 WCDMA、美国 CDMA2000 成为 3G 时代主流的三大技术之一。TD-SCDMA 技术方案是我国首次向国际电联提出的中国建议，是一种基于 CDMA，结合智能天线、软件无线电、高质量语音压缩编码等先进技术的优秀方案。

中国自主研发的第三代移动通信标准 TD-SCDMA，相较其他两个标准起步较晚且产业链薄弱，虽是国内电信史上重要的里程碑，不过随着 4G 时代的到来，中国移动将不再追加 TD-SCDMA 的投资，而是逐步将过去发展的 TD-SCDMA 用户过渡到 4G 网络上。

第三代移动通信系统仍是基于地面标准不一的区域性通信系统，尽管其传输速率在静止时理论值为 7.2Mb/s（实际在商用网络中由于资源及无线环境等限止远远达不到该值），仍无法满足诸多媒体通信的要求，支持不了对传输速率要求较高的通信。对动态范围的多种传输速率的业务提供不足，而且商用的三大标准空中接口所支持的核心网没有统一的标准，不能实现不同频段的不同业务环境间的无缝漫游。

4. 第四代移动通信技术（4G）

第四代移动通信技术（4G）是在 3G 技术上的一次更好的改良，其相较于 3G 通信技术来说，一个更大的优势是将 WLAN 技术和 3G 通信技术进行了很好的结合，使图像的传输速率更高，让传输图像的质量更高，图像看起来更加清晰。在智能通信设备中应用 4G 通信技术让用户的上网更加迅速，传输速率可达 100Mb/s。

1）4G 的主要网络构架

LTE（Long Term Evolution，长期演进）是由 3GPP（The 3rd Generation Partnership Project，第三代合作伙伴计划）组织制定的 UMTS（Universal Mobile Telecommunications System，通用移动通信系统）技术标准的长期演进，于 2004 年 12 月在 3GPP 多伦多会议上正式立项并启动。LTE 系统引入了 OFDM（Orthogonal Frequency Division Multiplexing，正交频分复用）和 MIMO

（Multi-Input & Multi-Output，多输入多输出）等关键技术，显著提高了频谱效率和数据传输速率（20MHz 的带宽 2×2MIMO 在 64QAM 情况下，理论下行最大传输速率为 201Mb/s，除去信令开销后大概为 150Mb/s，但根据实际组网及终端能力，一般认为下行峰值传输速率为 100Mb/s，上行峰值传输速率为 50Mb/s），并支持多种带宽分配，即 1.4MHz、3MHz、5MHz、10MHz、15MHz 和 20MHz 等，支持全球主流 2G/3G 频段和一些新增频段，因而频谱分配更加灵活，系统容量和覆盖也显著提升。

LTE 技术主要包括 TD-LTE 和 FDD-LTE 两种制式，FDD-LTE 在国际中应用广泛，TD-LTE 网络制式是由我国自主研发的。

2）4G 关键技术

（1）OFDM 技术：是一种无线环境下的高速传输技术，由 MCM（Multi-Carrier Modulation，多载波调制）发展而来。5G 也使用此技术。OFDM 通过频分复用实现高速串行数据的并行传输，具有较好的抗多径衰弱的能力，能够支持多用户接入。其主要思想是将信道分成若干正交子信道，将高速数据信号转换成并行的低速子数据流，调制在每个子信道上进行传输。正交信号可以通过在接收端采用相关技术来分开，这样可以减少子信道之间的相互干扰（ISI）。每个子信道上的信号带宽小于信道的相关带宽，因此，每个子信道上可以看成平坦性衰落，从而可以消除码间串扰，而且由于每个子信道的带宽仅仅是原信道带宽的一小部分，信道均衡变得相对容易。OFDM 的缺点是功率效率不高。

（2）MIMO 技术：是指利用多发射、多接收天线进行空间分集的技术。它采用的是分立式多天线，能够有效地将通信链路分解成许多并行的子信道，能在不增加带宽的情况下，成倍地提高通信系统的容量和频谱利用率，从而大大提高容量。

（3）智能天线技术：是将时分复用与波分复用技术有效融合的技术，在 4G 通信技术中，智能天线可以对传输的信号实现全方位覆盖，每个天线的覆盖角度是 120°，为了保证全面覆盖，发送基站都会至少安装三根天线。另外，智能天线技术可以对发射信号实施调节，获得增益效果，增大信号的发射功率，需要注意的是，这里的增益调控与天线的辐射角度不存在关联，只是在原来的基础上增大了传输功率而已。

3）软件无线电技术（SDR）

软件无线电技术是无线电通信技术的常用技术之一。其技术思想是将宽带模拟数字变换器（A/D）或数字模拟变换器（D/A）充分靠近射频天线，建立一个具有"A/D-DSP-D/A"模型的通用的、开放的硬件平台。如使用数字信号处理器（DSP）技术通过软件编程来实现各种通信频段的选择，完成传送信息抽样、量化、编码/解码、运算处理和变换，实现射频电台的收发功能；实现不同的信道调制方式的选择，如调幅、调频、单边带、数据、跳频和扩频等；通过软件编程实现不同的保密结构、网络协议和控制终端功能等。

4）4G 面对的挑战

随着智能终端、显示技术、计算机技术的不断提升，云计算日渐成熟，虚拟现实技术（Virtual Reality，VR）、增强现实技术（Augmented Reality，AR）等新型技术应用成为主流。用户对网络通信的要求越来越高，要求获得更高更快的上网速度、更低的时延，以及无缝连接宽带的接入能力。

各行各业和移动通信的融合发展，特别是物联网的发展，如智能设备、智慧交通、智慧医疗等为移动通信带来新的机遇和挑战。4G 网络能够提供给智能用户一定的服务，但是不能根据物联网产生的变化和需求及时地优化处理。现有的 4G 技术无法支撑科技的飞速进步。

5G 是为物联网而生的。与其他的网络技术相比，5G 通信网络的容量更大，同时保证了更高的网络传输速率，一般通过智能终端连接互联网设备进行网络传输。5G 技术提供给物联网更大的网络平台，能满足更大的运行需求。

5G 技术

5. 第五代移动通信技术（5G）

1）5G 技术的概念

5G 移动网络（5th generation mobile networks，5G）是第五代移动通信网络，是 2G、3G 和 4G 的延伸，是具有高传输速率、低时延和大连接特点的新一代蜂窝移动通信技术。在这种网络中，供应商覆盖的服务区域被划分为许多被称为蜂窝的小地理区域。蜂窝中的所有 5G 无线设备通过无线电波与蜂窝中的本地天线阵和低功率自动收发器（发射机和接收机）进行通信。收发器从公共频率池分配频道，这些频道在地理上分离的蜂窝中可以重复使用。本地天线通过高带宽光纤或无线回程连接与电话网络和互联网连接。与现有的手机一样，当用户从一个蜂窝穿越到另一个蜂窝时，他们的移动设备将自动"切换"到新蜂窝中的天线。

国际电信联盟（ITU）定义了 5G 的三大类应用场景，即增强移动宽带（eMBB）、超高可靠低时延通信（uRLLC）和海量机器类通信（mMTC）。增强移动宽带主要面向移动互联网流量爆炸式增长，为移动互联网用户提供更加极致的应用体验；超高可靠低时延通信主要面向工业控制、远程医疗、自动驾驶等对时延和可靠性具有极高要求的垂直行业应用需求；海量机器类通信主要面向智慧城市、智能家居、环境监测等以传感和数据采集为目标的应用需求。

5G 的性能目标是提高数据传输速率、减少延迟、节省能源、降低成本、提高系统容量和大规模设备连接。因此，5G 网络的主要优势在于，数据传输速率远远高于以前的蜂窝网络，其峰值理论传输速率可达每秒数 Gb，比 4G 网络的峰值传输速率高数百倍。

图 8-3　多天线

2）5G 关键技术

（1）大规模 MIMO 技术。

大规模 MIMO 属于是一种多入多出的通信系统，其基站的天线数目高于终端的天线数目，通过建立数目庞大的信道来到达终端，从而进行信号的高速传输，简化物理层设计，实现信号的低时延传输。大规模多天线技术结合了通信理论、电磁传播理论，其能够有效提升系统容量、峰值传输速率，减少能量消耗等，如图 8-3 所示。5G 无线网络采用大规模多天线技术，能够进一步提升系统的空间分辨率，并且可以在没有基站分裂的条件下，实现空间资源的挖掘，让能量极小的波束集中在一块小型区域，减少干扰。

（2）全双工技术。

全双工是指在相同的频谱上，通信的收发双方在同一时间发射、接收信号，全双工技术是实现双向通信的关键技术之一。相比于 FDD（频分双工）、TDD（时分双工），该技术能够突破频谱资源使用的限制，可用的频谱资源是之前的两倍。但是，实现全双工技术需要拥有极高的干扰消除能力。

（3）毫米波通信。

毫米波通信现在所用的频段资源是非常稀缺的（2.6GHz 以下频段），而毫米波频段（30～

60GHz）资源却非常丰富，尚未被充分开发利用，并且随着基站天线规模的增加，为了能够在有限的空间内部署更多天线，要求通信的波长不能太长（天线距离大于 1/2 波长），从而毫米波也是备选技术之一。此外，毫米波通信已被写进标准用于室内的多媒体高速通信。

3）5G 移动通信的基本特点

（1）高速率。

只有提高网络传输速率，才能提升用户的体验感，网络才能面对 VR/超高清业务时不受限制，对网络传输速率要求很高的业务才能被广泛推广和使用。

（2）泛在网。

随着业务的发展，网络业务需要无所不包，广泛存在，只有这样才能支持更加丰富的业务，才能在复杂的场景中使用。泛在网在广泛覆盖和纵深覆盖两个层面提供影响力。

广泛是指我们社会生活的各个地方，需要广覆盖，如果覆盖 5G，则可以大量部署传感器，进行环境、空气质量甚至地貌变化、地震的监测。

纵深是指虽然已经有网络部署，但是需要进入更高品质的深度覆盖。5G 的到来，可以把以前网络品质不好的卫生间、地下停车库等都用很好的 5G 网络广泛覆盖。

在一定程度上，泛在网比高速度还重要，只是建一个少数地方覆盖、速度很高的网络，并不能保证 5G 的服务与体验，而泛在网才是 5G 体验的一个根本保证。

（3）低功耗。

5G 要支持大规模物联网应用，就必须有功耗的要求。这些年，可穿戴产品有一定发展，但是遇到很多瓶颈，最大的瓶颈是体验较差。现今，所有物联网产品都需要通信与能源，虽然通信可以通过多种手段实现，但是能源的供应只能靠电池。通信过程若消耗大量的能量，就很难让物联网产品被用户广泛接受。如果能把功耗降下来，则能大大改善用户体验，促进物联网产品的快速普及。

（4）低时延。

5G 的一个新场景是无人驾驶、工业自动化的高可靠连接。人与人之间进行信息交流，140ms的时延是可以接受的，但是如果这个时延用于无人驾驶、工业自动化就很难满足要求。5G 对于时延的最低要求是 1ms，甚至更低。

无人驾驶汽车需要中央控制中心和汽车进行互联，车与车之间也应进行互联，在高速行驶中，一个制动，需要瞬间把信息送到车上做出反应，100ms 左右的时间，车就会冲出几十米，这就需要在最短的时延中，把信息送到车上，进行制动与车控反应。

无人驾驶飞机更是如此。如果数百架无人驾驶飞机编队飞行，极小的偏差就会导致碰撞和事故，这就需要在极小的时延中，把信息传递给飞行中的无人驾驶飞机。在工业自动化中，一个机械臂的操作，如果要做到极精细化，保证工作的高品质与精准性，则需要极小的时延，非常及时地做出反应。这些特征，在传统的人与人通信，甚至人与机器通信时，要求都不那么高，因为人的反应是较慢的，也不需要机器那么高的效率与精细化。无论是无人驾驶飞机、无人驾驶汽车还是工业自动化，都需要在高速中保证信息及时传输和及时反应，这就对时延提出了极高要求。

（5）万物互联。

在传统通信中，终端是非常有限的。在固定电话时代，电话是以人群为定义的。而在手机时代，终端数量巨大，手机是按个人应用来定义的。到了 5G 时代，终端不是按人来定义的，因为每个人可能拥有数个终端，每个家庭也可能拥有数个终端。

（6）重构安全。

传统的互联网要解决的是信息速度、无障碍的传输等问题，自由、开放、共享是互联网的基本精神，但是在5G基础上建立的是智能互联网。智能互联网不仅要实现信息传输，还要建立一个社会和生活的新机制与新体系。智能互联网的基本精神是安全、管理、高效、方便。在5G的网络构建中，在底层就应该解决安全问题，从网络建设之初，就应该加入安全机制，信息应该加密，网络并不应该是开放的，对于特殊的服务需要建立专门的安全机制。

4）5G网络架构

无线侧：手机或者集团客户通过基站接入无线接入网，在接入网侧可以通过RTN或者IPRAN或者PTN解决方案来解决，将信号传输给BSC/RNC，再将信号传输给核心网，其中核心网内部的网元通过IP承载网来承载。

固网侧：家庭或者集团客户通过接入网接入，接入网主要是GPON，包括ONT、ODN、OLT。信号从接入网传输到城域网，城域网可以分为接入层、汇聚层和核心层。BRAS为城域网的入口，主要作用是认证、鉴定、计费。信号从城域网传输到骨干网，在骨干网可以分为接入层和核心层。其中，移动叫CMNET，电信叫169，联通叫163。

在固网侧和无线侧之间信号可以通过光纤进行传输，远距离传输主要由波分产品来承担，波分产品主要通过WDM+SDH的升级版来实现对大量信号的承载，OTN是一种信号封装协议，通过这种封装信号可以更好地在波分系统中传输。

5）5G技术的应用场景

随着5G技术的诞生，用智能终端分享3D电影、游戏以及超高画质（UHD）节目的时代正向我们走来。2019年10月，包括5G远程驾驶、5G微公交、5G高清机顶盒、5G+VR警务巡逻、5G互联网医院等在内的50多项5G技术落地乌镇。2019年10月31日，三大运营商公布5G商用套餐，并于11月1日正式上线5G商用套餐，5G会改变人们的生活方式。

（1）5G应用于医疗。

2019年1月19日，中国一名外科医生利用5G技术实施了全球首例远程外科手术。这名医生在福建省利用5G网络，操控大约48km以外一个偏远地区的机械臂进行手术。在手术进行中，由于延时只有0.1s，外科医生用5G网络切除了一只实验动物的肝脏。5G技术的其他好处还包括大幅减少下载时间，下载速度从大约20MB/s上升到50GB/s。5G技术最直接的应用很可能是改善视频通话和游戏体验，机器人手术给著名外科医生为世界各地有需要的人实施手术带来很大希望。5G技术将开辟许多新的应用领域，以前的移动数据传输标准对这些领域来说，还不够快。5G网络的传输速率和较低的延时首次满足了远程呈现、甚至远程手术的需求。

（2）车联网与自动驾驶。

车联网技术经历了利用有线通信的路侧单元（道路提示牌）以及2G/3G/4G网络承载车载信息服务的阶段，正在依托高速移动的通信技术，逐步步入自动驾驶时代。根据中国、美国、日本等国家的汽车发展规划，依托传输速率更高、时延更低的5G网络，将在2025年全面实现自动驾驶汽车的量产，市场规模达到1万亿美元。

（3）虚拟现实。

5G技术有可能催发的一个行业就是AR/VR。4G的到来，使得手游成为可能。我们可以大胆地想象一下，5G很有可能催发AR/VR游戏。VR技术不仅在游戏行业，在教育、医疗、物联网、无人驾驶、人工智能等行业都会有所作为。能不能真的实现足不出户看世界，就靠5G了。

（4）智能电网。

因为电网高安全性要求与全覆盖的广度特性，使智能电网必须在海量连接以及广覆盖的测量处理体系中，做到 99.999% 的高可靠度；超大数量末端设备的同时接入、小于 20ms 的超低时延，以及终端深度覆盖、信号平稳等是其可安全工作的基本要求。

8.3.2 移动通信的相关特点

1. 必须利用无线电波进行信息传输

移动通信中基站至用户终端必须用无线电波进行信息传递。这种传播媒质允许通信中的用户在一定范围内自由活动，其位置不受控制。然而由于地面无线传播环境十分复杂，导致无线电波传播特性较差，传播的电波一般都是直射波和随时间变化的绕射波、反射波、散射波的叠加，造成所接收信号的电场强度起伏不定，最大可相差几十分贝，这种现象称为衰落。另外，由于移动台的不断运动，当达到一定速度时，如超音速飞机，固定点接收到的载波频率将随运动速度的不同，产生不同的频移，即产生多普勒效应，使接收点的信号场强的振幅、相位随时间、地点的不同而不断地变化，会严重影响通信传输的质量。这就要求在设计移动通信系统时，必须采取抗衰落措施，保证通信质量。

2. 移动通信是在复杂的干扰环境中运行

在移动通信中，移动台所受到的噪声影响除了来自城市噪声、各种车辆发动机点火噪声、微波炉干扰噪声等，还有自身产生的各种干扰。由于移动通信网是多频道、多电台同时工作的通信系统，当移动台工作时，往往受到来自其他电台的干扰，这些干扰有邻道干扰、共道干扰（同频干扰）、互调干扰、多址干扰，以及出现近地无用强信号压制远地有用弱信号的现象等。因此，在组网设计时，必须考虑这些干扰问题。

3. 通信容量有限

频谱是非常有限的资源，而移动通信业务量的需求却与日俱增，必须合理分配使用。为了解决这一矛盾，一方面要开辟和启用新的频段；另一方面要研究各种新技术和新措施，如多天线技术、频道重复利用等，提高频谱利用率。

4. 对移动台的要求高

移动台长期处于不固定位置状态，外界的影响很难预料，如尘土、振动、碰撞、日晒、雨淋，这就要求移动台具有很强的适应能力。此外，还要求性能稳定可靠，携带方便，小型，低功耗，以及能耐高温、低温等。同时，要尽量使用户操作方便，适应新业务、新技术的发展，以满足不同人群的需求。

5. 通信系统复杂

由于通信系统是多用户系统，还与市话网、卫星通信网、数据网等互联，整个网络结构非常复杂，而且移动台在通信区域内随时运动，需要随机选用无线信道，进行频率和功率控制、地址登记、越区切换及漫游存取等。这就使其信令种类比固定网要复杂得多。在入网和计费方式上也有特殊的要求，所以，移动通信系统是比较复杂的。

8.3.3 6G 移动通信技术的发展

1. 6G 的发展

6G，即第六代移动通信标准，一个概念性无线网络移动通信技术，也被称为第六代移动通信技术，可促进互联网的发展。

2018 年 3 月，工业和信息化部部长表示中国已经着手研究 6G。2019 年以来，广东省新一代通信与网络创新研究院联合清华大学、北京邮电大学、北京交通大学、中兴通讯股份有限公司、中国科学院空天信息创新研究院共同开展了 6G 信道仿真、太赫兹通信、轨道角动量等 6G 热点技术研究。

6G 网络将是一个地面无线与卫星通信集成的全连接世界。通过将卫星通信整合到 6G 移动通信，实现全球无缝覆盖，网络信号能够抵达任何一个偏远乡村，让身处山区的病人能接受远程医疗，让孩子们能接受远程教育。此外，在全球卫星定位系统、电信卫星系统、地球图像卫星系统和 6G 地面网络的联动支持下，地空全覆盖网络还能帮助人类预测天气、快速应对自然灾害等，这就是 6G 的未来。6G 通信技术不再是对简单的网络容量和传输速率的突破，它是为了缩小数字鸿沟，实现万物互联这个终极目标，这就是 6G 的意义。

6G 的数据传输速率可能达到 5G 的 50 倍，时延缩短到 5G 的十分之一，在峰值速率、时延、流量密度、连接数密度、移动性、频谱效率、定位能力等方面远优于 5G。

2. 6G 的关键技术

1）太赫兹频段

6G 将使用太赫兹（THz）频段，且 6G 网络的"致密化"程度也将达到前所未有的水平，届时，我们的周围将充满小基站。太赫兹频段是指 100GHz～10THz，是一个频率比 5G 高出许多的频段。从通信 1G（0.9GHz）到 4G（1.8GHz 以上），我们使用的无线电磁波的频率在不断升高。因为频率越高，允许分配的带宽范围越大，单位时间内所能传递的数据量就越大，也就是我们通常说的网速变快了。不过，频段向高处发展的另一个主要原因在于，低频段的资源有限。

2）空间复用技术

6G 将使用空间复用技术，6G 基站将可同时接入数百个甚至数千个无线连接，其容量将可达到 5G 基站的 1000 倍。6G 将要使用的是太赫兹频段，虽然这种高频段频率资源丰富，系统容量大，但是使用高频率载波的移动通信系统要面临改善覆盖和减少干扰的严峻挑战。6G 所处的频段比 5G 更高，MIMO 的进一步发展很有可能为 6G 提供关键的技术支持。

课后作业

一、单选题

1. 国际电信联盟的英文缩写是（   ）。

    A. IEEE   B. ITU   C. ISO   D. IEC

2. 下列（   ）不属于有线通信。

    A. 红外线   B. 同轴电缆   C. 双绞线   D. 光纤

3. 通信网上数字信号传输速率用（   ）来表示。

    A. bit   B. byte   C. Hz   D. b/s

4. 模拟信号传输速率用（   ）来表示。

    A. bit   B. byte   C. Hz   D. b/s

5. 卫星通信的多址方式是在（   ）信道上复用的。

    A. 射频   B. 群带   C. 基带   D. 频带

6. 下列（　　）不属于信号的复用方式。

　　A. 频分复用　　　　B. 多分利用　　　C. 时分复用　　　D. 码分复用

7. 下列（　　）不属于 5G 的应用场景。

　　A. 超远移动宽带　　　　　　　　B. 超高可靠低时延通信（uRLLC）

　　C. 增强移动宽带（eMBB）　　　　D. 海量机器类通信（mMTC）

8. 中国自主研发的第三代移动通信标准为（　　）。

　　A. CDMA　　　　　　　　　　　B. TD-SCDMA

　　C. FDMA　　　　　　　　　　　D. GSM

9. 下列（　　）不属于 4G 的关键技术。

　　A. OFDM 技术　　　　　　　　　B. MIMO

　　C. 软件无线电技术（SDR）　　　　D. OS

10. 中国北斗三号全球卫星导航系统的英文缩写是（　　）。

　　A. GPS　　　　　B. BDS　　　　C. GLONASS　　　D. GALILEO

11. 下列（　　）不属于有线信道。

　　A. 电缆　　　　　B. 光纤　　　　C. 电磁波　　　D. 架空明线

12. 下列（　　）不是卫星系统的组成部分。

　　A. 卫星端　　　　B. 地面端　　　C. 用户端　　　D. 电脑端

13. 下列（　　）技术属于近场通信技术，使用该技术的设备（如手机）可以实现快速支付。

　　A. NFC　　　　　B. Wi-Fi　　　　C. 蓝牙　　　　D. 红外线

14. 下列（　　）不属于 RFID 技术的特性。

　　A. 适用性　　　　B. 高效性　　　　C. 复杂性　　　D. 独一性

15. 下列（　　）不属于 5G 的关键技术。

　　A. 大规模 MIMO 技术　　　　　　B. 全双工技术

　　C. 毫米波通信　　　　　　　　　D. CDMA

二、多选题

1. 现代通信技术指的是（　　）。

　　A. 数字程控交换技术　　　　　　B. 综合业务数字通信网技术

　　C. 光纤通信技术和数字微波　　　D. 卫星通信技术

2. 在我国，现代通信技术已经被广泛应用到（　　）领域。

　　A. 无线医疗康养　　　　　　　　B. 农业环境智能化监测

　　C. 智能交通　　　　　　　　　　D. 远程视频监控

　　E. 智能家居　　　　　　　　　　F. 智能电网

　　G. 物流配送

3. 通信系统按通信业务和用途（即所传输的信息种类）的不同可分为（　　）。

　　A. 单媒体通信系统　　　　　　　B. 多媒体通信系统

　　C. 实时通信系统　　　　　　　　D. 非实时通信系统

　　E. 单向通信系统　　　　　　　　F. 交互系统

　　G. 窄带系统　　　　　　　　　　H. 宽带通信系统

4. 现代通信的关键技术包括（　　）。

　　A. 数字通信技术　　　　　　　　B. 程控交换技术

C．信息传输技术   D．钻井技术

5．5G 的应用场景包括（　　　）。

A．增强移动宽带   B．商场购物

C．海量机器类通信   D．超高可靠低时延通信

三、判断题

1．无线通信技术和蜂窝技术的融合为检测和计费功能的落实提供了帮助，不仅能丰富产品的功能，还能为民众提出更多便利的服务项目。（　　　）

2．无线宽带接入和移动通信技术的融合将阻碍多宽带接入技术的发展。所以，二者不能融合发展。（　　　）

3．为了不断满足人们对多媒体技术的更高要求，越来越多的企业将无线通信技术与地面数字技术结合，并作为企业发展的重点领域。（　　　）

4．现代通信技术必须创新，因为人们的需求不是一成不变的，在未来的发展中，现代通信技术必须做到更加适应社会大环境及满足人们的生活需求。（　　　）

5．移动通信技术不再局限于构建移动平台，满足人们的日常交流需求，随着技术水平的提高，正在向其他客户端扩展，通过其他形式加强人与人、人与社会、人与世界间的沟通交流。（　　　）

6．程控交换技术是指人们用专门的计算机根据需要把预先编好的程序存入计算机后完成通信中的各种交换。（　　　）

7．现代通信技术与计算机技术的融合为通信服务化提供了较为安全的信息传输渠道。（　　　）

8．光纤通信是利用光波做载波，以光纤作为传输媒质将信息从一处传至另一处的通信方式。（　　　）

9．铜质缆线也可以传递光纤信号。（　　　）

10．模拟信号和数字信号不可相互转换。（　　　）

项目 9

物联网

学习目标

● 了解物联网的基本概念、主要特征及体系结构；

● 了解物联网的起源、发展、应用及未来；

● 了解物联网和其他技术的融合；

● 熟悉物联网感知层的关键技术；

● 熟悉物联网网络层的关键技术；

● 熟悉物联网应用层的关键技术；

● 熟悉物联网的典型应用系统；

● 掌握典型物联网应用系统的安装与配置方法。

项目描述

物联网是什么？物联网是如何起源的？物联网的发展现状如何？物联网主要应用在哪些领域？物联网未来将朝着什么方向发展？物联网与5G技术和人工智能技术是怎样融合的？物联网的体系结构是怎样的？物联网有哪些关键技术？通过本项目的学习，为学生揭开物联网的神秘面纱，初识物联网，了解物联网的基本概念、主要特征及体系结构。从技术架构上来看，物联网可以分为感知层、网络层和应用层三层。在本项目中将对物联网体系架构中每层的关键技术进行介绍，并介绍物联网的典型应用，即智慧城市、智能电网、智能物流、智慧农业、智能家居、智能工业、智能医疗等。

通过本项目的学习，使学生体会到科技让生活更美好，培养学生努力学习、不断创新、勇担重任的责任感。

任务一　初识物联网

任务描述

在本任务中，以最近比较热门的智能家居案例，为学生揭开物联网的神秘面纱。重点介绍物联网的主要特点，即全面感知、可靠传输、智能处理；物联网的体系结构，即感知层、网络层、应用层；物联网的起源与发展、应用领域和未来发展趋势；物联网与其他技术的融合。

任务实施

辛苦工作了一天是否希望回到家时，门可以自动打开，空调早已调到合适的温度，香喷喷的米饭早已做好，浪漫的背景音乐和灯自动打开，脏衣服已经洗好烘干，刮风下雨时自动关闭家里的窗户，根据阳光的强度自动关闭或打开窗帘，非法入侵、失火、水淹等意外情况发生时第一时间给你自动报警。不要说这是在做梦，通过物联网技术，这些都能实现。

9.1.1　物联网基础知识

1. 人类历史上三次信息技术革命

人类历史上三次信息技术革命带来的成果如下：

（1）计算机。

计算机对科学技术、经济、社会的发展产生了深刻、巨大的影响。

（2）互联网。

互联网给我们带来了强大的通信网络和随时随地获取信息进行沟通的能力。

（3）物联网。

物联网是网络和机器的结合，可使我们的生活发生翻天覆地的变化。

2. 物联网的定义

不同研究机构对物联网的定义侧重点不同，目前，业界还没有一个对物联网的权威定义，被普遍认可的定义为：物联网（Internet of Things，IoT）是指通过射频识别技术（RFID）、红外感应器、全球定位系统（GPS）、激光扫描器等信息传感设备，按约定的协议，把物品与互联网连接起来，进行信息交换和通信，以实现智能化识别、定位、跟踪、监控和管理的一种网络。

简单来说，通过物联网，世界上的万事万物，从手表、钥匙到空调、洗衣机再到汽车、楼房，只要嵌入一个微型感应芯片把它变得智能化，这个物体就可以"自动开口说话"，借助无线网络技术，人们能和物体"对话"，物体和物体之间还能"交流"。就像智能手机在近十年的迅速发展一样，随着物联网技术的成熟，在不久的未来，物联网将成为我们每个人生活中不可或缺的一部分。

3. 物联网之"物"的含义

物联网中的"物"不是普通的物，这里的"物"要满足以下条件才能被纳入物联网的范围：

（1）有相应信息的接收器。

（2）有数据传输通路。

（3）有一定的存储功能。

（4）有 CPU。

（5）有操作系统。

（6）有专门的应用程序。

（7）有数据发送器。

（8）遵循物联网的通信协议。

（9）在世界网络中有可被识别的唯一编号。

只有这样才能构建出物物相联的物联网。

物联网的特征

4．物联网的特征

物联网不是全新的网络和应用。物联网是在现有电信网、互联网、行业专用网的基础上，增强网络延伸和信息感知能力以及信息处理能力，基于应用的需求构建的信息通信融合应用的基础设施，因此，物联网不是新的网络和应用，而是多年来各行各业应用与信息通信技术融合发展的产物，与传统的互联网及通信网相比，物联网有其鲜明的特征。

1）全面感知

全面感知指各类终端实现全面感知。把物和物连在一起最根本、最精髓的目标就是感知。物联网就是各种感知技术的广泛应用。在物联网上，利用 RFID（射频识别技术）、GPS（全球卫星定位导航系统）、BDS（中国北斗卫星导航系统）、二维码、摄像头、传感器、传感器网络等感知、捕获、测量的技术手段，随时随地对物体进行信息采集和获取。在物联网上，各种感知技术的综合应用使物联网的接入对象更为广泛，获取信息更加丰富。

2）可靠传输

可靠传输指电信网、互联网等融合实现可靠传输。物联网是一种建立在互联网和通信网上的泛在网络。物联网技术的重要基础和核心仍旧是传统的互联网与通信网，通过各种有线和无线网络与互联网和通信网融合，将物体的信息接入网络并实时准确地进行传递，以便随时随地地进行可靠的信息交互和共享。例如，在物联网上的传感器定时采集各类环境信息，通过网络传输，送达监控中心或应用平台。在物联网上，信息数量极其庞大，已构成海量信息，在进行传输的过程中，为了保障数据的正确性和及时性，必须适应各种异构网络和协议。在物联网中，网络可获得性必须更高，可靠性必须更强，互联互通必须更为广泛。

3）智能处理

智能处理指利用云计算等技术对海量数据进行智能处理。物联网不仅提供传感器的连接，其本身也具有智能处理的能力，能够对物体实施智能控制。物联网将传感器和智能处理相结合，利用云计算、模糊识别等智能技术，对海量的跨地域、跨行业、跨部门的数据和信息进行分析和处理，提升对物理世界、经济社会各种活动和变化的洞察力，实现智能化的决策和控制，扩充其应用领域。例如，从传感器获得的海量信息中分析、加工和处理出有意义的数据，以适应不同用户的不同需求，发现新的应用领域和应用模式。物联网的信息处理能力更强大，人类与周围世界的相处更为智慧。

9.1.2　物联网的体系架构

物联网的体系架构

从技术架构上来看，物联网一般分为感知层、网络层和应用层三层。感知层相当于人体的皮肤和五官，网络层相当于人体的神经中枢和大脑，应用层相当于人的社会分工。

1. 感知层

感知层处于三层架构的底层，是物联网发展和应用的基础，具有物联网全面感知的核心能力。作为物联网的底层，感知层具有十分重要的作用。物联网在传统网络的基础上，从原有网络用户终端向"下"延伸和扩展，扩大通信的对象范围，即通信不仅仅局限于人与人之间的通信，还扩展到人与现实世界的各种物体之间的通信。物联网感知层解决的就是人类世界和物理世界的数据获取问题。

感知层是物联网的皮肤和五官，感知层的作用相当于人的眼、耳、鼻、喉和皮肤等神经末梢，它是物联网识别物体、采集信息的来源，其主要功能是识别物体、采集信息和信息短距离传输。

信息获取与物品的标识符相关。在物联网世界，每个产品都有一个唯一的产品电子码（Electronic Product Code）。数据采集技术主要包含条码标签，RFID 标签，读写器，摄像头，各种智能终端，GPS、BDS 等定位装置，各种传感器技术等。安装在设备上的 RFID 标签和用来识别 RFID 信息的扫描仪、感应器都属于物联网的感知层，现在的高速公路不停车收费系统、超市仓储管理系统、二维码标签和识读器、摄像头、GPS、传感器、终端、传感器网络等，都是基于感知层技术的物联网应用。

信息获取与数据采集技术相关，数据采集技术主要有自动识别技术和传感技术。例如，工业过程的控制、汽车应用方面的传感器。对汽车来说，汽车要能显示汽油还剩多少，就需要能检测汽油液面高度的传感器，汽车静止时，如果有人碰它就能发出警报，就需要能感应振动的传感器。对煤矿环境监测中的传感器来说，要检测有害气体浓度是否超标，就需要浓度传感器来检测。

信息短距离传输是指收集终端装置采集的信息，如利用无线传感网技术、蓝牙技术、红外技术等，将信息在终端装置和网关之间双向传送。由网关将收集的感应信息通过网络层提交到后台处理，如果后台对数据处理完毕，则发送执行命令到相应的执行机构，完成对被控/被测对象的控制参数调整或发出某种提示信号，以实现对其进行远程监控。

2. 网络层

网络层主要承担数据传输的功能，是物联网最重要的基础设施之一。在物联网中，要求网络层能够把感知层感知到的数据无障碍、高可靠性、高安全性地进行传输，并将收集的信息传输给应用层，然后根据不同的应用需求进行信息处理。它由各种私有网络、互联网、有线和无线通信网等组成。

网络层构建在物联网三层模型中连接感知层和应用层，具有强大的纽带作用，高效、稳定、及时、安全地传输上下层的数据。

物联网的网络层包括接入网和核心网。接入网是指骨干网络到用户终端之间的所有设备，其长度一般为几百米到几千米，因而被形象地称为"最后一公里"。传统的接入网主要以铜缆的形式为用户提供一般的语音业务和数据业务。随着网络的不断发展，出现了一系列新的接入网技术，包括无线接入技术（Wi-Fi、蓝牙、ZigBee 等）、光纤接入技术、同轴接入技术、电力网接入技术等。物联网要满足不同应用，在接入层面就要考虑多种异构网络的融合与协同。核心网通常是指接入网和用户驻地网之外的网络部分。核心网是基于 IP 的统一、高性能、可扩展的分组网络，支持移动性以及异构接入。目前，应用较广的核心网有互联网、移动通信网。互联网是物联网核心网络的重要组成部分，移动通信网则以全面、实时、高速、高覆盖率、多元化处理多媒体数据等特点，为"物品触网"创造了有利条件。

移动通信网是实现物联网必不可少的基础设施，安置在动物、植物、机器和物品上的电子介质产生的数字信号可随时随地通过无处不在的通信网络传送出去。只有实现各种传感网络的互联、广域的数据交互和多方共享，以及规模性的应用，才能真正建立一个有效的物联网。

3. 应用层

应用层主要解决信息处理和人机界面的问题，即输入/输出控制终端。例如，手机、智能家居的控制器等，主要通过数据处理及解决方案来为人们提供所需的信息服务。应用层针对的是直接用户，为用户提供丰富的服务及功能，用户也可以通过终端在应用层定制自己需要的服务，如查询信息、监视信息、控制信息等。应用层实现具体业务，如共享单车、智能家居系统、智慧农业系统等。

应用层是物联网的"社会分工"——与行业需求结合，实现广泛智能化。应用层是物联网与行业专业技术的深度融合，是物联网和用户（包括人、组织和其他系统）的接口，与行业需求结合，实现行业智能化及物联网的智能应用，这类似于人的社会分工，最终构成人类社会。物联网的行业特性主要体现在应用领域，目前，绿色农业、工业监控、公共安全、城市管理、远程医疗、智能家居、智能交通和环境监测等行业均有对物联网应用的尝试。

感知层生成的大量信息经过网络层传输汇聚到应用层，应用层对这些信息进行分析和处理，做出正确的控制和决策，实现智能化的管理、应用和服务。应用层解决数据如何存储（数据库与海量存储技术）、如何检索（搜索引擎）、如何使用（数据挖掘与机器学习）、如何不被滥用（数据安全与隐私保护）等信息处理问题以及人机界面的问题。

应用层主要包括数据库、海量信息存储、数据中心、搜索引擎、数据挖掘等多种关键技术。

9.1.3　物联网的起源和发展

物联网的基本思想出现于 20 世纪 90 年代。物联网的实践最早可以追溯到 1990 年施乐公司的网络可乐贩售机——Networked Coke Machine。

1995 年，比尔·盖茨在《未来之路》一书中，畅想了微软及整个科技产业未来的发展趋势，这不仅仅是预测，更是人类的梦想。他在书中写道："这些预测虽然现在看来不太可能实现，甚至有些荒谬，但是我保证这是一本严肃的书，而绝非戏言。十年后我的观点将会得到证实。"在该书中，他提到了"物联网"的构想，意即互联网仅仅实现了计算机的联网，而未实现与万事万物的联网，但迫于当时网络终端技术的局限使得这一构想无法真正实现。

1999 年，在美国召开的移动计算和网络国际会议上，首次提出物联网这一概念（它是 MIT Auto-ID 中心的 Ashton 教授在研究 RFID 时最早提出来的），提出了结合物品编码、RFID 和互联网技术的解决方案。当时基于互联网、RFID 技术、EPC 标准，在计算机互联网的基础上，利用射频识别技术、无线数据通信技术等，构造了一个实现全球物品信息实时共享的实物互联网"Internet of Things"（物联网），这也是在 2003 年掀起第一轮华夏物联网热潮的基础。

2003 年，美国《技术评论》提出传感网络技术将是未来改变人们生活的十大技术之首。

2005 年 11 月 17 日，在突尼斯举行的信息社会世界峰会（WSIS）上，国际电信联盟（ITU）发布"ITU 互联网报告 2005：物联网"，引用了物联网的概念。物联网的定义和范围已经发生了变化，覆盖范围有了较大的拓展，不再只是指基于 RFID 技术的物联网。

2008 年后，为了促进科技发展，寻找经济新的增长点，各国政府开始重视下一代的技术规划，将目光放在了物联网上。在中国，同年 11 月在北京大学举行的第二届中国移动政务研讨会"知识社会与创新 2.0"上提出移动技术、物联网技术的发展代表着新一代信息技术的形成，并带动了经济社会形态、创新形态的变革，推动了面向知识社会的以用户体验为核心的下一代创新（创新 2.0）形态的形成，创新与发展更加关注用户、注重以人为本。而创新 2.0 形态的形成又进一步推动新一代信息技术的健康发展。

2008 年，IBM 首席执行官彭明盛首次提出"智慧地球"这一概念，建议新政府投资新一代的智慧型基础设施。美国将新能源和物联网列为振兴经济的两大重点，"智慧地球"上升为美国的国家战略。

2009 年，中国提出要加快推进传感网发展，建立中国传感信息中心，"感知中国"浮出水面。物联网被正式列为国家五大新兴战略性产业之一，写入"政府工作报告"，物联网在中国受到全社会极大的关注，其受关注程度是美国、欧盟及其他各国不可比拟的。

2012 年，工业和信息化部正式发布《物联网"十二五"发展规划》。"十二五"发展规划将重点培育 10 个产业聚集区和 100 个骨干企业，形成以产业聚集区为载体，以骨干企业为引领，专业特色鲜明、品牌形象突出、服务平台完备的现代产业集群。该规划指出将在重点领域开展应用示范工程，力争实现规模化应用，九大重点领域分别是智能工业、智能农业、智能物流、智能交通、智能电网、智能环保、智能安防、智能医疗、智能家居。物联网将是下一个推动世界高速发展的"重要生产力"。

2017 年，工业和信息化部发布《物联网发展规划（2016—2020）》，到 2020 年产业规模突破 1.5 万亿元，公众网络 M2M 连接数突破 17 亿。物联网与人工智能的结合将是 5G 时代的爆发点，物联网产业的发展前景非常可观。

2021 年，工业和信息化部、中央网信办等 8 部门联合印发《物联网新型基础设施建设三年行动计划（2021—2023 年）》，系统谋划未来三年物联网新型基础设施建设，并明确提出到 2023 年底，在国内主要城市初步建成物联网新型基础设施，推动 10 家物联网企业成长为产值过百亿、能带动中小企业融通发展的龙头企业；物联网连接数突破 20 亿；完善物联网标准体系，完成 40 项以上国家标准或行业标准制定和修订。

9.1.4　物联网的应用及未来

物联网的应用前景非常广阔，涉及智能交通、环境保护、政府工作、公共安全、平安家居、智能消防、工业监测、环境监测、老人护理、个人健康、花卉栽培、水系监测、食品溯源、敌情侦查和情报搜集等领域。

（1）对象的智能标签。通过二维码、RFID 等技术标识特定的对象、区分对象。生活中我们使用的各种智能卡和条码标签，其基本用途就是获得对象的识别信息；通过智能标签可以获得对象所包含的扩展信息，如智能卡上的剩余金额、二维码中所包含的网址和名称等。

（2）环境监控和对象跟踪。利用多种类型的传感器和分布广泛的传感器网络，实现对某个对象的实时状态的获取和特定对象行为的监控。如使用分布在市区的各个噪声探头监测噪声污染；通过二氧化碳传感器监控大气中二氧化碳的浓度；通过 GPS 标签跟踪车辆位置，通过交通路口的摄像头捕捉实时交通流量等。

（3）对象的智能控制。物联网基于云计算平台和智能网络，可以依据传感器网络用获取的数据进行决策，改变对象的行为或进行控制和反馈。例如，根据光线的强弱调整路灯的亮度，根据车辆的流量自动调整红绿灯的时间间隔等。

根据 ITU 的描述，在物联网时代，人类在信息与通信世界里将获得一个新的沟通维度，从任何时间任何地点的人与人之间的沟通连接扩展到人与物和物与物之间的沟通连接。"物联网前景非常广阔，它将极大地改变我们目前的生活方式。"物联网把我们的生活拟人化了，万物成了人的同类。在这个物物相联的世界中，物品（商品）能够彼此进行"交流"，而无须人的干预。可以说，物联网描绘的是充满智能化的世界。在物联网的世界里，物物相联、天罗地网。

EPOSS 在"Internet of Things in 2020"报告中分析预测，物联网的发展将经历四个阶段，2010 年之前 RFID 被广泛应用于物流、零售和制药领域；2010—2015 年实现物物互联；2015—2020 年物体进入半智能化；2020 年之后物体进入全智能化。

物联网技术的快速发展为物联网大规模应用创造了条件。M2M（Machine To Machine）成为全球电信运营企业重要的业务增长点。智能可穿戴设备出现爆发式增长，预计到 2025 年，设备年出货量将达到 2 千亿只，可穿戴设备的主要应用领域为医疗和健康保健。随着工业"互联网+"迅速崛起，物联网技术和产品正在广泛渗透到社会经济民生的各个领域，让我们的工作、学习和生活越来越"智慧"。

9.1.5 物联网与其他技术的融合

1. 物联网与 5G 技术

5G 为第五代移动通信技术。2019 年 6 月 6 日，工业和信息化部正式向中国电信、中国移动、中国联通、中国广电发放 5G 商用牌照。2019 年 10 月 31 日，三大运营商开始 5G 商用，并于 11 月 1 日正式上线 5G 商用套餐。目前，中国 5G 技术发展迅速，为全球移动通信产业发展创造新的功能。

5G 网络的数据传输速率极高，理论下行速率为 10Gb/s（即 1.25GB/s）。由于物联网产业的快速发展，智慧农业、智慧校园、智慧医疗、智慧交通、智慧城市等，对网络传输速率有更高的要求，这成为推动 5G 网络发展的重要因素。

5G 网络的延时比 4G 降低了很多，低于 4ms（人类眨眼的时间为 100ms），4G 的延时为 30～70ms。5G 技术的应用为远程手术提供了基础，智慧医疗的普及将给广大患者带来极大的便利。

5G 网络可以连接的物联网终端数量将提高到百万级别，5G 网络最大的改进之处是它能够支持各种不同设备，除了支持手机和平板计算机，还支持可佩戴式智能设备，如健身跟踪器、智能手表等。5G 网络技术为物联网真正实现万物互联提供了技术保障。

2. 物联网与人工智能技术

物联网从物物相连开始，最终要达到智慧地感知世界的目的，而人工智能就是实现智慧物联网最终目标的技术。

人工智能是计算机科学、控制论、信息论、神经心理学、心理学、语言学等学科高度发展、紧密结合、互相渗透而发展起来的一门交叉学科，其研究的目标是如何使计算机能够学会运用知识，像人类一样完成富有智能的工作。

物联网和人工智能系统相辅相成。物联网负责收集资料，收集的动态信息会被上传至云端。接下来人工智能系统将对信息进行分析和加工，生成人类所需的实用技术。此外，人工智能通过数据自我学习，帮助人类达成更深层次的长远目标。例如，人工智能实时分析能够帮助企业提升营运业绩，通过数据分析和数据挖掘等手段，发现新的业务场景。人工智能计算、处理、分析、规划问题，而物联网侧重解决方案的落地、传输和控制，要实现物联网离不开人工智能。

任务二　物联网的关键技术

➡ 任务描述

物联网通常被分为感知层、网络层和应用层三层。本任务主要介绍物联网各个层次的关键技术。

➡ 任务实施

9.2.1　感知层的关键技术

1. 自动识别技术

自动识别技术（Automatic Equipment Identification，AEI）就是应用一定的识别装置，通过被识别物品和识别装置之间的接近活动，主动地获取被识别物品的相关信息，并提供给后台的计算机处理系统来完成相关后续处理的一种技术，用来实现人们对各类物体或设备（人员、物品）在不同状态（移动、静止或恶劣环境）下的自动识别和管理。自动识别技术是信息数据自动识读、自动输入计算机的重要方法和手段，是一种高度自动化的信息和数据采集技术，目前，在国际上发展很快。

自动识别技术的特点：

（1）准确性，自动进行数据采集，可极大地降低人为错误。

（2）高效性，采集数据的速度非常快，信息交换可实时进行。

（3）兼容性，以计算机技术为基础，可与信息管理系统无缝连接。

自动识别技术近几十年来在全球范围内得到了迅猛发展，初步形成了一个包括光学字符识别、磁条磁卡技术、IC 卡技术、射频技术、条码技术、生物识别技术等集计算机、光、磁、物理、机电、通信技术为一体的高新技术学科。

2. 嵌入式技术

嵌入式计算机系统的相关技术与传感器技术、网络技术以及软件技术一起，并称为物联网核心技术。

嵌入式系统是以应用为中心，以计算机技术为基础，软件和硬件可裁剪，适用于应用系统对功能、可靠性、成本、体积、功耗有严格要求的专用计算机系统。

嵌入式系统一般由（嵌入式）处理器、存储器、输入/输出（I/O）、软件（嵌入式操作系统及用户的应用程序）组成，如图 9-1 所示，用于实现对其他设备的控制、监视或管理等。

嵌入式系统技术具有非常广阔的应用前

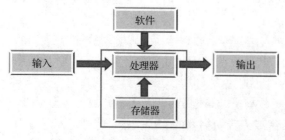

图 9-1　嵌入式系统组成

景，其应用领域包括工业控制、交通管理、智能家居、家庭智能管理系统、POS 网络及电子商务、环境工程与自然、机器人。

3. 传感器技术

在物联网时代，首先要解决的就是如何获取准确、可靠信息的问题，而传感器是获取自然和生产领域中信息的主要途径与手段，传感器早已应用于工业生产、宇宙开发、海洋探测、环境保护、资源调查、医学诊断、生物工程、文物保护等领域，几乎每个现代化项目都离不开传感器。

传感器是一种检测装置，能感受规定的被测量，并按照一定的规律转换成电信号或其他所需形式的可用信号输出，以满足信息的传输、处理、存储、显示、记录和控制等要求。它是实现自动检测和自动控制的首要环节。

传感器一般由敏感元件、转换元件、转换电路三部分组成，如图 9-2 所示。

图 9-2　传感器的组成

（1）敏感元件：它是感受被测量并输出与被测量成确定关系的某一物理量（如位移、形变等）的元件。

（2）转换元件：敏感元件的输出就是它的输入，它把输入转换成电路参数量（如电容、电感、电阻、电压等），如把由敏感元件输入的位移量转换成电感的变化。转换元件是传感器的核心元件。

（3）转换电路：将转换元件电路参数接入转换电路，就转换成电量输出。

按用途分类，传感器可分为压敏和力敏传感器、位置传感器、液位传感器、能耗传感器、速度传感器、加速度传感器、射线辐射传感器、热敏传感器。

还有其他分类标准，在此不一一赘述。传感器不仅促进了传统产业的改造和更新换代，还可建立新型工业，已成为 21 世纪新的经济增长点。

4. RFID 技术

RFID 即射频识别（Radio Frequency IDentification）技术，又称电子标签、无线射频识别，是自动识别技术中的一种，也是一种通信技术，它通过射频信号自动识别目标对象并获取相关数据，识别工作无须人工干预，识别系统与特定目标之间无须建立接触，是一种非接触式的自动识别技术。

从概念上来讲，RFID 类似于条码扫描，对于条码技术而言，它是将已编码的条形码附着于目标物并使用专用的扫描读写器利用光信号将信息由条形磁传送到扫描读写器；而 RFID 则使用专用的 RFID 读写器及专门的可附着于目标物的 RFID 标签，利用频率信号将信息由 RFID 标签传送至 RFID 读写器。

RFID 系统由应答器（或标签）、读写器、天线、应用软件系统组成。一个 RFID 系统由一个读写器和一个至多个应答器组成。

RFID 系统的工作原理：标签进入磁场后，接收读写器发出的射频信号，凭借感应电流所获得的能量发送存储在芯片中的产品信息（Passive Tag，无源标签或被动标签），或者由标签主动发送某一频率的信号（Active Tag，有源标签或主动标签），读写器读取信息并解码后，送至中央信息系统，该系统根据逻辑运算识别该标签的身份，针对不同的设定做出相应的处理和控制，最终发出信号控制读写器完成不同的读写操作。对于无源标签（被动标签）来讲，当标签离开射频识别场时，标签由于没有能量的激活而处于休眠状态；对于半有源标签来讲，射频场只起到激活的作用；有源标签（主动标签）始终处于激活状态，处于主动工作状态。

RFID 典型应用包括小区安防、大型会展门票、汽车防盗、各行业电子溯源、智能图书馆等。

5．智能设备

2012 年，因谷歌眼镜的亮相，而被称作"智能可穿戴设备元年"。在智能手机的创新空间逐步收窄和市场增量接近饱和的情况下，智能可穿戴设备作为智能终端产业下一个热点已被市场广泛认同。

可穿戴设备多以具备部分计算功能、可连接手机及各类终端的便携式配件形式存在，主流的产品形态包括以手腕为支撑的 Watch 类（包括手表和腕带等产品），以脚为支撑的 Shoes 类（包括鞋、袜子或者将来的其他腿上佩戴产品），以头部为支撑的 Glass 类（包括眼镜、头盔、头带等），以及智能服装、书包、拐杖、配饰等非主流产品形态。

触控是人与智能设备自然的连接方法，也是人机交互领域的重要变革。例如，华为的智能手表选择的是 SynapticsClearPad 电容式触摸控制器，因为该控制器成熟可靠、功耗很低，而且具备高度灵敏的人机交互性能，用湿的手指触控，效果依然良好。设计师还要求实现经典的圆形表盘，而 Synaptics 是唯一能提供完全圆形触控界面的提供商。ClearPad 电容式触感技术是业界值得信赖的解决方案，已用在超过 10 亿部面向消费者的设备中。

2020 年 10 月，华为公布了 Watch GT 2 保时捷设计款，如图 9-3 所示，表体使用陶瓷材料，表身使用钛金属，续航时间长达 2 星期。华为 Watch GT 2 支持全天候血氧饱和度检测，另外，还有 100 多种运动模式以及心率检测、睡眠管理等功能。

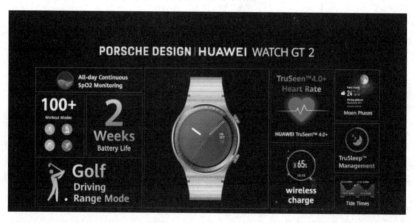

图 9-3　华为 Watch GT 2

9.2.2　网络层的关键技术

1．局域网技术

局域网（Local Area Network，LAN）是指范围在几百米到十几千米内办公楼群或校园内的计算机相互连接所构成的计算机网络。计算机局域网被广泛应用于连接校园、工厂以及机关的个人计算机或工作站，以利于个人计算机或工作站之间共享资源（如打印机）和数据通信。局域网有不同的拓扑结构，包括总线型、环形、星形、树形和网状拓扑结构。

2. 广域网技术

广域网是一种跨地区的数据通信网络，使用电信运营商提供的设备作为信息传输平台。广域网有时也称远程网，是覆盖地理范围相对较广的数据通信网络。它常利用公共网络系统（如电话公司）提供的便利条件进行传输，可以分布在一个城市、国家，甚至跨过许多国家分布到各洲。如国内的中国教育科研网（CERnet）就属于广域网。

3. 无线局域网技术

无线局域网（Wireless local area network，WLAN）是使用无线通信技术将计算机设备互联，构成可以互相通信和资源共享的局域网络。无线局域网利用电磁波在空气中发送和接收数据，无须线缆介质，具有传统局域网无法比拟的灵活性。无线局域网的通信范围不受环境条件限制，网络传输范围大大拓宽，最大传输范围可达到几十千米。

4. 移动通信技术

移动通信是指通信双方或至少一方处于移动中进行信息交流的通信。例如，固定体与移动体（汽车、轮船、飞机）之间的通信，或移动体之间的通信。这里所说的信息交换，不仅指话音通信，还包括数据、传真、图像、视频等通信业务。移动通信已经经历了从模拟时代到数字时代的演进，其发展大致可分为第一代移动通信系统、第二代移动通信系统、第三代移动通信系统、第四代移动通信系统和第五代移动通信系统。中国于2019年11月1日正式上线5G商用套餐。

5. 短距离无线通信技术

蓝牙技术是一种短距离无线通信技术，利用蓝牙技术能有效地简化移动电话手机、笔记本电脑和掌上电脑等移动通信终端设备之间及其与互联网之间的通信，从而使这些设备之间及其与互联网之间的数据传输变得更加方便、高效，为无线通信拓宽道路。蓝牙技术持续发展的最终形态是在已有的有线网络基础上，完成网络无线化的构建，使网络最终不再受地域与线路的限制，从而实现真正的随身上网与资料互换。

ZigBee技术中的ZigBee，中文译为"紫蜂"，该技术是一种短距离、结构简单、低功耗、低数据速率、低成本和高可靠性的双向无线网络通信技术。ZigBee具有功耗极低、系统简单、成本低、等待时间短（Latency Time）和数据速率低的特点，非常适合有大量终端设备的网络。ZigBee主要适用于自动控制领域以及组建短距离低速无线个人区域网（LR-WPAN，Low Rate-Wireless Personal Area Network），如楼宇自动化、工业监视及控制、计算机外设、互动玩具、医疗设备、消费性电子产品、家庭无线网络、无线传感器网络、无线门控系统和无线停车场计费系统等。

超宽带（Ultra Wide Band，UWB）技术是利用超宽频带的电波进行高速无线通信的技术。从时域上讲，超宽带系统有别于传统的通信系统。一般的通信系统是通过发送射频载波进行信号调制的，而UWB是利用起、落点的时域脉冲（几十纳秒）直接实现调制的。超宽带的传输把调制信息过程放在一个非常宽的频带上进行，而且以这一过程中所持续的时间来决定带宽所占据的频率范围。近年来，超宽带无线通信成为短距离、高速无线网络热门的物理层技术之一。目前，基于UWB的技术主要是应用于高速短距离通信、雷达和精确定位等领域。在通信领域，UWB可以提供高速的无线通信。在雷达领域，UWB雷达具有高分辨率，当前的隐身技术采用的是隐身涂料和隐身特殊结构，但都只能在一个不大的频带内有效，在超宽频带内，目标就会原形毕露。另外，UWB信号具有很强的穿透力，能穿透树叶、土地、混泥土、水体等介质。在精确定位领域，UWB可以提供很高的定位精度，使用极微弱的同步脉冲可以辨别隐藏的物体或墙体后面运动的物体，定位的误差只有1~2cm。

6. 卫星定位系统

定位就是通过特定的位置标识与测距技术来确定物体的空间物理位置信息（经纬度坐标）。位置信息与我们的生活息息相关。基于位置服务是通过移动运营商的无线电通信网络和外部定位方式（如 GPS）获得移动终端用户的位置信息的。

全球定位系统（Global Positioning System，GPS）是 20 世纪 70 年代由美国研制的新一代卫星导航定位系统。其主要目的是为海、陆、空三大领域提供实时、全天候和全球性的导航服务，并用于情报收集、核爆监测和应急通信等一些军事目的。1994 年 3 月，全球覆盖率高达98%的 24 颗 GPS 卫星星座布设完毕。

1）全球四大 GPS

（1）美国 GPS：1993 年全部建成，1994 年，美国宣布在 10 年内向全世界免费提供 GPS使用权，但美国只向外国提供低精度的卫星信号。

（2）欧盟"伽利略"：1999 年，欧洲提出计划，准备发射 30 颗卫星，组成"伽利略"卫星定位系统，2009 年，该计划正式启动。

（3）俄罗斯"格洛纳斯"：始于 20 世纪 70 年代，需要至少 18 颗卫星才能确保覆盖俄罗斯全境，如果要提供全球定位服务，则需要 24 颗卫星。2011 年 1 月 1 日"格洛纳斯"在全球正式运行。

（4）中国北斗卫星导航系统：是中国着眼于国家安全和经济社会发展需要，自主建设运行的全球卫星导航系统，是为全球用户提供全天候、全天时、高精度的定位、导航和授时服务的国家重要时空基础设施。

2）GPS 的应用

（1）陆地应用：包括车辆导航、应急反应、大气物理观测、地球物理资源勘探、工程测量、变形监测、地壳运动监测、市政规划控制等。

（2）海洋应用：包括远洋船最佳航程航线测定、船只实时调度与导航、海洋救援、水文地质测量、海洋平台定位、海平面升降监测等。

（3）航空航天应用：包括飞机导航、航空遥感姿态控制、低轨卫星定轨、导弹制导、航空救援、载人航天器防护测试等。

9.2.3　应用层的关键技术

1. 云计算

云计算是传统计算机技术和网络技术进化融合的产物，是指通过网络把大量成本相对较低的计算实体整合成一个具有强大计算能力的完整系统，并且借助 SaaS（软件即服务）、PaaS（平台即服务）、IaaS（基础设施即服务）、MSP（MediaStudio Pro 是针对专业人员所设计的一款视频非线性编辑软件）等先进的商业模式把强大的计算能力分布到终端用户手中。

云计算的一个核心概念就是通过不断提高"云"的计算能力，进而减少用户终端的负担，最终使终端变成单纯的输入输出设备，并能根据需求享受"云"的强大计算处理能力。

物联网的全面感知、可靠传输、智能处理三大组成部分有海量的数据存储和计算需求，所以使用云计算是最理想的选择。

2. 中间件

中间件是一种独立的系统软件或服务程序，分布式应用软件借助这种软件在不同的技术之间共享资源，中间件位于客户机/服务器的操作系统上，管理计算机资源和网络通信。

目前，物联网中间件最主要的代表是 RFID 中间件。RFID 中间件扮演 RFID 标签与应用程序之间的中介角色，从应用程序终端使用中间件所提供的一组通用应用程序接口，能连接到 RFID 读写器，读取 RFID 标签数据。

3. 海量信息存储

物联网必然需求海量信息存储，随着物联网时代的到来，信息量更加迅速增长，物联网中对象的数量将庞大到以百亿为单位。物联网中的对象参与物联网业务流程，具有高强度的计算需求，要求数据具备在线可获取的特性，网络化存储和大型数据中心应运而生。

网络存储技术（Network Storage Technologies）是指在特定的环境下，通过专用数据交换设备、磁盘阵列、磁带库等存储介质以及专用的存储软件，利用原有网络构建一个存储专用网络，从而为用户提供统一的信息存取和共享服务。

数据中心是以外包的方式让许多公司存放它们设备（主要是网站）或数据的地方，是场地出租概念在互联网领域的延伸。数据中心是信息系统的中心，通过网络向企业或公众提供服务。具体来说，数据中心是以特定的业务应用中的各类数据为核心，依托 IT 技术，按照统一的标准，建立数据处理、存储、传输、综合分析的一体化数据信息管理体系。信息系统为企业带来业务流程的标准化和运营效率的提升，数据中心则为信息系统提供稳定、可靠的基础设施和运行环境，并保证可以方便地维护和管理信息系统。

数据中心按照服务的对象来分，可以分为企业数据中心和互联网数据中心。企业数据中心指由企业或机构构建并所有，服务于企业或机构自身业务的数据中心，它为企业、客户及合作伙伴提供数据处理、数据访问等信息服务。企业数据中心的服务器可以自己购买，也可以租用，运营维护的方式也很自由，既可以由企业内部的 IT 部门负责运营维护，也可以外包给专业的 IT 公司运营维护。互联网数据中心由服务提供商所有，通过互联网向客户提供有偿信息服务。相对而言，互联网数据中心的服务对象更广，规模更大，设备与管理更为专业。

4. 搜索引擎

搜索引擎是指根据一定的策略、运用特定的计算机程序从互联网上搜集信息，在对信息进行组织和处理后，为用户提供检索信息服务，将用户检索的相关信息展示给用户的系统。搜索引擎一般由搜索器、索引器、检索器和用户接口组成。

搜索引擎的工作大致可以分为：

（1）搜集信息。搜索引擎的信息搜集基本都是自动的。搜索引擎利用称为网络蜘蛛的自动搜索机器人程序来连到每个网页上的超链接。机器人程序根据网页连到其他网页中的超链接，就像日常生活中所说的"一传十，十传百"一样，从少数几个网页开始，连到数据库中所有其他网页的超链接。理论上，若网页上有适当的超链接，机器人程序便可遍历绝大部分网页。

（2）整理信息。搜索引擎整理信息的过程称为建立索引。搜索引擎不仅要保存搜集到的信息，还要将它们按照一定的规则进行编排。这样，搜索引擎根本不用重新翻查它所有保存的信息即可迅速找到所要的资料。想象一下，如果信息是不按任何规则随意地堆放在搜索引擎的数据库中的，那么它每次找资料都得把整个资料库完全翻查一遍，如此一来再快的计算机系统也没有用。

（3）接受查询。用户向搜索引擎发出查询，搜索引擎接受查询并向用户返回资料。搜索引擎每时每刻都要接到来自大量用户的几乎是同时发出的查询，它按照每个用户的要求检查自己的索引，在极短时间内找到用户需要的资料，并返回给用户。目前，搜索引擎返回主要是以网页链接的形式提供的，这样通过这些链接，用户便能到达含有自己所需资料的网页。通常搜索引擎会在这些链接下提供一小段来自这些网页的摘要信息以帮助用户判断此网页是否含有自己需要的内容。

5. 数据库技术

数据库技术是信息系统的核心技术，是一种计算机辅助管理数据的方法，它研究如何组织和存储数据，如何高效地获取和处理数据，是通过研究数据库的结构、存储、设计、管理以及应用的基本理论和实现方法，并利用这些理论来实现对数据库中的数据进行处理、分析和理解的技术。即数据库技术是研究、管理和应用数据库的一门软件科学。

数据库技术研究和管理的对象是数据，所以数据库技术所涉及的具体内容主要包括通过对数据的统一组织和管理，按照指定的结构建立相应的数据库和数据仓库；利用数据库管理系统和数据挖掘系统设计出能够实现对数据库中的数据进行添加、修改、删除、处理、分析、理解、报表和打印等功能的数据管理和数据挖掘应用系统；利用应用管理系统最终实现对数据进行分类、组织、编码、输入、存储、检索、维护和输出，以及分析和处理。

6. 数据挖掘技术

数据挖掘（Data Mining，DM）又称数据库中的知识发现（Knowledge Discover in Database，KDD），是目前人工智能和数据库领域研究的热点问题，数据挖掘是指从数据库的大量数据中揭示出隐含的、先前未知的并有潜在价值的信息的非平凡过程。数据挖掘是一种决策支持过程，它主要基于人工智能、机器学习、模式识别、统计学、数据库、可视化技术等，高度自动化地分析企业的数据，做出归纳性的推理，从中挖掘出潜在的模式，帮助决策者调整市场策略，减少风险，做出正确的决策。

数据挖掘是通过分析每个数据，从大量数据中寻找其规律的技术，主要有数据准备、规律寻找和规律表示3个步骤。数据准备是从相关的数据源中选取所需的数据并整合成用于数据挖掘的数据集；规律寻找是用某种方法将数据集所含的规律找出来；规律表示是尽可能以用户可理解的方式（如可视化）将找出的规律表示出来。

任务三 智能家居系统应用

任务描述

所谓智能家居，简单来说就是家居自动化，利用先进的计算机技术、网络通信技术、综合布线技术，将与家居生活有关的各种子系统有机地结合，让家里的所有电器设备按照我们的意愿来提供服务，让所有电器设备具有"智慧"。

任务实施

9.3.1 智能家居的背景概述

1. 传统家居的弊端

未来学家沃尔夫曾经说过：人类在经过农耕、工业、电气化等时代后，将进入关注梦想、精神和生活情趣的新社会。随着我国经济的持续发展，居民生活水平的不断提高，居民的家居设施有了很大的改善，家庭消费正在由生存型消费向健康型、便利型、享受型消费转变。这使得当前的家居环境存在的一些问题逐渐凸显出来。

1）家居能耗过高

2016年，中国建筑能源消费总量为8.99亿吨标准煤，占全国能源消费总量的20.6%；全国建筑总面积为635亿m^2，城镇人均居住建筑面积为34.9m^2；建筑碳排放总量为19.6亿吨CO_2，占全国能源碳排放总量的19.4%。目前，我国城乡的建筑90%以上达不到节能标准，属于高耗能建筑，在同等气候条件下能耗要比发达国家高出2~3倍。其中又以照明、空调、采暖设备以及其他电器设备为主，这些设施的耗电占全国建筑总能耗的46%，仅照明耗能就占整个建筑电量能耗的25%~35%。

2）家庭安防手段落后

家居安全问题主要分为两类，一类是由于意外或疏忽导致的，包括煤气泄漏、水管破裂、发生火灾等。据公安部消防局公布的火灾统计数据，2018年1—10月，全国共接报火灾21.9万起，亡1065人，伤679人，已核直接财产损失为26.2亿元。其中住宅火灾大部分是由违反电气安装使用规定、用火疏忽等原因引起的。另一类是非法闯入，包括入室抢劫和盗窃等。

传统的家居安防系统通常也会提供一部分火灾报警、燃气泄漏报警等功能，但由于采集的信息有限，误报率较高，而且只能实现就地报警，不能实现实时远程报警以减少损失和抢救生命。对于防卫非法闯入，传统的家庭防卫装置，如普通的防盗窗、防盗网等，在实际使用中存在很多问题，包括影响城市市容、影响火灾时的逃生以及为犯罪分子提供攀爬条件等。此外，这些简单的防盗系统不能记录犯罪证据，以协助公安部门迅速抓到嫌疑犯。

3）家用电器使用不便

近年来，各种不同用途的电子电器产品陆续进入普通百姓家，成为人们生活中的日常家居设施。洗衣机、电视机、电冰箱、热水器等在家庭中已日益普及。这些电器或电子产品的开关和运行控制，或依赖于手工机械按键（如照明灯具等），或依赖于独立的无线电遥控器。这些设施虽然给人们的生活带来了方便，但随着家用电器及遥控器的增加，以及对生活舒适度的进一步追求，这种控制方式仍然显得不够便利。

2. 智能家居的优势

智能家居通过物联网技术将家中的各种设备（如音视频设备、照明系统、窗帘、空调、安防系统、数字影院系统、网络家电以及三表抄送等）连接到一起，提供家电控制、照明控制、窗帘控制、电话远程控制、室内外遥控、防盗报警、环境监测、暖通控制、红外转发以及可编程定时控制等功能和手段。与普通家居相比，智能家居不仅具有传统的居住功能，还兼备建筑、网络通信、信息家电、设备自动化，集系统、结构、服务、管理为一体的高效、舒适、安全、便利、环保的居住环境，提供全方位的信息交互功能，帮助家庭与外部保持信息交流畅通，优化人们的生活方式，帮助人们有效安排时间，增强家居生活的安全性。

9.3.2 智能家居的实施案例及分析

智能家居系统一般包括智能照明控制、智能电器控制、环境监测、门禁系统、家庭安全防范、远程监控系统等。根据实际情况，业主会选择不同功能。智能家居系统的组成如图9-4所示。

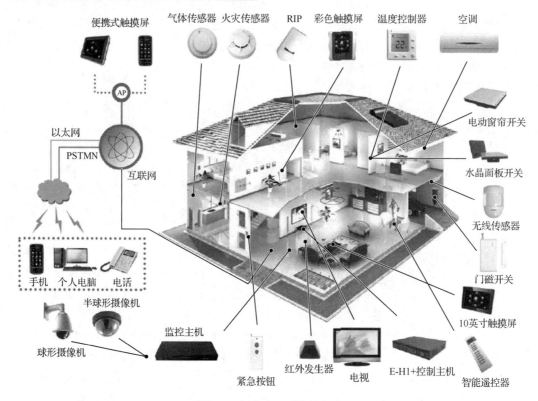

便携式触摸屏　气体传感器　火灾传感器　RIP　彩色触摸屏　温度控制器　空调

电动窗帘开关

水晶面板开关

无线传感器

门磁开关

10英寸触摸屏

AP

以太网

PSTMN

互联网

手机　个人电脑　电话

半球形摄像机

球形摄像机

监控主机

紧急按钮　红外发生器　电视　E-H1+控制主机　智能遥控器

图 9-4　智能家居系统的组成

1. 智能照明

控制家庭光照强度是改善家居环境的重要手段之一，在传统的家庭照明控制中，人们需要反复尝试开关各类吊灯、壁灯等来达到理想的光照效果，过程极为烦琐。基于物联网技术的智能照明系统能够通过感知室内光强与光照色度来自动调节家中照明设备的工作状态，并且控制窗帘闭合，达到舒适、节能、个性化的效果。在典型的家庭智能照明系统中，光强传感器、红外传感器组成信息感知层，通过有线、无线等通信手段将环境光照信息发送给智能光照系统的主控节点，光照控制中心比对采集到的光照属性与用户设置的光照模式，以最小能耗的原则调控照明设备工作达到理想的光照效果。系统还可以通过部署红外传感器来获取家中人员的位置信息，并预测主人的下一步动作（如从客厅走向卧室）来自动切换照明模式，以避免出现"长明灯"现象。

2. 智能家电

智能家电就是将微处理器、传感器技术、网络通信技术引入家电设备后形成的家电产品。它能自动感知住宅空间状态、家电自身状态、家电服务状态，能够自动控制及接收住宅用户在住宅内或远程的控制指令；同时，智能家电作为智能家居的组成部分，能与住宅内其他家电、家居、设施互联组成系统，实现智能家居功能。

智能家电产品分为两类，一类采用电子、机械等方面的先进技术和设备；另一类模拟家庭中熟练操作者的经验进行模糊推理和模糊控制。随着智能控制技术的发展，各种智能家电产品不断出现。例如，把计算机与数控技术相结合开发出来的数控冰箱，具有模糊逻辑思维功能的电饭煲、变频式空调、全自动洗衣机等。智能电器采用弱电控制强电的控制方式，既安全又智能，可以用遥控、定时等智能控制方式实现对饮水机、插座、空调、地暖、投影机、新风系统等进行智能控制。

3. 环境监测

智能家居中的环境监测系统实时地监测家居环境中的温度、湿度、一氧化碳浓度、烟雾浓度、甲醛浓度等。环境监测系统自动进行数据采集、处理、指标分析，实时将指标信息显示在液晶屏和远程监控网页上，温度过高或烟雾浓度、有害气体浓度超标时，进行声光报警提示并发送远程报警信息到远程监控主机。环境监测主要包括以下几个方面。

1）室内温、湿度的监控

通过一体化温、湿度传感器采集室内温、湿度，为空调、地暖等改变室内环境温、湿度的设备提供控制依据。

2）室内空气质量的监控

通过空气质量传感器、无线 PM2.5 探测器等采集室内空气的污染信息，为空气净化器、电动开窗器等提供依据，进行自动换气或去污染控制。

3）窗外气候的监测

通过太阳辐射传感器、室外风速探测器、雨滴传感器等采集室外气候信息，为电动窗帘、电动开窗器等控制提供依据。

4）室外噪声酌监测

通过无线噪声传感器等采集室外噪声信息，为电动开窗器或背景音乐的控制提供依据。

4. 家庭安防

在城市生活中，火灾、煤气泄漏、入室抢劫与盗窃是三类最为常见的安全事故。为保障自身的生命和财产安全，许多家庭安装了防盗网或者烟雾报警器等安全防护设备。但是这些设备往往孤立运行，缺乏系统联动性，效果极为有限。如用于火灾防范的烟雾报警器，当用户外出时根本无法通知邻居或者小区物业人员协助抢险。

将物联网技术应用于家庭安防，能够使小区安防和家居安防结为一体，具有快速响应、判断精确的优势，是未来家庭安防的重要发展方向。

5. 门禁系统

常见的门禁系统有感应卡式门禁系统、指纹门禁系统、虹膜门禁系统、面部识别门禁系统等。

其基本组成包括身份识别、传感与报警、处理与控制电锁及执行、线路及通信、管理与设置。

系统支持主人远程控制大门，客人来的时候，可以通过手机或者短信打开大门，有人闯入时会向主人报警。

6. 远程监控

支持手机、计算机、控制屏多种控制方式，随时随地远程控制智能家居，整个系统的运作对网络带宽没有要求，适用 4G、5G、Wi-Fi 等互联网的访问控制，过程流畅，方便消费者随时随地地查询、控制，真正实现"无论您身在何地，家就在您的身边"。

任务四　智能家居系统典型设备介绍及安装调试

通过扫描右侧的二维码了解具体内容。

智能家居系统
典型设备介绍
及安装调试

课后作业

一、单选题

1. 通过无线网络与互联网的融合，将物体的信息实时准确地传递给用户，指的是（　　）。

    A．可靠传递　　　　B．全面感知　　　　C．智能处理　　　　D．互联网

2. （　　）给出的物联网概念最权威。

    A．微软　　　　　　B．IBM　　　　　　C．三星　　　　　　D．国际电信联盟

3. 第三次信息技术革命指的是（　　）。

    A．互联网　　　　　B．物联网　　　　　C．智慧地球　　　　D．感知中国

4. 物联网的核心和基础是（　　）。

    A．无线通信网　　　B．传感器网络　　　C．互联网　　　　　D．有线通信网

5. 物联网的体系结构不包括（　　）。

    A．感知层　　　　　B．网络层　　　　　C．应用层　　　　　D．会话层

6. RFID 属于物联网的（　　）层。

    A．感知　　　　　　B．网络　　　　　　C．应用　　　　　　D．会话

7. 农产品溯源的过程中，最主要的是采用哪种技术？（　　）

    A．GPS 技术　　　　　　　　　　　　B．嵌入式系统技术

    C．无线射频技术　　　　　　　　　　D．ZigBee 技术

8. 当前，智能物流体系中应用最广泛的技术是（　　）。

    A．条码　　　　　　B．传感器网络　　　C．EDI　　　　　　D．RFID

9. 智慧城市的核心内容是围绕着如何建立一个由新工具、新技术支持的覆盖政府、市民和商业组织的新城市（　　）。

    A．治理系统　　　　B．经济系统　　　　C．生态系统　　　　D．生活系统

10. 2009 年 10 月，（　　）提出了"智慧地球"。

    A．IBM　　　　　　B．三星　　　　　　C．微软　　　　　　D．国际电信联盟

二、判断题

1. 人与物相联、物与物相联是物联网的基本要求之一。（　　）

2. 二维条码信息容量大。（　　）

3. 有源 RFID 标签由内部电池提供能量。（　　）

4. 人们在医院进行 B 超检查时，医生所用的探头就是一个传感器。（　　）

5. 物联网要把物体与互联网相连，需要利用标识/感知技术，而射频识别技术是其唯一手段。（　　）

6. 互联网无法实现人与物体之间的直接联通和信息交流。（　　）

7. 低频 RFID 卡的作用距离大于 20cm。（　　）

8. 云计算不是物联网的一个组成部分。（　　）

9. ZigBee 技术的特点之一是网络容量大。（　　）

10. 蓝牙技术是一种短距离无线通信技术，有效距离一般在 10m 以内。（　　）

项目 *10*

数字媒体

学习目标

- 理解数字媒体和数字媒体技术的概念；
- 了解数字媒体技术的发展趋势，如虚拟现实技术、融媒体技术等；
- 了解数字文本处理的技术过程，掌握文本准备、文本编辑、文本处理、文本存储和传输、文本展现等操作方法；
- 了解数字图像处理的技术过程，掌握对数字图像进行去噪、增强、复制、分割、提取特征、压缩、存储、检索等操作方法；
- 了解数字声音的特点，熟悉处理、存储和传输声音的数字化过程，掌握通过移动端应用程序进行声音录制、剪辑与发布等操作方法；
- 了解数字视频的特点，熟悉数字视频处理的技术过程，掌握通过移动端应用程序进行视频制作、剪辑与发布等操作方法；
- 了解 HTML5 应用的新特性，掌握 HTML5 应用的制作和发布过程。

项目描述

数字媒体是指以二进制数的形式记录、处理、传播、获取过程的信息载体。数字媒体技术是一种结合数字技术、媒体与艺术设计的多学科交叉技术，常用于数字媒体制作、图形图像处理、动画设计等。本项目包含数字媒体基础知识、数字文本、数字图像、数字声音、数字视频、HTML5 应用制作和发布等内容。

本项目将以"垃圾分类"的主题班会活动为案例，在制作视频之前对垃圾分类的素材（文字、图像、声音、视频、动画、图标、按钮等）进行收集与整理，"垃圾分类一小步，健康文明一大步"，同学们在掌握专业知识的同时，应该提高环保意识，养成垃圾分类的好习惯。

任务一　数字媒体概论

➡ 任务描述

通过学习，使同学们掌握数字媒体的基本概念、分类、应用领域、常用软件，为后期的数字媒体素材的采集与集成打下理论基础。

➡ 任务实施

10.1.1　数字媒体的概念

什么是数字媒体

1. 媒体

媒体是指传播信息的媒介。它是指人借助用来传递信息与获取信息的工具、渠道、载体、中介物或技术手段，也可以把媒体看作为实现信息从信息源传递到受信者的一切技术手段。

媒体有两层含义，一是指传播信息的载体，如文字、图像、视频、音频等；二是指存储信息的物理载体，如磁带、磁盘、光盘、网页等。

2. 多媒体和多媒体技术

多媒体一般包括文本、图形、图像、动画、音频、视频等媒体的综合。

多媒体技术是指通过计算机把文字、图形、图像、动画、音频、视频等媒体信息进行综合处理和管理，并建立逻辑关系，使用户可以通过多种感官与计算机进行实时信息交互的技术。

3. 数字媒体和数字媒体技术

数字媒体其实就是数字化的媒体，是指以二进制数的形式记录、处理、传播、获取过程的信息载体，这些载体包括数字化的文字、图形、图像、声音、视频影像和动画等感觉媒体及表示这些感觉媒体的表示媒体（编码）等，通称为逻辑媒体，以及存储、传输、显示逻辑媒体的实物媒体。但通常意义下所称的数字媒体指感觉媒体。

数字媒体技术是以计算机技术和网络通信技术为主要通信手段，实现数字媒体的表示、记录、处理、存储、传输、显示、管理等环节的软硬件技术，一般分为数字媒体表示技术、数字媒体存储技术、数字媒体创建技术、数字媒体显示应用技术、数字媒体管理技术等。

10.1.2　数字媒体的种类

数字媒体有多种分类方法。

1. 按时间属性分

数字媒体可分成静止媒体（Stillmedia）和连续媒体（Continuesmedia）。静止媒体是指内容不会随着时间而变化的数字媒体，如文本和图片；连续媒体是指内容随着时间而变化的数字媒体，如音频和视频。

2. 按来源属性分

数字媒体可分成自然媒体和合成媒体。其中自然媒体是指客观世界存在的景物、声音等，经过专门的设备进行数字化和编码处理之后得到的数字媒体，如数码相机拍的照片；合成媒体是指以计算机为工具，采用特定符号、语言或算法表示的，由计算机生成（合成）的文本、音乐、语音、图像和动画等，如用 3D 软件制作出来的动画角色。

3. 按组成元素分

数字媒体可分成单一媒体和多媒体。顾名思义，单一媒体就是指单一信息组成的载体；多媒体是指多种信息载体的表现形式和传递方式。

4. 按媒体使用功能分

1）感觉媒体

感觉媒体是直接作用于人的感官，使人直接产生感觉（视、听、嗅、味、触觉）的一类媒体。感觉媒体包括人类的各种语言、文字、音乐、自然界的其他声音、静止的或活动的图像、图形和动画等信息，如图 10-1 所示。

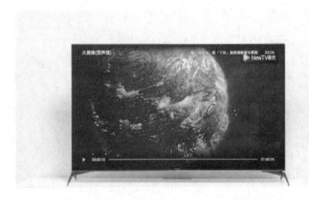

图 10-1　感觉媒体

2）表示媒体

表示媒体是为了传送感觉媒体而人为研究出来的媒体，是一种信息的表示方法，如语言编码、电报码、条形码、静止和活动图像编码及文本编码等，如图 10-2 所示。

图 10-2　表示媒体

3）显示媒体

显示媒体是显示感觉媒体的设备。显示媒体又分为两类，一类是输入显示媒体，如话筒、摄像机、键盘等；另一类是输出显示媒体，如扬声器、显示器、打印机等，如图 10-3 所示。

图 10-3　显示媒体

4）存储媒体

用于存储表示媒体，即存放感觉媒体数字化后的代码的媒体称为存储媒体，如磁盘、光盘、磁带、纸张等。简单来说就是指用于存放某种媒体的载体，如图 10-4 所示。

图 10-4　存储媒体

5）传输媒体

传输媒体是指传输信号的物理载体，如双绞线、同轴电缆、光纤、电磁波等，如图 10-5 所示。

图 10-5　传输媒体

10.1.3　数字媒体的应用领域

随着数字媒体技术的不断发展，数字媒体从最开始的电视、广播领域，渗透到教育、商业、出版、娱乐等与人类社会息息相关的各个领域。

目前，数字媒体的应用领域主要包括新闻领域、广告领域、娱乐领域、电子商务领域、影视制作及应用领域、教育领域，如图 10-6 所示。

图 10-6　数字媒体的应用领域

数字媒体新技术

10.1.4　数字媒体的常用软件

数字媒体信息处理主要是指通过对各种数字媒体信息包括文字、图像、声音、动画、视频等，用软件进行加工、编辑、合成、存储，最终形成一个综合多种数字媒体的产品。在这一过程中，会涉及各种数字媒体软件，如图 10-7 所示为数字媒体的常用软件。

（1）数字文字处理软件：Windows 中的记事本、写字板、Word 和 WPS 等。

（2）数字图像处理软件：Photoshop、CorelDRAW、Illustrator、Freehand、美图秀秀等。

（3）数字音频处理软件：GoldWave、AdobeAudition。

（4）数字动画处理软件：3D Max、MAYA．Blender、AfterEffects、万彩动画大师等。

（5）数字视频处理软件：Premiere、CamtasiaStudio、快剪辑等。

图 10-7　数字媒体的常用软件

10.1.5　数字媒体新技术

随着科技的不断进步，数字媒体技术带动了信息技术的飞速发展，VR、AR、MR、3D 打印、大数据可视化、融媒体等数字新技术层出不穷，技术与人们的生产生活互相影响和渗透，打破了时间和空间的限制，推动了社会发展的进程。

1．VR=虚拟世界

VR 即 Virtual Reality，中文为虚拟现实。VR 技术集合了计算机图形学、仿真技术、多媒体技术、人工智能技术、计算机网络技术、并行处理技术和多传感器技术等，模拟人的视觉、听觉、触觉等感觉器官的功能，使人恍若身临其境，沉浸在计算机生成的虚拟世界中，并能通过语言、手势等进行实时交流，增强进入感和沉浸感。

现在大家接触最多的就是 VR 眼镜。VR 眼镜开启后，会在眼前显示一个屏幕，让使用者觉得处在屏幕所显示的世界中。VR 技术的应用十分广泛，例如，宇航员利用 VR 仿真技术进行训练；建筑师将图纸制作成三维虚拟建筑物，方便体验与修改；房地产商让客户能身临其境地参观房屋；娱乐业制作的虚拟舞台场景，等等。

2. AR=真实世界+虚拟信息/物体

AR 即 Augmented Reality，中文为增强现实。AR 技术是一种将虚拟信息与真实世界巧妙融合的技术。AR 技术通过广泛运用多媒体、三维建模、实时跟踪及注册、智能交互、传感等技术手段，将计算机生成的文字、图像、三维模型、音乐、视频等虚拟信息模拟仿真后，应用到真实世界中，两种信息互为补充，从而实现对真实世界的"增强"。真实的环境和虚拟的物体实时地叠加到同一个画面或空间。

随着 AR 技术的不断普及，越来越多的行业、企业开始投身于 AR，利用 AR 技术展示产品，利用 AR 缩短销售流程，等等。例如，AR+旅游，你去圆明园，只能看到废墟遗址，通过 AR 可以看到复原的场景；你去西湖游玩，可以通过 AR 生成一个虚拟导游，带你游遍西湖。

3. MR=VR+AR=真实世界+虚拟世界+数字化信息

MR 即 Mixed Reality，中文为混合现实。MR 技术通过在虚拟环境中引入现实场景信息，在虚拟世界、现实世界和用户之间搭起一个交互反馈的信息回路，以增强用户体验的真实感，如图 10-8 所示。

图 10-8　数字新媒体

例如，你要学习组装机器人，有了混合现实系统，可以开展大量的虚拟实验，戴上混合现实的眼镜，用混合现实里提供的工具就可以组装等。

最后用一句话来总结一下，虚拟现实用虚拟世界来取代用户的世界，而增强现实可以为人类的现实生活提供额外的数字支持，混合现实将数字对象无缝集成到用户的现实世界中，让人们感觉看上去就像真实存在一样。

4. 融媒体

融媒体是充分利用媒介载体，把广播、电视、报纸等，既有共同点又存在互补性的不同媒体，在人力、内容、宣传等方面进行全面整合，实现"资源通融、内容兼融、宣传互融、利益共融"的新型媒体。

融媒体是个理念，这个理念以发展为前提，以扬优为手段，把传统媒体与新媒体的优势发挥到极致，使单一媒体的竞争力变为多媒体共同的竞争力，从而为"我"所用，为"我"服务。"融媒体"不是一个独立的实体媒体，而是一个把广播、电视、互联网的优势互为整合，互为利用，使其功能、手段、价值得以全面提升的一种运作模式，如图 10-9 所示。

图 10-9　融媒体

任务二　数字媒体素材的采集与集成

➡ 任务描述

随着时代的发展和科技的进步，互联网的成长和普及，根植于智能手机的多种视频应用的开发已经如火如荼地开展起来。在本任务中，以班会活动为例，介绍文本、图形、图像、动画、音频、视频的采集方法。

➡ 任务实施

10.2.1　文本素材的采集

1．文本的格式

文本素材通常以文本文件保存，常见的文件有 TXT 文件、DOC 文件、WPS 文件、PDF 文件等。

2．文本获取

文本素材的获取方法如下。

1）键盘输入方法

在常用的多媒体教学制作软件中都带有文字工具，在文本内容不多的情况下，可以直接输入文字，对输入的文字可以直接进行编辑处理。

2）手写输入方法

在计算机上通过手写输入需要使用"输入笔"设备，在写字板上书写文字来完成文本的输入。在手机上通过手写输入需要将手机输入法切换为手写状态，就可用手指轻触屏幕书写文字来完成文本的输入。

3）语音输入方法

将要输入的文字用规范的语音朗读出来，通过麦克风等输入设备送到计算机中，计算机的语音识别系统对语音进行识别，将语音转换为相应的文字，即可完成文字的输入。语音输入方法目前刚开始使用，识别率还不是很高，对发音的准确性要求比较高。

4）扫描仪输入法

将印刷品中的文字以图像的方式扫描到计算机中，然后用光学识别器（OCR）软件将图像中的文字识别出来，并转换为文本格式的文件。目前，OCR 的英文识别率可达 90%以上，中文识别率可达 85%以上，如图 10-10 所示。

图 10-10　用扫描仪输入

5）从互联网上获取文本

从互联网上可以搜索到许多有用的文本素材，在不侵犯版权的情况下，可以从互联网上获取有用的文本。

在互联网上找到需要的文本，拖动鼠标选取该文本，或者右击，在弹出的快捷菜单中选择"全选"命令，将整个页面上的文本全部选中，然后选择"复制"命令，或者使用快捷键"Ctrl+C"进行复制。

打开文字处理软件（如 Word 或者记事本等），右击，在弹出的快捷菜单中选择"粘贴"命令，或者使用快捷键"Ctrl+V"进行粘贴，就可以将复制的文本在文字处理软件中进行编辑处理。

10.2.2　图形与图像素材的采集

一图胜千言，图形图像信息不仅可用于界面的美化，还可用于内容的表达，具有直观、形象、易于理解的特点。图形图像素材的格式一般为 JPEG、BMP、GIF、PNG 等。

1．PNG 和 JPEG 的区别

1）压缩方式不同

（1）JPEG：是一种有损压缩格式，能够将图像压缩在很小的存储空间，图像中重复或不重要的资料会丢失，因此，容易造成图像数据的损伤。

（2）PNG：是一种以无损压缩方式来减少文件的大小且保证最不失真的格式，存储形式丰富，兼有 GIF 和 JPG 的色彩模式；能把图像文件压缩到极限以利于网络传输，又能保留所有与图像品质有关的信息，且可以去除一些背景。

2）显示速度不同

（1）JPEG：在网页下载时只能由上而下依序显示图片，直到图片资料全部下载完毕才能看到全貌。

（2）PNG：显示速度很快，只需下载 1/64 的图像信息就可以显示低分辨率的预览图像。

3）支持图像不同

（1）JPEG：不支持透明图像的制作。

（2）PNG：PNG 支持透明图像的制作，透明图像在制作网页图像时有用，可以把图像背景设置为透明，用网页本身的颜色信息来代替设置为透明的色彩，这样可以让图像和网页背景很和谐地融合在一起。

2．获取方式

1）屏幕捕捉

使用 Windows 提供的快捷键"Alt+PrintScreen"，直接将当前活动窗口显示的画面置入剪贴板中。

2）扫描输入

这是一种常用的图像采集方法。如果希望把教材或其他书籍中的一些插图放在多媒体课件中，可以通过彩色扫描仪将插图扫描转换成计算机数字图像文件，对于这些图像文件，还要使用 Photoshop 进行颜色、亮度、对比度、清晰度、幅面大小等方面的调整，以弥补扫描后出现的缺陷。

3）使用数码相机

随着数码相机的不断发展，数字摄影是近年来广泛使用的一种图像采集手段，数字相机拍

摄的图像是数字图像，它被保存到数字相机的内存储器芯片中，然后通过计算机的通信接口将数据传送到多媒体计算机上，再在计算机中使用 Photoshop、iSee 等软件进行处理之后应用到制作的多媒体软件中。使用这种方法可以方便、快速地制作出实际物体，如旅游景点、实验器具、人物等的数字图像，然后插入多媒体课件中。

4）网上下载或网上图片库

网络中提供了各种各样非常丰富的资源，特别是图像资源。对于网页上的图片，可以在所需的图片上右击，在弹出的快捷菜单中选择"另存图片"命令，把网页上的图片下载存储到计算机中使用。而对于有些提供素材库的网站，一般都提供图片下载工具，可以直接把素材库中的图片下载到计算机中使用。

5）使用专门的图形图像制作工具

对于那些确实无法通过上述方法获得的图形图像素材，就不得不使用绘图软件来制作了。常用的绘图软件有 Freehand、Illustrator、CorelDRAW 等，在这些绘图软件中都提供了强大的绘制图形的工具、着色工具、特效功能（滤镜）等，可以使用这些工具制作出所需要的图像，如图 10-11 所示。

图 10-11　绘制图形工具

10.2.3　音频素材的采集

课件中的音频一般为背景音乐和效果音乐，其格式一般为 WAV、SWA、MIDI、MP3、CD等。

音频的获取途径，一是素材光盘；二是资源库；三是网上查找；四是从 CD、VCD 中获取；五是从现有的录音带中获取；六是从课件中获取。

我们使用的音乐软件一般为 QQ 音乐、网易云音乐等。但怎么从上面获取资源呢？先打开一个多媒体软件，如网易云音乐，找到自己所需要的音乐并将其选中，然后右击，在弹出的快捷菜单中选择"下载"命令，如图 10-12 所示。

图 10-12　选择"下载"命令

选择下载的音质，然后单击"确定"按钮，便开始下载，如图 10-13 所示。

图 10-13　开始下载

单击"确定"按钮后，如果下载的音乐找不到，则单击"下载管理"按钮，便可看到下载的音乐，将其选中，右击，在弹出的快捷菜单中选择"打开文件所在目录"命令，便可找到所下载的音乐。

如果需要一些配音、音效素材，则可以到专门提供音乐素材的网站寻找，下载时要注意，有些素材只让 VIP 会员下载。

10.2.4　视频素材的采集

视频素材的格式一般为 WMV、AVI、MPG、FLV 等。

AVI 即音频视频交错格式，是将语音和影像同步组合在一起的文件格式。它对视频文件采用一种有损压缩方式，但压缩比较高，因此尽管画面质量不是太好，但其应用范围仍然非常广泛。AVI 支持 256 色和 RLE 压缩。AVI 信息主要应用在多媒体光盘上，用来保存电视、电影等各种影像信息。

WMV 是微软公司推出的一种流媒体格式，它是由"同门"的 ASF 格式升级而来的。在同等视频质量下，WMV 格式的体积非常小，因此，很适合在网上播放和传输。

视频素材主要是从资源库、电子书籍、课件、录像片、DVD 片中获取，从网上也能找到视频文件。资源库、电子书籍中的视频资料可以直接调用。各大视频网站、各种影视平台都提供素材，但要注意所获取素材的用途和版权问题。也可以通过手机拍摄视频，用视频处理软件从新闻上截取某段视频。截取视频的软件有爱剪辑、会声会影、爱拍、抖音、腾讯视频、爱奇艺等，如图 10-14 所示。

图 10-14　截取视频的软件

10.2.5 动画素材的采集

Flash 是由 macromedia 公司推出的交互式矢量图和 Web 动画的标准，由 Adobe 公司收购。做 Flash 动画的人被称为闪客。网页设计者使用 Flash 创作出既漂亮又可改变尺寸的导航界面以及其他奇特的效果。Flash 的前身是 FutureWave 公司的 FutureSplash，是世界上第一个商用的二维矢量动画软件，用于设计和编辑 Flash 文档。

Flash 动画素材的格式一般为 FLA、SWF、EXE。

1. FLA

只能在 Flash 中打开，记录制作过程中所有对象、帧、层、场景的细节，可以编辑修改。

2. SWF

完成制作后的作品，在 Flash 播放器播放，不可编辑、修改。

3. EXE

可以独立播放，内含 Shockwave 播放器，在未安装 Flash 软件或播放器的计算机上也能运行，不能编辑、修改。

可以在网上搜索别人制作 Flash 后产生的源文件，有了源文件，在制作 Flash 时就可以调用源文件中的某个动画效果，这是简单且方便的方法。如果没有 Flash 源文件，有 SWF 文件也可以，这样，在制作 Flash 时，可以调用 SWF 文件，效果和调用源文件中的某个效果是一样的。也可以在网上找一些适合 Flash 制作时用的图片和文件，如 PNG 或者 JPG 格式的图片，这样，在制作 Flash 时就更方便了。还可以上网搜一些流行或者经典的制作 Flash 的方法，以提高制作 Flash 的水平。

10.2.6 格式转换

在收集素材时总会碰到格式不符合要求、内存不足、质量不高、清晰度低等情况。利用格式工厂可以解决这些问题。

格式工厂发展至今，已经成为全球领先的视频图片等格式转换客户端。格式工厂致力于帮助用户更好地解决文件使用问题，现在其在音乐、视频、图片等领域拥有庞大的忠实用户，在该软件行业内处于领先地位，并保持高速发展趋势。

格式工厂的特点：

（1）支持几乎所有类型的多媒体格式到常用的几种格式。

（2）转换过程中可以修复某些意外损坏的视频文件。

（3）能对多媒体文件"减肥"或"增肥"（视使用者的情况来"减肥"或"增肥"，"增肥"后一般能提高视频的清晰度、帧率等，但不推荐使用）。

（4）支持 iPhone/iPod/PSP 等多媒体指定格式。

（5）转换图片文件支持缩放、旋转、水印等功能。

（6）具有 DVD 视频抓取功能，能轻松备份 DVD 到本地硬盘。

在格式工厂首页，主要使用前三大类功能界面，即视频、音频和图片界面。选择视频栏中的一种格式，该格式就是要转换输出的格式。选择一种转换后的格式，如 MOV。在弹出的界面中单击添加文件，选择文件后单击"确定"按钮，返回格式工厂首页，在首页单击"开始"

按钮，视频就会转换成选择的 MOV 格式，如图 10-15 所示。

图 10-15　格式工厂首页

音频格式转换和图片格式转换的操作与视频格式转换的操作一样，在此不再赘述。

在视频界面和音频界面都有视频合成功能。单击"视频合成"，在视频合成界面添加任意格式的两个以上的视频，单击"确定"按钮，返回首页再单击"确定"按钮，视频就会合成为一个视频，默认合成后的视频格式是 MP4，在转换处也可以修改为别的格式。音频的操作方法同上。

10.2.7　集成数字媒体产品

在制作视频之前应该对素材进行收集与整理，素材一般有文字、图像、声音、视频、动画、图标、按钮等。利用前面所讲述的方法对素材进行收集与整理。

下面以"垃圾分类"的主题班会活动为案例，利用手机 App 和前面所学的方法进行视频制作。

在日常生活中，一些简单的视频可以直接通过手机 App 来制作。常用的制作视频的手机 App 有：印象 App，该 App 中的滤镜做得很棒，内置的动态字幕非常出色，上手也比较简单；喵影工厂，该 App 使用比较方便，功能齐全，既有苹果版也有安卓版；iMovie，该 App 既有模板，可以轻松生成短片，又有强大的手动控制，但只有苹果版。另外，还有快剪辑、爱剪辑、抖音、Bger 等，如图 10-16 所示。

图 10-16　手机视频制作软件

"垃圾分类"班会活动用抖音手机 App 进行制作。在手机的应用市场中搜索抖音 App，先进行安装，再打开抖音 App，如图 10-17 所示。具体操作步骤如下：

图 10-17　抖音 App

（1）打开抖音 App 之后，单击下方的"+"按钮，然后单击"相册"，将从手机中导出的"垃圾分类班会活动视频简短素材"导入，如图 10-18 所示。

图 10-18　用抖音 App 导入素材

（2）进行视频的剪辑选取。需要注意的是，因为抖音 App 有权限限制，如果是粉丝没有超过 1000 的用户则不能制作 60s 以上的视频，所以要对视频进行选取，该素材视频没有超过 60s，可以直接单击"下一步"按钮。

（3）可以为视频添加滤镜、转场、贴纸等特效，还可以选择封面。单击"特效"，将时间指针拨到最开始的位置，按住旋转特效，等视频从开头旋转一圈后放手，就可以为视频的开头添加一个旋转特效。设置完毕单击"保存"按钮，如图 10-19 所示。

（4）单击"贴纸"，选择一个感叹号的贴纸。按住贴纸拖动，调整贴纸的位置，单击"贴纸"，选中贴纸框右下角的标识，可以改变贴纸的大小和方向，如图 10-20 所示。

（5）选中贴纸框右上角的标识，可以通过调整黄色区域的位置和大小，设置贴纸出现的时间。设置完毕单击"对号"按钮，如图 10-21 所示。

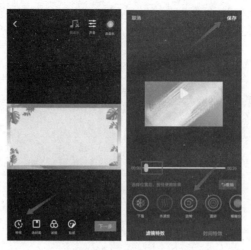

图 10-19　添加特效

图 10-20　添加贴纸

图 10-21　设置贴纸

（6）单击右上角的"选音乐"，选择一首合适的背景音乐，搜索"美好清晨"，单击"使用"按钮，如图 10-22 所示。

图 10-22 添加背景音乐

（7）单击"下一步"按钮，为该视频起一个名字"垃圾分类"，单击"发布"按钮。点开已经发布的动态视频，单击右边的"三个点"图标，单击"保存本地"按钮即可下载该视频。至此一个简单的垃圾分类视频就制作完了，如图 10-23 所示。

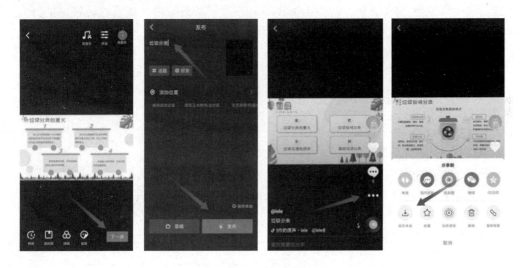

图 10-23 视频文件的导出

任务三 HTML5 制作和发布

➡ 任务描述

HTML5 是互联网的下一代标准，是构建以及呈现互联网内容的一种语言方式，被认为是互联网的核心技术之一。在本任务中，介绍 HTML5 应用的新特性，以及 HTML5 应用的制作和发布过程。

➔ 任务实施

10.3.1　HTML5 的概念

HTML5 是 Hyper Text Markup Language 超文本标记语言（HTML）的第 5 次重大修改，是 HTML 的一个新版本。HTML5 是构建 Web 内容的一种语言描述方式，是 Web 中核心语言 HTML 的规范。HTML 被称为超文本标记语言是因为文本中包含了超链接，就是一种 URL 指针，单击它可以方便地获取新的网页。

1）HTML5 的优点

（1）可以多设备、跨平台。

（2）可以及时更新。

（3）提高可用性和改进用户的友好体验。

（4）可以很好地替代 Flash。

（5）可以给站点带来更多的多媒体元素。

2）HTML5 的缺点

（1）以前的网络平台上存在大量的专利产品，想要实现 HTML5 技术的大量应用，就得先将这些专利性的产品变为开放性的产品。

（2）不是所有浏览器都支持，很多主流浏览器在发展的过程中完成了这种技术的开发，在自身浏览器中实现了这种功能，对 HTML5 的发展速度有一定影响。

（3）技术手段的不完善。

10.3.2　HTML5 应用的新特性

HTML5 将 Web 带入一个成熟的应用平台，在这个平台上，对视频、音频、图像、动画以及与设备的交互都进行了规范。

1. 语义化标签和结构性标记

语义化标签（见表 10-1）和结构性标记使开发者能方便清晰地构建页面的布局。

表 10-1　语义化标签及含义

语义化标签	含　义
<article>	定义页面独立的内容区域
<aside>	定义页面的侧边栏内容
<bdi>	允许设置一段文本，使其脱离其父元素的文本方向来设置
<command>	定义命令按钮，如单选按钮、复选框等
<details>	用于描述文档或文档某个部分的细节
<dialog>	定义对话框，如提示框
<summary>	标签包含 details 元素的标题

续表

语义化标签	含　义
<figure>	规定独立的流内容（图像、图表、照片、代码等）
<figcaption>	定义<figure>元素的标题
<footer>	定义 section 或 document 的页脚
<header>	定义文档的头部区域
<mark>	定义带有记号的文本
<meter>	定义度量衡，仅用于对已知最大值和最小值的度量
<nav>	定义运行中的进度（进程）
<progress>	定义任何类型的任务的进度
<ruby>	定义 ruby 注释（中文注音或字符）
<rt>	定义字符（中文注音或字符）的解释或发音
<rp>	在 ruby 注释中使用，定义不支持 ruby 元素的浏览器所显示的内容
<section>	定义文档中的节（section、区段）
<time>	定义日期或时间
<wbr>	规定在文本中的何处适合添加换行符

2. 音频和视频

HTML5 增加了<audio>、<video>两个标签来支持音频和视频，在 Web 网页中只要嵌入这两个标签，不需要第三方的插件就可以播放音频和视频。

3. Canvas 绘图

HTML5 新增加了<canvas>，可以结合使用 JavaScript 脚本语言在网页上绘制图像并进行处理，拥有绘制线条、矩形、弧线，为文本添加样式，用颜色填充区域，以及添加图像的方法，且使用 JavaScript 可以控制其每个像素。Canvas 可以让浏览器不需要 Flash 或 Silverlight 等插件就能直接显示图形或动画图像。

4. 地理定位

HTML5 引入 Geolocation 的 API，就可以通过 GPS 或网络信息实现用户的定位功能，定位更加准确、灵活。通过 HTML5 进行定位，除了可以定位自己的位置，还可以在他人对你开放信息的情况下获得他人的定位信息。

课后作业

一、单选题

1. 下列（　　）是数字文字处理软件。
   A．Word　　　　　　B．PS　　　　　　C．AI　　　　　　D．Pr
2. 下列（　　）是视频格式。
   A．MPG　　　　　　B．PNG　　　　　C．JPG　　　　　D．MP3
3. 当我们遇到格式转换问题时用（　　）可以解决。
   A．PS　　　　　　　B．格式工厂　　　C．美图秀秀　　　D．iMovie

4. 标签<summary>的作用是（　　　）。

    A．标签包含 details 元素的标题   B．定义日期或时间

    C．定义对话框，如提示框   D．定义任何类型的任务的进度

5. 下列（　　　）是视频处理软件。

    A．PS   B．AI   C．AU   D．PR

6. 下列（　　　）是数字图像处理软件。

    A．PS   B．Camtasia   C．PR   D．AU

7. 下列（　　　）是数字音频处理软件。

    A．PS   B．AU   C．PR   D．AI

8. 下列（　　　）是数字动画处理软件。

    A．AI   B．PS   C．AU   D．3D Max

9. 下列（　　　）是数字视频处理软件。

    A．3D Max   B．PS   C．PR   D．AU

10. 下列（　　　）软件可以进行视频剪辑。

    A．AU   B．Camtasia   C．AI   D．PS

二、多选题

1. 视频素材的格式一般为（　　　）。

    A．WMV   B．AVI   C．MPG   D．FLV

2. 数字文字处理软件有哪些？（　　　）

    A．记事本   B．WPS   C．美图秀秀   D．Camtasia

3. HTML5 里有哪些标签？（　　　）

    A．<audio>   B．<section>   C．<video>   D．<p>

4. 哪些软件可以进行剪辑？（　　　）

    A．PS   B．抖音   C．Camtasia   D．AU

5. 哪些软件可以对图片进行处理？（　　　）

    A．AI   B．PR   C．PS   D．WPS

三、判断题

1. PS 是视频剪辑软件。（　　　）

2. <p>标签可以设置字体颜色。（　　　）

3. JPEG 不支持对透明图像的制作。（　　　）

4. 视频素材的格式一般为 WMV、AVI、MPG、FLV 等。（　　　）

5. 表示媒体是为了传送感觉媒体而人为研究出来的媒体，是一种信息的表示方法，如语言编码、电报码、条形码，静止和活动图像编码以及文本编码等。（　　　）

四、填空题

1. 视频一般有_____、_____、_____、_____格式。

2. 图片一般有_____、_____、_____、_____格式。

3. 音频一般有_____、_____、_____格式。

4. 数字媒体的常用软件为_____、_____、_____。

五、操作题

分别用抖音 App 和 Camtasia 软件制作"垃圾分类"班会活动的视频。

项目 *11*

虚拟现实

学习目标

- 理解虚拟现实技术的基本概念；
- 了解虚拟现实技术的发展历程、应用场景和未来趋势；
- 了解虚拟现实应用开发的流程和相关工具；
- 了解不同虚拟现实引擎开发工具的特点和差异；
- 掌握一种主流虚拟现实引擎开发工具的简单使用方法；
- 能使用虚拟现实引擎开发工具完成简单虚拟现实应用程序的开发。

项目描述

　　虚拟现实是一种可以创建和体验虚拟世界的计算机仿真系统，其利用高性能计算机生成一种模拟环境，是一种多源信息融合的、交互式的三维动态视景和实体行为的系统仿真。虚拟现实具有沉浸感、交互性和构想性三大特点，已广泛应用于娱乐、教育、设计、医学、军事等领域，将人们带入一个身临其境的虚拟世界。本项目包括虚拟现实技术的基础知识、虚拟现实应用开发的流程和工具、简单虚拟现实应用程序的开发等内容。

任务一 认识虚拟现实

➡️ **任务描述**

虚拟现实技术受到越来越多人的认可，人们可以在虚拟现实世界体验最真实的感受。本任务主要介绍虚拟现实技术的基本概念；虚拟现实技术的发展历程、应用场景和未来发展趋势等。

➡️ **任务实施**

11.1.1 虚拟现实技术的基本概念

虚拟现实（VR）的概念

虚拟现实技术（Virtual Reality，VR）又称灵境技术，是 20 世纪发展起来的一项全新的实用技术。虚拟现实技术集计算机、电子信息、仿真技术于一体，其基本实现方式是计算机模拟虚拟环境从而给人以环境沉浸感。随着社会生产力和科学技术的不断发展，各行各业对 VR 技术的需求日益增多。VR 技术也取得了巨大进步，并逐步成为一个新的科学技术领域。

所谓虚拟现实，顾名思义，就是虚拟和现实相互结合。从理论上来讲，虚拟现实技术是一种可以创建和体验虚拟世界的计算机仿真系统，它利用计算机生成一种模拟环境，使用户沉浸在该环境中。虚拟现实技术就是利用现实生活中的数据，通过计算机技术产生的电子信号，将其与各种输出设备结合使其转化为能够让人们感受到的现象，这些现象可以是现实中真真切切的物体，也可以是肉眼看不到的物质，通过三维模型表现出来。因为这些现象不是直接看到的，而是通过计算机技术模拟出来的，故称为虚拟现实。

虚拟现实技术受到越来越多人的认可，人们可以在虚拟现实世界体验最真实的感受，其模拟环境的真实性与现实世界难辨真假，让人有一种身临其境的感觉；虚拟现实具有人类所拥有的所有感知功能，如听觉、视觉、触觉、味觉、嗅觉等感知功能；它具有超强的仿真系统，真正实现人机交互，使人们在操作的过程中，可以随意操作并得到环境最真实的反馈。正是虚拟现实技术的存在性、多感知性、交互性等特征使它受到许多人的喜爱。

VR 涉及学科众多，应用领域广泛，系统种类繁杂，这是由其研究对象、研究目标和应用需求决定的。从不同角度可对 VR 系统做出不同的分类。

1. 从沉浸式体验角度分类

沉浸式体验分为非交互式体验、人—虚拟环境交互式体验和群体—虚拟环境交互式体验等几类。该角度的虚拟现实强调用户与设备的交互体验，相比之下，非交互式体验中的用户更为被动，所体验的内容均为提前规划好的，即便允许用户在一定程度上引导场景数据的调度，也仍然没有实质性交互行为，如场景漫游等，用户几乎全程无事可做；而在人—虚拟环境交互式体验系统中，用户可用数据手套、数字手术刀等设备与虚拟环境进行交互，如驾驶战斗机模拟器等，此时的用户可感知虚拟环境的变化，进而也就能产生在相应现实世界中可能产生的各种感受。

如果将该套系统网络化、多机化，使多个用户共享一套虚拟环境，便得到群体—虚拟环境交互式体验系统，如大型网络交互游戏等，此时的 VR 系统与真实世界几乎没有什么差异。

2. 从系统功能角度分类

从系统功能角度分为规划设计、展示娱乐、训练演练等几类。规划设计类系统可应用于新设施的实验验证，可大幅缩短研发时长，降低设计成本，提高设计效率，城市排水、社区规划等领域均可使用，如 VR 模拟给排水系统，可大幅减少原本需用于实验验证的经费；展示娱乐类系统适用于提供给用户逼真的观赏体验，如数字博物馆、大型 3D 交互式游戏、影视制作等，VR 技术早在 70 年代便被 Disney 用于拍摄特效电影；训练演练类系统可应用于各种危险环境及一些难以获得操作对象或实操成本极高的领域，如外科手术训练、空间站维修训练等。

虚拟现实技术的特征包括：

（1）沉浸性。

沉浸性是虚拟现实技术最主要的特征，就是让用户成为并感受到自己是计算机系统所创造环境中的一部分，虚拟现实技术的沉浸性取决于用户的感知系统，当用户感知到虚拟世界的刺激时，包括触觉、味觉、嗅觉、运动感知等，便会产生思维共鸣，造成心理沉浸，感觉如同进入真实世界。

（2）交互性。

交互性是指用户对模拟环境内物体的可操作程度和从环境得到反馈的自然程度，用户进入虚拟空间，相应的技术让用户跟环境产生相互作用，当用户进行某种操作时，周围的环境也会做出某种反应。如果用户接触到虚拟空间中的物体，那么用户手上应该能够感受到，若用户对物体有所动作，物体的位置和状态也应改变。

（3）多感知性。

多感知性表示计算机技术应该拥有很多感知方式，如听觉、触觉、嗅觉等。理想的虚拟现实技术应该具有人类所拥有的所有感知功能。由于相关技术，特别是传感技术的限制，目前，大多数虚拟现实技术所具有的感知功能仅限于视觉、听觉、触觉、运动等几种。

（4）构想性。

构想性也称想象性，用户在虚拟空间中可以与周围物体进行互动，可以拓宽认知范围，创造客观世界不存在的场景或不可能发生的环境。构想可以理解为用户进入虚拟空间，根据自己的感觉与认知能力吸收知识，发散拓宽思维，创立新的概念和环境。

（5）自主性。

自主性是指虚拟环境中物体依据物理定律动作的程度。如当受到力的推动时，物体会向力的方向移动，或翻倒，或从桌面落到地面等。

虚拟现实的关键技术主要包括：

（1）动态环境建模技术。

虚拟环境的建立是 VR 系统的核心内容，目的就是获取实际环境的三维数据，并根据应用的需要建立相应的虚拟环境模型。

（2）实时三维图形生成技术。

三维图形的生成技术已经较为成熟，关键是如何实时生成。为了保证实时，至少应该保证图形的刷新频率不低于 15 帧/秒，最好高于 30 帧/秒。

（3）立体显示和传感器技术。

虚拟现实的交互能力依赖于立体显示和传感器技术的发展，现有的设备不能满足需要，力学和触觉传感装置的研究也有待进一步深入，虚拟现实设备的跟踪精度和跟踪范围也有待提高。

（4）应用系统开发工具。

虚拟现实应用的关键是寻找合适的场合和对象，选择适当的应用对象可以大幅提高生产效率，减轻劳动强度，提高产品质量。想要达到这一目的，就需要研究虚拟现实的开发工具。

（5）系统集成技术。

由于 VR 系统中包括大量的感知信息和模型，因此，系统集成技术起到至关重要的作用，集成技术包括信息的同步技术、模型的标定技术、数据转换技术、数据管理模型、识别与合成技术等。

11.1.2　虚拟现实技术的发展历程

1. 第一阶段（1963 年以前）有声形动态的模拟是蕴含虚拟现实思想的阶段

1929 年，Edward Link 设计出用于训练飞行员的模拟器；1956 年，Morton Heilig 开发出多通道仿真体验系统 Sensorama。

2. 第二阶段（1963—1972 年）虚拟现实萌芽阶段

1965 年，Ivan Sutherland 发表论文"Ultimate Display"（终极的显示）；1968 年，Ivan Sutherland 研制成功带跟踪器的头盔式立体显示器（HMD）；1972 年，Nolan Bushell 开发出第一个交互式电子游戏 Pong。

3. 第三阶段（1973—1989 年）虚拟现实概念的产生和理论初步形成阶段

1977 年，Dan Sandin 等研制出数据手套 SayreGlove；1984 年，NASAAMES 研究中心开发出用于火星探测的虚拟环境视觉显示器；1984 年，VPL 公司的 Jaron Lanier 首次提出"虚拟现实"的概念；1987 年，Jim Humphries 设计了双目全方位监视器（BOOM）的最早原型。

4. 第四阶段（1990 年至今）虚拟现实理论进一步完善和应用阶段

1990 年，提出 VR 技术包括三维图形生成技术、多传感器交互技术和高分辨率显示技术；VPL 公司开发出第一套传感手套"DataGloves"，第一套 HMD"EyePhones"；21 世纪以来，VR 技术高速发展，软件开发系统不断完善，有代表性的有 MultiGenVega、OpenSceneGraph、Virtools 等。

11.1.3　虚拟现实技术的应用领域

VR 的技术分类和应用领域

1. 虚拟现实技术在影视娱乐领域中的应用

近年来，由于虚拟现实技术在影视领域的广泛应用，使以虚拟现实技术为主而建立的第一现场 9DVR 虚拟现实体验馆得以诞生。该体验馆自建成以来，在影视娱乐市场中的影响力非常大，该体验馆可以让观影者体会到置身于真实场景中的感觉，让体验者沉浸在影片所创造的虚拟环境中。同时，随着虚拟现实技术的不断创新，此技术在游戏领域也得到了快速发展。虚拟现实技术是利用计算机产生的三维虚拟空间，而三维游戏刚好是建立在此技术上的，三维游戏几乎包含虚拟现实的全部技术，使得游戏在保持实时性和交互性的同时，也大幅提升了游戏的真实感。

2. 虚拟现实技术在教育领域中的应用

如今，虚拟现实技术已经成为促进教育发展的一种新型教育手段。传统的教育只是一味地给学生灌输知识，而现在利用虚拟现实技术可以帮助学生打造生动、逼真的学习环境，使学生通过真实感受来增强记忆，相比于被动性灌输，利用虚拟现实技术来进行自主学习更容易让学生接受，这种方式更容易激发学生的学习兴趣。另外，各大院校利用虚拟现实技术还建立了与学科相关的虚拟实验室来帮助学生更好的学习。

3. 虚拟现实技术在设计领域中的应用

虚拟现实技术在设计领域小有成就，如室内设计，人们可以利用虚拟现实技术把室内结构、房屋外形通过虚拟技术表现出来，使之变成可以看得见的物体和环境。同时，在设计初期，设计师可以将自己的想法通过虚拟现实技术模拟出来，可以在虚拟环境中预先看到室内的实际效果，这样既节省了时间又降低了成本。

4. 虚拟现实技术在医学领域中的应用

医学专家利用计算机，在虚拟空间中模拟出人体组织和器官，让学生在其中进行模拟操作，并让学生感受到手术刀切入人体肌肉组织、触碰骨头的感觉，使学生能够更快地掌握手术要领。另外，主刀医生在手术前，可以建立病人身体的虚拟模型，在虚拟空间中先进行一次手术预演，这样能大大提高手术的成功率，让更多的病人得以痊愈。

5. 虚拟现实技术在军事领域中的应用

由于虚拟现实的立体感和真实感，在军事领域中，人们将地图上的山川地貌、海洋湖泊等数据通过计算机进行编写，利用虚拟现实技术，将原本平面的地图变成一幅三维立体的地形图，并通过全息技术将其投影出来，这样有助于进行军事演习等训练，提高我国的综合国力。

除此之外，现在的战争是信息化战争，战争机器都朝着自动化方向发展，无人机便是信息化战争的典型产物。无人机由于它的自动化以及便利性深受各国喜爱，在战士训练期间，可以利用虚拟现实技术模拟无人机的飞行、射击等工作模式。战争期间，战士可以通过眼镜、头盔等操控无人机进行侦察等，以减小战士的伤亡率。由于虚拟现实技术能将无人机拍摄到的场景立体化，降低操作难度，提高侦察效率，所以无人机和虚拟现实技术的发展刻不容缓。

6. 虚拟现实技术在航空航天领域中的应用

由于航空航天是一项耗资巨大、非常烦琐的工程，所以，人们利用虚拟现实技术和计算机的统计模拟，在虚拟空间中重现现实中的飞机与飞行环境，让飞行员在虚拟空间中进行飞行训练和实验操作，极大地降低了实验经费和实验的危险系数。

11.1.4 虚拟现实技术未来的发展趋势

纵观 VR 的发展历程，未来 VR 技术的研究仍将延续"低成本、高性能"原则，从软件、硬件两方面展开，发展方向主要归纳如下：

（1）动态环境建模技术。虚拟环境的建立是 VR 技术的核心内容，动态环境建模技术的目的是获取实际环境的三维数据，并根据需要建立相应的虚拟环境模型。

（2）实时三维图形生成和显示技术。三维图形的生成技术已经比较成熟，关键是如何实时生成，在不降低图形的质量和复杂程度的基础上，如何提高刷新频率将是今后重要的研究内容。另外，VR 依赖于立体显示和传感器技术的发展，现有的虚拟设备还不能满足系统的需要，有必要开发新的三维图形生成和显示技术。

（3）新型交互设备的研制。虚拟现实技术能实现人自由地与虚拟世界对象进行交互，犹如身临其境，借助的输入输出设备主要有头盔显示器、数据手套、数据衣服、三维位置传感器和三维声音产生器等。因此，新型、便宜、鲁棒性优良的数据手套和数据衣服将成为未来研究的重要方向。

（4）智能化语音虚拟现实建模。虚拟现实建模是一个比较繁复的过程，需要大量的时间和精力。如果将 VR 技术与智能技术、语音识别技术结合起来，则可以很好地解决这个问题。对模型的属性、方法和一般特点的描述通过语音识别技术转化成建模所需的数据，然后利用计算机的图形处理技术和人工智能技术进行设计、导航以及评价，将模型用对象表示出来，并且将各种基本模型静态或动态地连接起来，最终形成系统模型。人工智能一直是业界的难题，人工智能在各个领域应用广泛，在虚拟世界也大有用武之地，良好的人工智能系统对减少乏味的人工劳动具有非常积极的作用。

（5）分布式虚拟现实技术的展望。分布式虚拟现实是今后虚拟现实技术发展的重要方向。随着众多 DVE 开发工具及其系统的出现，DVE 本身的应用也渗透到各行各业，包括医疗、工程、训练与教学以及协同设计。仿真训练和教学训练是 DVE 的又一个重要的应用领域，包括虚拟战场、辅助教学等。另外，研究人员还用 DVE 系统来支持协同设计工作。

任务二　开发流程与工具

➡ 任务描述

VR 涉及的学科众多，应用领域广泛，在本任务中介绍虚拟现实应用开发的流程和相关工具，以及不同虚拟现实引擎开发工具的特点和差异。

➡ 任务实施

11.2.1　开发流程

虚拟现实应用开发的流程按优先级排序，分为以下四部分：

（1）各角色在团队中需要关注的内容和分工；

（2）设计工具的使用；

（3）用户研究方法，用户需求管理；

（4）设计原则（设计规范）归纳和建立。

VR 开发流程如图 11-1 所示。

11.2.2　虚拟现实应用开发工具

1. 外设驱动——Nibiru SDK

Nibiru SDK 适配市面上绝大多数操控外设（包括智能指环、4D 座椅、各种眼镜等），以及多种设备。

2. 3D 引擎

目前的主流状况是，主流游戏引擎由于其功能强大，被用于许多 VR 产品的开发。值得一提的是，并非所有 VR 产品或解决方案都依赖外设。以展示与简单交互为主要内容的 VR 产品，在不涉及复杂的行业相关精准计算的条件下，会首选 3D 引擎配合计算机来完成。

（1）Unity 引擎。

Unity 引擎功能灵活，有对外开放的平台（允许第三方添加各种各样的插件）。

（2）Unreal Engine 虚幻引擎。

用 Unreal Engine 虚幻引擎开发的产品，其效果绚丽，风格典雅，很适合对建筑或内装的展示。

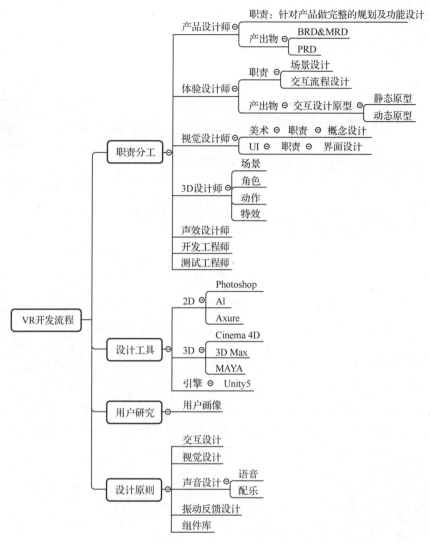

图 11-1　VR 开发流程

（3）Quest3D。

Quest3D 主要面向建筑领域，虽然也包含逻辑处理，相比之下更侧重于给设计人员使用。简单快速搭建虚拟建筑模型，是 Quest3D 的主要用意。

（4）VRP。

（5）EON。

3. 图形库

有了 3D 引擎，似乎不需要开发人员直接调用 3D 图形库。实际工作中由于这样那样的原因（或功能或效率），有时也需要开发人员调用 3D 图形库。

（1）OpenGL。

（2）DirectX3D。

（3）WebGL。

HTML5 技术浪潮涌起，也把 WebGL 推向了浪尖。Unity5.0 强调对 WebGL 的支持，使互联网上的 3D 交互及其页面嵌入降低了很多隔阂感。

4. 虚拟现实编程语言

除了各大引擎自身所使用的脚本语言，还有：

（1）着色器编程语言——Cg/HLSL。

（2）虚拟现实建模语言——VRML。

VRML 全称为 Virtual Reality Modeling Language。

（3）三维图像标记语言——X3D。

虚拟现实引擎开发工具
的特点及区别

11.2.3 虚拟现实引擎开发工具的特点及区别

任务三 虚拟现实引擎开发工具的使用

➡ 任务描述

本任务以 Unreal Engine 4 引擎开发工具的使用为例，熟悉其基本操作界面，并创建第一个游戏物体。

➡ 任务实施

Unreal Engine 4 引擎本质上是一个游戏开发工具集，能够胜任从 2D 手机游戏到 3A 主机游戏的制作，其中不乏《方舟：生存进化》《铁拳 7》《王国之心 3》等 3A 游戏。

初学者很容易用 Unreal Engine4 引擎开发游戏。通过蓝图可视化脚本系统，甚至无须编写任何代码，配合简单易上手的操作界面，开发者就能很快制作出好玩的游戏原型。内容包括：

- 安装引擎
- 资源导入
- 创建材质
- 利用蓝图创建具有基本功能的物体

为了掌握这些知识点，以在游戏场景创建一个转台旋转展示香蕉为例来介绍。

11.3.1 安装引擎

Unreal Engine 4 引擎需要通过 Epic Games 启动器来下载安装。直接前往官网，单击右上角的"Get Unreal"按钮。

要先创建一个账号，才能下载启动器。创建完账号后，下载 Epic Games 启动器。

下载安装并打开该启动器，在出现的界面中输入注册邮箱和密码，单击"Sign In"按钮，如图 11-2 所示，出现如图 11-3 所示的安装启动界面。

在该界面单击左上角的"Install Engine"按钮，该启动器会跳转到选择安装组件界面，如图 11-4 所示。

注意：Epic Games 一直在更新 Unreal Engine 4 引擎，所以下载的引擎版本可能不一样。

选择安装组件界面中的默认选项是"Starter Content""Templates and Feature Packs"和"Engine Source"，建议全部勾选。

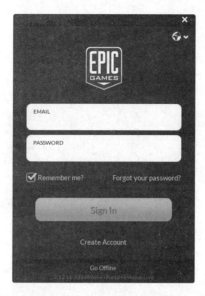

图 11-2 单击"Sign In"按钮

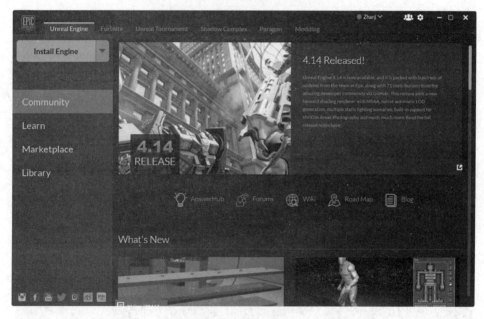

图 11-3 安装启动界面

Starter Content：资源包，可以在项目里免费使用这些资源，其中包括模型、材质。可以把这些资源用于制作游戏原型，或者用于最终成品中。

Templates and Feature Packs：勾选该选项，会根据选择的类型构建具备基本功能的模板项目。如勾选"Side Scroller"创建出来的模板项目，会有一个具备移动功能的角色及固定视角的平面摄像机。

Engine Source：Epic 提供了引擎源码，意味着任何人都可以修改引擎源码。如果想给引擎编辑器添加自定义功能，则可以通过修改源码来添加。

在下拉列表中，可以看到引擎支持多个平台，如图 11-5 所示。如果不针对这些平台开发游戏，则可以不勾选下拉列表中的选项。

图 11-4　选择安装组件界面

图 11-5　选择开发平台

　　选择完毕单击"Install"按钮。安装完毕在 Library 页签中就会出现该引擎信息，如图 11-6 所示。现在可以创建项目了。

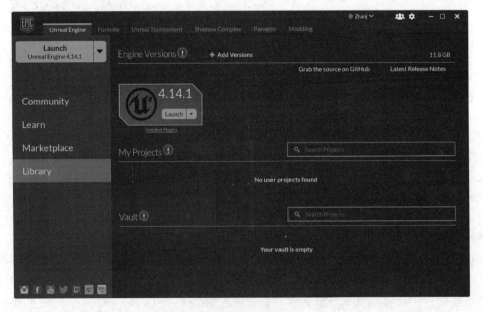

图 11-6　引擎信息

11.3.2　创建项目

单击"Launch"按钮打开项目浏览器，单击"New Project"页签，如图 11-7 所示。然后单击"Blueprint"页签，可以选择其中一种模板来创建项目，选择"Blank"可以创建空模板项目。该界面中，可以看到一些额外设置，如图 11-8 所示。

图 11-7　单击"New Project"页签

图 11-8　额外设置

下面介绍这些额外设置的作用。

Target Hardware：选择 Mobile/Tablet 会禁用一些后处理特效。在该设置下，鼠标输入会被自动识别成触控输入。把该选项设置成 Desktop/Console。

Graphic Target：选择 Scalable 3D or 2D 会禁用一些后处理特效。把该选项设置成 Maximum Quality。

Starter Content：可以启用该选项来引入初始资源。为简单起见，把该选项设置成 No Starter Content。

在该界面底部的部分用于设置项目存放位置，以及输入项目文件名，可以通过单击右侧的"省略号"图标来修改项目存放位置，如图 11-9 所示。

项目名称指的并不是游戏名称，后续修改游戏名称时，无须修改项目名称。选择 Name 处的文本框，输入"Banana Turntable"，然后单击"Create Project"按钮。

图 11-9　设置项目存放位置

11.3.3　虚拟现实技术的基本概念

一旦创建了项目，编辑器就会自动打开。整个编辑器界面（见图 11-10）由以下几部分组成。

（1）Content Browser：该面板展示了所有项目的文件。使用该面板可以创建文件夹，存放项目文件；可以使用搜索框或筛选列表搜索文件。

（2）Modes：通过该面板可以选择地形工具和植被工具。默认打开的页签是放置工具，用于在关卡放置不同类型的物体，如光线和摄像机。

（3）World Outliner：展示当前关卡的所有物体。可以对物体进行分门别类的管理，创建不同文件夹，将同类物体放在一起。

（4）Details：该面板展示所选中物体的详细属性。可以通过该面板编辑物体，编辑只会对当前物体实例生效。例如，场景中有两个球体，如果修改了其中一个球体的大小，那么这次修改只对选中的球体生效。

（5）Toolbar：包含一系列不同方法，最常用的方法是 Play。

（6）Viewport：关卡场景窗口。可以通过长按右键并拖动鼠标来旋转视角。长按右键并使用"WASD"键可移动视角。

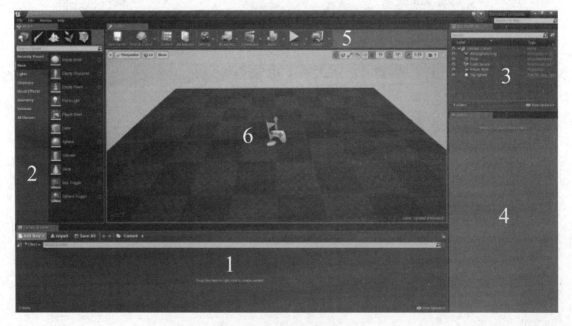

图 11-10　编辑器界面

11.3.4　导入资源

解压 UnrealBanana.zip。下载包里有两个文件——Banana_Model.fbx 和 Banana_Texture.jpg。

要先导入香蕉模型，才可以在 Unreal Engine 引擎里使用。单击"Content Browser"界面中的"Import"按钮，如图 11-11 所示。

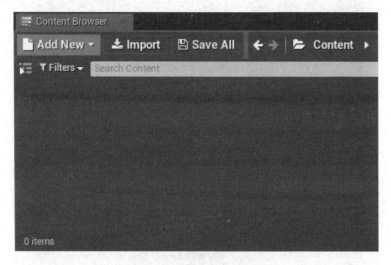

图 11-11　单击"Import"按钮

在弹出的文件浏览器里，跳转到香蕉模型文件夹，选中两个文件后单击"Open"按钮，如图 11-12 所示。

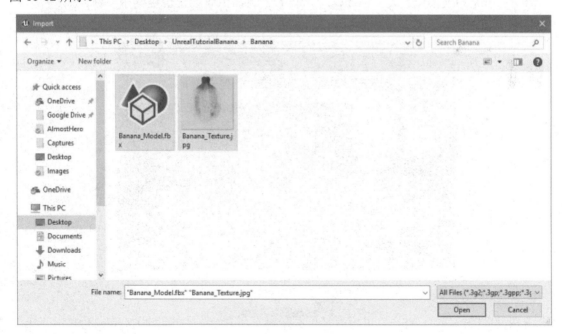

图 11-12　选择导入文件

Unreal Engine 引擎会弹出.fbx 文件的导入选项面板，确保"Import Materials"为未勾选状态，因为要自己创建材质，其他设置为默认，如图 11-13 所示。

图 11-13　导入选项面板

单击"Import"按钮，在"Content Browser"界面中就会出现这两个文件，如图 11-14 所示。

图 11-14　"Content Browser"界面

完成前面的操作，这些资源并没有真正保存到项目里，需要在文件上右击，在弹出的快捷菜单中选择"Save"命令。也可以通过单击"Content Browser"界面中的"Save All"按钮来保存所有导入的资源。要养成经常手动保存资源的习惯。

需要注意的是，在 Unreal Engine 引擎里，模型被称为网格，现在把这个香蕉网格放进场景中。

关卡场景现在还是空空的，下面把它丰富起来。

按住鼠标左键把 Banana_Model 从 Content Browser 拖曳到 Viewport 里，然后松开，该网格就放到关卡里了，如图 11-15 所示。

图 11-15　放置关卡

可以移动、旋转、缩放关卡里的物体，与之对应的快捷键是 W、E、R。用快捷键和鼠标调整香蕉网格后的效果，如图 11-16 所示。

图 11-16　调整香蕉网格后的效果

如果仔细观察香蕉，就会发现它不是黄色的，它看起来发黑像变质了。

为了赋予香蕉一些色彩和细节，需要创建一个材质。

11.3.5 创建材质与使用

材质决定了物体的视觉外观。一般材质会影响以下四个外观属性。

（1）底色（Base Color）：材质的基本色。用来决定物体的外观颜色。

（2）金属度（Metallic）：决定物体表面的金属质感。一般来说，纯金属的金属度值是最大的，纺织品的金属度值为 0。

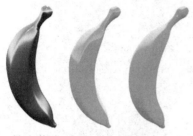

（3）高光（Specular）：控制非金属表面的光泽度。例如，陶瓷制品会有比较强的高光，而黏土则没有。

（4）粗糙度（Roughness）：物体表面的粗糙度越高，光泽度越低。一般来说，岩石和木头表面的粗糙度很高。

如图 11-17 所示为三种不同材质的比较，它们有相同的颜色，不同的外观属性；每种材质对应的属性都设置为最大值，而其他属性都设置为 0。

在 "Content Browser" 界面中单击 "Add New" 按钮，在弹出的资源列表中选择 "Material" 命令，如图 11-18 所示。

图 11-17 三种材质的比较

图 11-18 资源列表

将材质命名为 "Banana_Material"，并双击打开材质编辑器。

材质编辑器（见图 11-19）由以下几部分组成。

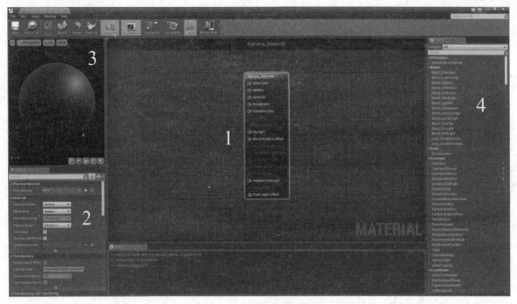

图 11-19　材质编辑器

（1）Graph：该面板包含结果节点在内的所有节点。通过长按右键和移动鼠标来移动，滚动鼠标滚轮可缩放该面板。

（2）Details：展示选中节点的详细属性。如果没有选中任何节点，则该面板展示材质的详细属性。

（3）Viewport：材质的预览界面。通过长按左键和移动鼠标来移动，滚动鼠标滚轮可缩放该界面。

（4）Palette：当前材质可用的节点列表。

在开始制作材质前，需要了解制作材质的基本元素，即节点。

节点构成材质的整体。材质可以拥有多种类型的节点，不同类型的节点具有不同的功能。

节点拥有输入和输出，它们看起来像带箭头的圆圈，左侧是输入，右侧是输出。

如图 11-20 所示为用 Multiply 和 Constant3Vector 节点将贴图改成黄色的示例。

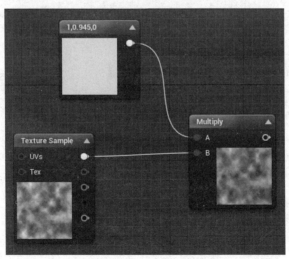

图 11-20　节点示例

材质有一个特殊的结果节点，该节点从材质开始创建就存在，是材质的最后一个节点。该节点如何连线，会直接影响材质的最终呈现效果。

11.3.6　添加贴图

通过扫描右侧的二维码了解具体内容。

添加贴图

任务四　蓝图创建游戏玩家

➡ 任务描述

本任务以 Unreal Engine 4 引擎为例，详细介绍虚拟现实应用程序的开发。

➡ 任务实施

11.4.1　蓝图

Unreal Engine 4 引擎需要通过 Epic Games 启动器下载安装。直接前往官网，单击右上角的"Get Unreal"按钮。

下面将学习如何用蓝图创建游戏玩家角色，设置输入，并编写角色通过触碰来收集道具的游戏程序。

蓝图是 Unreal Engine 4 的一套可视化脚本系统，通过蓝图可以快速制作游戏原型，而不用一行行地编写代码，取而代之的是可视化操作，即拖曳节点，在 UI 里设置节点参数，给节点连线。

除了作为一款非常便捷的原型工具，蓝图还降低了非开发人员创建游戏的门槛。

在这里，使用蓝图进行以下操作：

（1）设置垂直视角摄像机。

（2）创建具备基本移动功能的玩家控制器角色。

（3）设置玩家输入。

（4）创建可被角色触碰并收集的道具。

蓝图案例制作步骤

11.4.2　创建简单的 FPS 游戏

下面通过创建一个简单的第一人称视角射击游戏，使同学们学会如何创建一个持枪的第一人称角色，并实现射击其他 Actor。

第一人称视角射击游戏（FPS 游戏）是一类玩家以游戏角色视角进行射击体验的游戏。FPS游戏非常热门，不乏《使命召唤》和《战地》等大作。

Unreal Engine 引擎当初就是为 FPS 游戏量身打造的引擎，所以用 Unreal Engine 引擎创建 FPS 游戏。下面将学习：

（1）创建能够四处移动的第一人称角色。

制作 FPS 游戏步骤

（2）创建一把枪，绑定在角色身上。

（3）使用直线追踪（射线追踪）发射子弹。

（4）对 Actor 扣除伤害。

课后作业

一、单选题

1. 虚拟现实的英文名称是（　　）。

    A．Virtual Image（VI）   B．Virtual Reality（VR）

    C．Virtual Film（VF）   D．Virtual Graph（VG）

2. 可视化指（　　）。

    A．简单地利用图形学的图像处理技术，然后在屏幕上显示出来

    B．简单地转化成图形图像的东西，然后在屏幕上显示出来

    C．简单地利用美学的图像处理技术，转化成图形图像的东西，然后在屏幕上显示出来

    D．简单地利用图形学的图像处理技术，转化成图形图像的东西，然后在屏幕上显示出来

3. （　　）提供有关实体的动态位置，方向和结构的最高层次细节。

    A．I/O 通道   B．中体通道   C．全体通道   D．刚体通道

4. 网络虚拟环境划分技术带来的最大效率来自于通过利用一个特定服务器的客户端间的（　　）降低中间服务器间的通信开销。

    A．数据流   B．数据包   C．信息分时   D．信息定位

5. 下列属于扩展几何对象的是（　　）。

    A．立方体   B．圆角柱体   C．几何球体   D．圆锥体

6. 平衡好即指任务的分配充分利用有限的（　　）时间以及存储空间。

    A．处理器   B．周期运行   C．位置配制   D．渲染

7. 二维造型的 Boolean 运算有三种，而 Boolean 对象的运算有四种，下列（　　）不属于二维造型的 Boolean 运算。

    A．Union（合并）   B．Subtraction（相减）

    C．Intersection（交集）   D．Cut（删除）

8. 下列不属于对象变换的是（　　）。

    A．旋转对象   B．移动对象   C．缩放对象   D．组合对象

9. 在材质基本参数中通过三个颜色块来控制材质的颜色，下列属于材质基本参数颜色块的是（　　）。

    A．Ambient（环境色）   B．Reffection（反射色）

    C．Diffuse（漫反射）   D．Specular（高光色）

10. 下列不是虚拟现实的本质特征的是（　　）。

    A．沉浸感   B．交互性   C．想象性   D．疼痛感

二、多选题

1. 在生成场景景象中，网络包括（　　）。

A．分布式 　　　　B．并行 　　　　C．协同 　　　　D．人造的

2．虚拟是指（　　）。

A．假的 　　　　B．不存在的 　　　　C．人造的 　　　　D．计算机生成的

3．现实是指（　　）。

A．人造的 　　　　B．近乎存在的 　　　　C．能感受到的 　　　　D．能体验的

4．在生成场景景象中，绘制包括（　　）。

A．加速绘制 　　　　　　　　　　　B．真实感、光照处理

C．图像绘制、电绘制 　　　　　　　D．大数据量

5．虚拟现实就是用计算机等技术（计算机图形技术、计算机仿真技术、人工智能、传感技术、显示技术、网络并行处理技术等）创造出来一个能够通过（　　）等感知的环境。

A．视觉 　　　　B．嗅觉 　　　　C．听觉 　　　　D．触觉

三、判断题

1．从通信学角度来看，虚拟现实是指利用计算机发展中的高科技手段构造的，使参与者获得与现实一样感觉的一个虚拟的境界。（　　）

2．数据手套属于虚拟现实的设备。（　　）

3．CT 是医学的可视化。（　　）

4．电影中的鸟属于真实拍摄。（　　）

5．马力大的车速度比较快。（　　）

6．点绘制在 2010 年之后比较热。（　　）

7．从资源学角度来看，虚拟现实是指一种模拟三维环境的技术，用户可以如同在现实世界体验和操纵这个环境。（　　）

8．影像是一种矢量，它认为世界由点、线、面、体构成。（　　）

9．图像是一种位图，它对事物的认知来自于事物与周围的不同。（　　）

10．在生成场景景象中，真实感、光照处理不属于模型。（　　）

>>>>>>

项目 *12*

区块链

学习目标

● 了解区块链的概念、发展历史、技术基础、特性等；

● 了解区块链的分类，包括公有链、联盟链、私有链；

● 了解区块链技术在金融、供应链、公共服务、数字版权等领域的应用；

● 了解区块链技术的价值和未来发展趋势；

● 了解比特币、以太坊、超级账本等区块链项目的机制和特点；

● 了解分布式账本、非对称加密算法、智能合约、共识机制的技术原理。

项目描述

　　区块链是分布式数据存储、点对点传输、共识机制、加密算法等计算机技术的新型应用模式。本质上，区块链是一个分布式的共享账本和数据库，具有去中心化、不可篡改、全程留痕、可以追溯、集体维护、公开透明等特点，已被逐步应用于金融、供应链、公共服务、数字版权等领域。区块链是理念和模式的创新，是多种技术的综合运用，能在互联网环境下建立人与人之间的信任关系。本项目包括区块链基础知识、区块链应用领域、区块链核心技术等内容。

任务一　认识区块链

➡️ **任务描述**

区块链是近来年比较流行的一种技术，本任务介绍什么是区块链，区块链的发展历史，区块链技术基础、特性和分类等。

➡️ **任务实施**

什么是区块链

12.1.1　什么是区块链

什么是区块链（Blockchain）？这个问题不仅初学者难以回答，就是相关从业者回答时也有诸多困扰。区块链在不同场合意义有所不同，很难从字面意思理解。有时，区块链指一种数据结构，有时指一种信任机制，有时又指一种社会组织模式。区块链不只是技术现象，也是经济、法律、政治、社会、文化现象，如图12-1所示。从科技层面来看，区块链涉及数学、密码学、互联网和计算机编程等科学技术问题。从应用视角来看，简单来说，区块链是一个分布式的共享账本和数据库，具有去中心化、不可篡改、全程留痕、可以追溯、集体维护、公开透明等特点。这些特点保证了区块链的"诚实"与"透明"，为区块链创造信任奠定基础。而区块链丰富的应用场景，基本上都基于区块链能够解决信息不对称问题，实现多个主体之间的协作信任与一致行动。

图 12-1　区块链

交通银行金融研究中心高级研究员何飞进行了通俗解释：简单来说，区块链就是一种去中心化的分布式账本数据库。去中心化，即与传统中心化的方式不同，这里是没有中心的，或者说人人都是中心。分布式账本数据库，意味着记载方式不只是将账本数据存储在每个节点，每个节点还会同步共享、复制整个账本的数据。区块链具有去中介化、信息透明等特点。

"区块链技术本质上是一种数据库技术，具体讲就是一种账本技术。账本记录一个或多个账户资产变动、交易情况，其实是一种结构最为简单的数据库，我们平常在小本本上记的流水账、银行发过来的对账单，都是典型的账本。"腾讯金融科技智库首席研究员王钧说，安全是区块链技术的一大特点，主要体现在两方面：一方面是分布式的存储架构，节点越多，数据存储的安全性越高；另一方面是其防篡改和去中心化的巧妙设计，使得任何人都很难不按规则修改数据。

以网购交易为例，传统模式是买家购买商品，然后将钱打到第三方支付机构这个中介平台，等卖方发货、买方确认收货后，再由买方通知支付机构将钱打到卖方账户。由区块链技术支撑的交易模式则不同，买家和卖家可直接交易，无须通过任何中介平台。买卖双方交易后，系统通过广播的形式发布交易信息，所有收到信息的主机在确认信息无误后会记录这笔交易，相当于所有主机都为这次交易做了数据备份。即使今后某台机器出现问题，也不会影响数据的记录，因为还有无数台机器作为备份。

2019 年，中国信息通信研究院发表的《区块链白皮书（2019 年）》中指出，区块链（Blockchain）是一种由多方共同维护，使用密码学保证传输和访问安全，能够实现数据一致存储、不可篡改、防止抵赖的记账技术，也称分布式账本技术（Distributed Ledger Technology）。典型的区块链以"块—链"结构存储数据。

2020 年，中国信息通信研究院发表的《区块链白皮书（2020 年）》中指出，区块链技术是分布式的网络数据管理技术，利用密码学技术和分布式共识协议保证网络传输与访问安全，实现数据多方维护、交叉验证、全网一致、不易篡改。

作为一种在不可信的竞争环境中低成本建立信任的新型计算范式和协作模式，区块链凭借其独有的信任建立机制，正在改变诸多行业的应用场景和运行规则，是未来发展数字经济、构建新型信任体系不可或缺的技术之一。

12.1.2 区块链的发展历史

1. 比特币的诞生

2008 年 11 月，中本聪（Satoshi Nakamoto）发表了一篇论文《比特币：一种点对点的电子现金系统》，其中阐述了基于 P2P 网络技术、加密技术、时间戳技术、区块链技术等的电子现金系统的构架理念，这标志着比特币概念的诞生，如图 12-2 所示。

图 12-2　比特币

与法定货币相比，比特币没有一个集中的发行方，而是由网络节点的计算生成，谁都有可能参与制造比特币，而且可以全世界流通，可以在任意一台接入互联网的计算机上买卖，不管身处何方，任何人都可以挖掘、购买、出售或收取比特币，并且在交易过程中，外人无法辨认用户身份信息。2009 年 1 月，不受央行和任何金融机构控制的比特币诞生。比特币是一种数字货币，由计算机生成的一串串复杂代码组成，新比特币通过预设的程序制造。

2. 区块链 1.0 时代

区块链起源于比特币（Bitcoin）。2009 年 1 月初，第一个序号为 0 的创世区块诞生，几天后出现序号为 1 的区块，并与序号为 0 的创世区块相连接形成了链，标志着区块链 1.0 时代的到来。

区块链 1.0 能够实现可编程货币。在比特币形成的过程中，区块是一个一个的存储单元，记录了一定时间内各个区块节点全部的交流信息。各个区块之间通过随机散列（也称哈希算法）实现链接，后一个区块包含前一个区块的哈希值，随着信息交流的扩大，一个区块与一个区块相继接续，形成的结果就叫区块链。

在区块链 1.0 时代，整个区块链是基于 PoW（Proof of Work，工作量证明）的一个完全去中心化公链的时代，是通过一群真心希望完全不受束缚，完全脱离政府管束，完全没有国界的去中心化的思想者、理想者建立起来的没有中心的国度。中本聪是其中之一，他发明了比特币，为的是验证他放在创世纪钱包里的比特币的安全性，因为区块链其实是一个密码学技术，是公开账本数据库。其数据库由所有的网络节点共享，由"矿工"更新，全民维护，没有人可以控制这个总账。

区块链仍然属于典型的分布式系统（Distributed System），分布式系统的一个非常重要的作用就是资源共享，区块链与分布式系统的区别在于多方维护。区块链中的所有参与方（或者叫节点）都能查找和写入数据，并且写入操作只能以增加新记录的方式进行，这样的特性区别于传统分布式系统。

3. 区块链 2.0 时代

2013 年末，以太坊的创始人 Vitalik Buterin 发布了以太坊初版白皮书。以太坊的数字代币——以太币（ETH）的出现被视为区块链 2.0 时代的到来。

2013 年，中国人民银行、工业和信息化部、中国银行业监督管理委员会等发布《关于防范比特币风险的通知》，要加强比特币互联网站的管理，防范比特币可能产生的洗钱风险等。

2014 年 2 月，Daniel Larimer（BM）发布了 Bitshares（也称为 BTS，比特股）比特股的定义是"一个点对点多态数字资产交易所"，BTS 就是交易所的一种代币，用来维护交易所的正常运行。

2014 年 4 月，与 Vitalik 合作的 Gavin Wood 博士发表了《以太坊黄皮书》，将以太坊用于执行智能合约的虚拟机（EVM）等重要技术规格化并加以说明。区块链 2.0 最大的升级之处是有了智能合约。

2015 年 7 月末，在经过严格测试后，正式的以太坊网络被发布出来，这也标准着以太坊区块链正式运行。2015 年 7 月 30 日，以太坊 Frontier 网络启动，开发者开始编写智能合约和去中心化应用，以部署在以太坊实时网络上。

如果把区块链 1.0 称为全球账簿，那么可以把区块链 2.0 看作一台全球计算机，它是对整个市场的去中心化。在区块链 2.0 中以太坊就相当于一个基础链，一个底层的搭建。以太坊的计划是建成一个全球性的大规模协作网络，让任何人都可以在以太坊上进行运算、开发应用层，这样就赋予了区块链很多应用场景和功能实现的基础。

区块链2.0是有缺陷的，它无法支持大规模的商业应用开发。如交易速度，比特币的交易速度每秒7笔，以太坊每秒不超过20笔，会造成网络的堵塞，使用户无法完成交易。

4. 区块链3.0时代

区块链3.0是价值互联网的内核。区块链能够对每个互联网中代表价值的信息和字节进行产权确认、计量和存储，从而实现资产在区块链上可被追踪、控制和交易。

价值互联网的核心是由区块链构造一个全球性的分布式记账系统，它不仅能记录金融业的交易，而且几乎可以记录任何有价值的能以代码形式进行表达的事物，包括对共享汽车的使用权、信号灯的状态、出生和死亡证明、结婚证、教育程度、财务账目、医疗过程、保险理赔、投票、能源。

因此，随着区块链技术的发展，其应用能够扩展到任何有需求的领域，包括审计、公证、医疗、物流等领域，进而扩展到整个社会。

12.1.3 区块链的技术基础

区块链作为一个诞生十年左右的技术，的确算是一个新兴的概念，但是它所用到的基础技术全是当前非常成熟的技术。区块链的基础技术，如哈希运算、数字签名、P2P网络、共识机制、智能合约等，在区块链兴起之前，已经在各种互联网应用中被广泛使用。但这并不意味着区块链就是一个新瓶装旧酒的东西。同时，区块链也并不是简单的重复使用现有技术，如共识机制、隐私保护在区块链中已经有很多革新，智能合约也从理念变为现实。区块链"去中心化"或"多中心"这种颠覆性的设计思想，结合其数据不可篡改、透明、可追溯、合约自动执行等强大能力，足以掀起一股新的技术风暴。

区块链技术是多种技术组合创新的全新分布式基础架构。在区块链技术中，使用"块—链"结构来存储和验证数据；使用共识机制来生成和更新数据，并保证多个节点间数据的一致性；使用P2P网络开展节点之间的通信；使用密码学相关技术来确保数据传输和访问的安全性；使用智能合约来处理数据。区块链技术通过多方共同参与维护的多中心化账本，提升了数据存储和计算的安全可信水平。

1. 区块链基础架构

区块链基础架构分为六层，包括数据层、网络层、共识层、激励层、合约层、应用层，如图12-3所示。每层分别完成一项核心功能，各层之间互相配合，实现一个去中心化的信任机制。

1）数据层

数据层是最底层的技术，主要实现两个功能，一个是相关数据的存储，另一个是账户和交易的实现与安全。数据存储主要通过区块的方式和链式结构实现。账号和交易的实现基于数字签名、哈希函数和非对称加密技术等密码学算法和技术，保证交易在去中心化的情况下能够安全地进行。

数据层主要封装底层数据区块的链式结构，以及相关的非对称公私钥数据加密技术和时间戳等技术，这是整个区块链技术中最底层的数据机构。其建立的一个起始节点是"创世区块"，之后在同样规则下创建的规格相同的区块通过一个链式的结构依次相连组成一条主链条。随着运行时间越来越长，新的区块通过验证后不断被添加到主链上，主链会不断地延长。

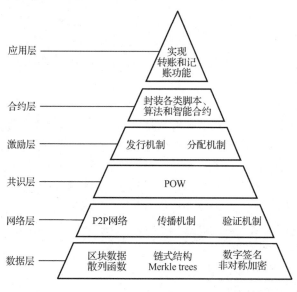

图 12-3　区块链基础架构

2）网络层

网络层主要实现网络节点的连接和通信，又称点对点技术，是没有中心服务器、依靠用户群交换信息的互联网体系。与有中心服务器的中央网络系统不同，对等网络的每个用户端既是一个节点，也具有服务器的功能，其具有去中心化与健壮性等特点。

每个节点既接收信息又产生信息。节点之间通过维护一个共同的区块链来保持通信。区块链的网络中，每个节点都可以创造新的区块，在新区块被创造后会以广播的形式通知其他节点，其他节点会对这个区块进行验证，当全区块链网络中超过51%的用户验证通过后，这个新区块就可以被添加到主链上。

3）共识层

共识层主要实现全网所有节点对交易和数据达成一致，防范拜占庭攻击、女巫攻击、51%攻击等共识攻击，其算法称为共识机制。共识机制算法是区块链技术的核心技术，因为其决定到底由谁来进行记账，记账者的选择方式会影响整个系统的安全性和可靠性。区块链中比较常用的共识机制主要有投注共识、瑞波共识、Pool 验证池、实用拜占庭容错、授权拜占庭容错、帕克索斯算法等。

4）激励层

激励层将经济因素集成到区块链技术体系中，主要包括经济激励的发行机制和分配机制，该层主要出现在公有链中，因为在公有链中必须激励遵守规则参与记账的节点，并且惩罚不遵守规则的节点，才能让整个系统朝着良性循环的方向发展。所以激励机制往往也是一种博弈机制，让更多遵守规则的节点愿意进行记账。而在私有链中，则不一定需要进行激励，因为参与记账者的节点往往在链外完成博弈，也就是说，可能有强制力或者其他需求来要求参与者记账。

激励层主要实现区块链代币的发行和分配机制。如以太坊定位以太币为平台运行的燃料，可以通过挖矿获得，每挖到一个区块固定奖励 5 个以太币，同时运行智能合约和发送交易都需要向矿工支付一定的以太币。

5）合约层

合约层主要封装各类脚本、算法和智能合约，赋予账本可编程的特性。区块链 2.0 通过虚拟机的方式运行代码实现智能合约的功能，如以太坊的以太坊虚拟机（EVM）。同时，该层通过在智能合约上添加能够与用户交互的前台界面，形成去中心化的应用（DAPP）。以太坊在比特币结构基础上，内置了编程语言协议，从而在理论上可以实现任何应用功能。如果把比特币看作全球账本的话，那么就可以把以太坊看作一台全球计算机。

6）应用层

应用层主要封装区块链的各种应用场景和案例，如搭建在以太坊上的各类区块链应用就部署在应用层，所谓可编程货币和可编程金融也将搭建在应用层。

2. 共识机制

共识机制是区块链节点间在数据存储、数据验证和数据维护方面达成一致的策略和方法。区块链作为一种去中心化的分布式系统，需要通过节点之间的底层共识协议来保证其账本的数据一致性，因此，共识机制是区块链技术的基础和核心。常见的共识机制包括工作量证明（Proof of Work，PoW）、权益证明（Proof of Stake，PoS）、股份授权证明（Delegated Proof-of-Stake，DPoS）、Pool 验证池、拜占庭容错（PBFT）类 BFT 共识协议等。供应链金融区块链建立在可信任环境，一般采用 PBFT、类 BFT 共识机制。

1）工作量证明机制（PoW）

工作量证明机制即对于工作量的证明，是生成要加入到区块链中的一笔新的交易信息（即新区块）时必须满足的要求。在基于工作量证明机制构建的区块链网络中，节点通过求随机哈希散列的数值解来争夺记账权，求得正确的数值解以生成区块的能力是节点算力的具体表现。工作量证明机制具有完全去中心化的优点，在以工作量证明机制为共识的区块链中，节点可以自由进出。大家所熟知的比特币网络就应用工作量证明机制来生产新的货币。然而，由于工作量证明机制在比特币网络中的应用已经吸引全球计算机大部分的算力，其他想尝试使用该机制的区块链应用很难获得同样规模的算力来维持自身的安全。同时，基于工作量证明机制的挖矿行为还造成了大量的资源浪费，达成共识所需的周期也较长，因此，该机制并不适合商业应用。

2）权益证明机制（PoS）

2012 年，化名 Sunny King 的网友推出了 Peercoin，该加密电子货币采用工作量证明机制发行新币，采用权益证明机制维护网络安全，这是权益证明机制在加密电子货币中的首次应用。与要求证明人执行一定量的计算工作不同，权益证明要求证明人提供一定数量加密货币的所有权即可。权益证明机制的运作方式是，当创造一个新区块时，矿工需要创建一个"币权"交易，交易会按照预先设定的比例把一些币发送给矿工本身。权益证明机制根据每个节点拥有代币的比例和时间，依据算法等比例地降低节点的挖矿难度，从而加快了寻找随机数的速度。这种共识机制可以缩短达成共识所需的时间，但本质上仍然需要网络中的节点进行挖矿运算。因此，PoS 机制并没有从根本上解决 PoW 机制难以应用于商业领域的问题。

3）股份授权证明机制（DPoS）

股份授权证明机制是一种新的保障网络安全的共识机制。它在尝试解决传统的 PoW 机制和 PoS 机制问题的同时，还能通过实施科技式的民主抵消中心化所带来的负面效应。

股份授权证明机制与董事会投票类似，该机制拥有一个内置的实时股权人投票系统，就像系统随时都在召开一个永不散场的股东大会，所有股东都在这里投票决定公司决策。基于 DPoS 机制建立的区块链的去中心化依赖于一定数量的代表，而非全体用户。在这样的区块链中，全体节点投票选举出一定数量的节点代表，由这些节点代表来代理全体节点确认区块、维持系统有序运行。同时，区块链中的全体节点具有随时罢免和任命代表的权力。如果必要，则全体节点可以通过投票让现任节点代表失去代表资格，重新选举新的代表，实现实时的民主。

股份授权证明机制可以大大缩小参与验证和记账节点的数量，从而达到秒级的共识验证。然而，该共识机制仍然不能完美解决区块链在商业中的应用问题，因为该共识机制无法摆脱对于代币的依赖，而在很多商业应用中并不需要代币的存在。

4）Pool 验证池

Pool 验证池基于传统的分布式一致性技术建立，并辅之以数据验证机制，是目前区块链中广泛使用的一种共识机制。

Pool 验证池不需要依赖代币就可以工作，在成熟的分布式一致性算法（Pasox、Raft）基础上，可以实现秒级共识验证，更适合由多方参与的多中心商业模式。不过，Pool 验证池也存在一些不足，如该共识机制能够实现的分布式程度不如 PoW 机制等。

5）拜占庭容错（PBFT）

PBFT（Practical Byzantine Fault Tolerance）是一种状态机副本复制算法，即服务作为状态机进行建模，状态机在分布式系统的不同节点进行副本复制。每个状态机的副本都保存服务的状态，同时也实现服务的操作。将所有副本组成的集合用大写字母 R 表示，用 $0\sim|R|-1$ 的整数表示每个副本。为了描述方便，假设 $|R|=3f+1$，这里 f 是有可能失效的副本的最大个数。尽管可以存在多于 $3f+1$ 个副本，但是额外的副本除了降低性能，不能提高可靠性。

3. P2P 网络

P2P 可以理解为对等计算或对等网络。国内一些媒体将 P2P 翻译成"点对点"或者"端对端"，学术界则统一称为对等网络（Peer-to-Peer Networking）或对等计算（Peer-to-Peer Computing），对等网络是一种网络结构的思想。它与目前网络中占据主导地位的客户端/服务器（Client/Server）结构（也就是 WWW 所采用的结构）的一个本质区别是，整个网络结构中不存在中心节点（或中心服务器）。在 P2P 结构中，每个节点（Peer）大都同时具有信息消费者、信息提供者和信息通信三方面的功能。从计算模式上来说，P2P 打破了传统的 C/S 模式，在网络中的每个节点的地位都是对等的。每个节点既充当服务器，为其他节点提供服务，同时也享用其他节点提供的服务。

有了这个网络，任何一个节点都可以把自己的交易信息向网络进行广播，同时获取来自网络内的总账内容。P2P 网络中没有中心化的服务器。在区块链网络中所有节点均参与账本数据的生产、维护和共享。

4. 密码学

密码学技术是区块链技术的核心。区块链中使用多种类型的现代密码学技术，包括 hash 算法、对称加密与非对称加密以及数字签名等，主要目的是确保链上数据的安全性和完整性。在我国，2020 年 1 月 1 日起实施的《中华人民共和国密码法》，加速了国内联盟链对国密算法（国家密码局认定的国产密码算法）的支持进度，国密支持占比逐步提升，国密支持成为多数联盟链的标准配置。

1）哈希算法

哈希算法（Hash Algorithm）即散列算法的直接音译，就是把任意长度的输入（又叫作预映射，Pre-image），通过散列算法，变换成固定长度的输出，该输出就是散列值。这种转换是一种压缩映射，其中散列值的空间通常远小于输入的空间，不同的输入可能会散列成相同的输出，但是不可逆向推导出输入值。简单来说，就是一种将任意长度的消息压缩到某一固定长度的消息摘要的函数。

哈希（Hash）算法是一种单向密码体制，即它是一个从明文到密文的不可逆的映射，只有加密过程，没有解密过程。同时，哈希函数可以将任意长度的输入经过变化以后得到固定长度的输出。哈希函数的这种单向特征和输出数据长度固定的特征使得它可以生成消息或者数据。

以比特币区块链为代表，其中工作量证明和密钥编码过程中多次使用了两次哈希算法，如 SHA（SHA256（k））或者 RIPEMD160（SHA256（K）），这种方式带来的好处是增加工作量或者在不清楚协议的情况下增加破解难度。

以比特币区块链为代表，主要使用的两个哈希函数分别是：

（1）SHA-256，主要用于完成 PoW（工作量证明）计算；

（2）RIPEMD160，主要用于生成比特币地址。

2）对称加密与非对称加密

对称加密是采用单钥密码系统的加密方法，同一个密钥可以同时用作信息的加密和解密，也称单密钥加密。优点是加解密速度快。缺点是密钥管理量大、密钥传输信道安全性要求更高等。

非对称加密是采用两个密钥来进行加密和解密，这两个秘钥是公开密钥（Public Key，简称公钥）和私有密钥（Private Key，简称私钥）。优点是加密和解密能力分开，私钥不能由公钥推导出来；多个用户加密的消息只能由一个用户解读（用于公共网络中实现保密通信）；只能由一个用户加密消息而使多个用户可以解读（数字签名）；无须事先分配密钥；密钥持有量大大减少。缺点是加解密速度慢。在比特币区块链系统中，采用非对称加密算法中的椭圆曲线加密算法。

3）数字签名

数字签名又称公钥数字签名，是只有信息的发送者才能产生的别人无法伪造的一段数字串，这段数字串同时也是对信息的发送者发送信息真实性的一个有效证明。它是一种类似写在纸上的普通的物理签名，但是使用了公钥加密领域的技术来实现的，用于鉴别数字信息的方法。一套数字签名通常定义两种互补的运算，一种用于签名，另一种用于验证。数字签名是非对称密钥加密技术与数字摘要技术的应用。

5. 智能合约

智能合约概念于 1995 年由 Nick Szabo 首次提出，是一种旨在以信息化方式传播、验证或执行合同的计算机协议。智能合约允许在没有第三方的情况下进行可信交易，这些交易可追踪且不可逆转。智能合约是部署在区块链上可直接控制数字资产的可执行代码，在满足特定条件下可自动触发代码运行。通过降低人为干预的风险，提升执行的安全与可信程度。简单来说，智能合约是一种用计算机语言取代法律语言来记录条款的合约。智能合约可以由一个计算系统自动执行。

智能合约有以下三个技术特性：

（1）数据透明。

区块链上的所有数据都是公开透明的，因此，智能合约的数据处理也是公开透明的，运行时任何一方都可以查看其代码和数据。

（2）不可篡改。

区块链本身的所有数据不可篡改，因此，部署在区块链上的智能合约代码以及运行产生的数据输出也是不可篡改的，运行智能合约的节点不必担心其他节点恶意修改代码与数据。

（3）永久运行。

支撑区块链网络的节点往往达到数百甚至上千，部分节点的失效并不会导致智能合约的停止，其可靠性理论上接近于永久运行，这样就保证了智能合约能像纸质合同一样每时每刻都有效。

6. 数据存储

读写高效的 NoSQL 关系型数据库成为主流，国内数据库崭露头角。区块链作为一种 IO 敏感的分布式数据库，底层存储通常首选效率较高的 NoSQL 数据库，如 LevelDB、CouchDB、RocksDB、CouchDB 等。

12.1.4 区块链的特性

区块链的特性包括去中心化或社区化、不可篡改、公开透明。

1. 去中心化

由于区块链技术采用分布式架构，不存在中心化的设备或管理机构，如图 12-4 所示，任

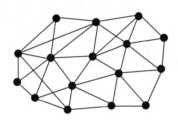

图 12-4 去中心化

意节点的权利和义务都是均等的，系统中的数据块由整个系统中具有维护功能的节点来共同维护。通过数据的多中心化记录、存储和更新，将被共识的信息记录在区块中，避免了第三方的干预和单点依赖风险，提高了数据的安全性和完整性。原来互联网中的数据都存储在一个中心节点，一旦黑客对中心节点进行攻击便可摧毁整个网络。可是，区块链系统没有中心机构，所有节点的权利和义务都相等，任意一个节点停止工作都不会影响系统的整体运作。

2. 不可篡改

区块链最容易被理解的特性是不可篡改的特性。不可篡改是基于区块链的独特账本而形成的，一旦信息经过共识并被添加到区块链中，所有的共识节点将存储数据的副本，少数节点对数据的篡改将无法通过共识，增强了链上数据的不可篡改性。因此，区块链数据的稳定性和可靠性都非常高，区块链技术从根本上改变了中心化的信用创建方式，通过数学原理而非中心化信用机构来低成本地建立信用。

通常，在区块链账本中的交易数据可以视为不能被"修改"，它只能通过被认可的新交易来"修正"。"修正"的过程会留下痕迹，这也是为什么说区块链是不可篡改的，篡改是指用作伪的手段改动或曲解。区块链账本采用的是与文件、数据库不同的设计，它借鉴的是现实中的账本设计即留存记录痕迹。因此，我们不能不留痕迹地"修改"账本，而只能"修正"账本。

3. 公开透明

系统中所有节点之间，除了各参与方的隐私信息，其他数据对网络上的全部节点都是公开透明的。因为数据库和整个系统的运作是公开透明的，在系统的规则和时间范围内，节点之间无法欺骗彼此。

12.1.5 区块链的分类

按照区块链开放程度来进行分类，可以分为公有链、联盟链、私有链三个类型。

1. 公有链

公有链顾名思义是公有的、开放的，任何人均可参与到网络中共同维护区块链，新成员在加入公有链时无须进行任何形式的认证、授权或审核，具备强匿名性。公有链是开放程度最高的，也是去中心化程度最高的；在公有链中数据的更新、存储、操作都不依赖于一个中心化的服务器，而是依赖于网络上的每个节点，这就意味着公有链上的数据是由全球互联网上成千上万的网络节点共同记录与维护的，没有人能够篡改其中的数据，这也是最重要的标志。

为了让大家积极参与维护以确保公有链的稳定，于是推出了币的奖励机制，意味着公有链必须发行币，大家拿到的币跟公有链机制一样，一旦不维护导致公有链出问题币就不值钱了，所以所有网络节点都积极参与维护，如比特币。

但公有链存在的一些问题注定它无法适用于所有场景：

（1）公有链数据是全网公开的，并不适用于所有行业，如银行、政府、证券不可能将全网数据公开。

（2）处理交易的速度慢，因为需要全网节点共同参与，参与的节点太多，影响处理交易的速度，导致效率低，这个问题比特币、以太坊都存在。

（3）公有链涉及发行币，需要进行 ICO（Initial Coin Offering，首次币发行）。2017 年 9 月 4 日，中国人民银行领衔网信办、工业和信息化部、工商总局、银监会、证监会和保监会七部委发布《关于防范代币发行融资风险的公告》（以下简称《公告》），《公告》指出代币发行融资本质上是一种未经批准非法公开融资的行为，要求自公告发布之日起，各类代币发行融资活动立即停止，同时，已完成代币发行融资的组织和个人做出清退等安排。

2. 联盟链

由于区块链技术在数据处理方面存在优势，公有链又存在缺点，所以大家就对公有链进行改进，主要是对开放性和效率进行改良，通过改良可以将区块链应用到实际场景中，也就有了联盟链和私有链。

联盟链就是公司与公司、组织与组织之间达成的联盟的模式，维护链上数据的节点都来自于这个联盟的公司或组织，记录与维护数据的权利掌握在联盟公司成员手上。采用联盟链的主要群体是银行、证券、保险、集团企业等。

联盟链的特点是限定了联盟成员范围，系统内部进行事务确认的共识节点是事前设定或选举好的。新成员在加入联盟链时，需要经过联盟成员投票决定是否同意其加入。由于联盟链模式符合监管要求，拥有更高的应用可扩展性，能够与实体经济紧密结合，因此，我国目前的区块链应用模式主要以联盟链为主。联盟链不像公有链那样数据完全开放，弱化了去中心化，这是它的一个弊端。目前，联盟链的典型项目是超级账本项目，目前有荷兰银行、埃森哲等十几个不同利益体加入，联盟链能满足这些利益体中各自行业的需求，简化业务流程。

3. 私有链

私有链是不对外开放的，只有被授权的节点才能参与并查看数据的区块链类型。采用私有链的主要群体是金融机构、大型企业、政府部门等。

私有链的特点是仅限于单个机构内部使用，读写权、记账权和成员范围由组织内部制定。与联盟链的区别在于，联盟链是机构与机构之间的区块链网络，而私有链是单个机构内部的区块链网络。私有链模式大多用于联盟链的过渡，少部分情况下在机构内部不同部门之间应用。

私有链典型的应用是央行开发的用于发行央行数字货币的区块链，该链只能由央行进行记账，个人是不能参与的。还有一些大型公司在做私有链，如阿里、百度、京东等，这些大型公司主要侧重区块链在数据安全、供应链等行业痛点方面的作用。

联盟链、私有链的主要使用群体只是将区块链作为安全系数很高的数据库来使用，他们不需要通过发币作为节点维护网络的奖励，这些节点维护网络的奖励是日常工资。

综上所述，公有链、联盟链、私有链在开放程度上是递减的，公有链开放程度最高、最公平，但速度慢、效率低；联盟链、私有链的效率比较高，但弱化了去中心化属性，更侧重于区块链技术对数据维护的安全性。

任务二　区块链项目的机制和特点

任务描述

本任务介绍比特币、以太坊、超级账本的产生、特点，以及对区块链的错误认识。

任务实施

12.2.1　比特币

1. 比特币的产生与挖矿

比特币（Bitcoin）的概念最初由中本聪在 2008 年 11 月提出，2009 年 1 月比特币诞生。比特币是一种 P2P 形式的虚拟的加密数字货币，其点对点的传输意味着一个去中心化的支付系统。

与所有货币不同，比特币不依靠特定货币机构发行，它依据特定算法，通过大量的计算产生。比特币使用整个 P2P 网络中众多节点构成的分布式数据库来确认并记录所有交易行为，并使用密码学的设计来确保比特币流通中各个环节的安全性。P2P 的去中心化特性与算法本身可以确保无法通过大量制造比特币来人为操控币值。基于密码学的设计可以使比特币只能被真实的拥有者转移或支付，这样确保了货币所有权与流通交易的匿名性。比特币与其他虚拟货币最大的不同是其总数量非常有限，具有稀缺性。

比特币的本质其实就是一堆复杂算法所生成的特解。特解是指方程组所能得到有限个解中的一组，而每个特解都能解开方程且是唯一的。挖矿的过程就是通过庞大的计算量不断地寻求这个方程组的特解，这个方程组被设计成有 2100 万个特解，所以比特币的上限就是 2100 万个。

比特币存在于数字空间中，隐藏在特定算法里，需要投入大量人力物力才能挖出来，即所谓的比特币挖矿。挖矿原理是通过计算机搜寻一个 64 位的数字，通过反复解密，为比特币网络提供一个需要的数字组合，如果成功则获得比特币。

你要挖掘比特币可以下载专用的比特币运算工具，然后注册各种合作网站，把注册的用户名和密码填入计算程序中，再单击"运算"按钮即可。完成 Bitcoin 客户端安装后，可以直接获得一个 Bitcoin 地址，当别人付款时，你只需要把地址贴给别人，就能通过同样的客户端进行付款。完成比特币客户端安装后，它将会给你分配一个私钥和一个公钥。只有备份你包含私钥的钱包数据，才能保证你的财产不丢失。

2. 特点

（1）去中心化：比特币是第一种分布式的虚拟货币，整个网络由用户构成，没有中央银行。去中心化是比特币安全与自由的保证。

（2）全世界流通：比特币可以在任意一台接入互联网的计算机上管理。不管身处何方，任何人都可以挖掘、购买、出售或收取比特币。

（3）专属所有权：操控比特币需要私钥，它可以被隔离保存在任何存储介质上。除了用户自己，无人可以获取。

（4）低交易费用：对每笔交易将收取约 1 比特分的交易费，以确保交易更快执行。

（5）无隐藏成本：作为点到点的支付手段，比特币没有烦琐的额度与手续限制，知道对方比特币地址就可以进行支付。

（6）跨平台挖掘：用户可以在众多平台上发掘不同硬件的计算能力。

3. 交易方式

比特币是类似电子邮件的电子现金，交易双方需要类似电子邮箱的比特币钱包和类似电子邮箱地址的比特币地址。与收发电子邮件一样，汇款方通过计算机或智能手机，按收款方地址将比特币直接付给对方。

比特币地址是大约 33 位长的、由字母和数字构成的一串字符，由 1 或 3 开头，如火币地址：1PCgrJSzxJTjtUUbijcvPjZ6FVS2jGeZnN。比特币软件可以自动生成地址，生成地址时不需要联网交换信息，可以离线进行。可用的比特币地址非常多。

比特币地址和私钥是成对出现的，它们的关系就像银行卡号和密码。比特币地址就像银行卡号，用来记录你在该地址上存放的比特币。你可以随意生成比特币地址来存放比特币。每个比特币地址在生成时，都会再生成一个与该地址相对应的私钥。这个私钥可以证明你对该地址上的比特币具有所有权。可以简单地把比特币地址理解成银行卡号，把该地址的私钥理解成对应银行卡号的密码。只有在知道银行卡号密码的情况下才能使用该银行卡上的钱。所以，在使用比特币钱包时请保存好你的地址和私钥。

比特币的交易数据被打包到一个数据块或区块中后，交易就算初步确认。在区块链接到前一个区块之后，交易会得到进一步确认。在连续得到 6 个区块确认之后，这笔交易基本上就不可逆转地得到确认。比特币对等网络将所有交易历史都存储在区块链中。区块链在持续延长，而且新区块一旦加入区块链中，就不会被移走。区块链实际上是一群分散的用户端节点，并由所有参与者组成的分布式数据库，是对所有比特币交易历史的记录。中本聪预计，当数据量增大后，用户端希望这些数据不全部存储在自己的节点中。为了实现这一目标，他引入散列函数机制，这样，用户端能自动剔除那些自己永远不用的部分，如早期的一些比特币交易记录。

12.2.2　以太坊

1. 以太坊的产生

以太坊（Ethereum）是一个开源的有智能合约功能的公共区块链平台，通过其专用加密货币以太币（Ether，ETH）提供去中心化的以太坊虚拟机（Ethereum Virtual Machine，EVM）来处理点对点合约。与比特币相比，以太坊属于区块链 2.0 的范畴，是为了解决比特币网络的一些问题而重新设计的一个区块链系统。

以太坊的概念首次在 2013 至 2014 年间由程序员 Vitalik Buterin 受比特币启发后提出，大意为"下一代加密货币与去中心化应用平台"。以太坊从设计上就是为了解决比特币扩展性不足的问题，在 2014 年通过 ICO 众筹开始得以发展。

以太币（ETH）是以太坊的一种数字代币，被视为比特币 2.0 版，采用与比特币不同的区块链技术"以太坊"。开发者需要支付以太币来支撑应用的运行。与其他数字货币一样，以太币可以在交易平台上进行买卖。

2. 设计原则

1）简洁原则

以太坊协议应该尽可能简单，即使以某些数据存储和时间上的低效为代价。一个普通的程序员也能完美地实现完整的开发说明。这将最终有助于降低任何特殊个人或精英团体可能对协议的影响，并推进以太坊作为对所有人开放的协议的应用前景。添加复杂性的优化将不会被接受，除非它们提供了非常根本性的益处。

2）通用原则

没有特性是以太坊设计哲学中的一部分。取而代之的是，以太坊提供了一个内部的图灵完备的脚本语言，以供用户构建任何可以精确定义的智能合约或交易类型。如果你想创建一个全规模的守护程序（Daemon）或天网（Skynet），那么可能需要几千个联锁合约并确定慷慨地喂养它们。

3）模块化原则

以太坊的不同部分应被设计为尽可能模块化的和可分的。在开发的过程中，应该能够容易地让在协议某处做一个小改动的同时应用层却可以不加改动地继续正常运行。以太坊开发应该最大程度地做这些事情，以助益于整个加密货币生态系统，而不仅是自身。

4）无歧视原则

协议不应该主动地试图限制或阻碍特定的类目或用法，协议中的所有监管机制都应该被设计为直接监管危害，不应该试图反对特定的不受欢迎的应用。人们甚至可以在以太坊上运行一个无限循环脚本，只要人们愿意为其支付按计算步骤计算的交易费用。

3. 功能应用

以太坊是一个平台，它上面提供各种模块让用户来搭建应用，如果将搭建应用比作造房子，那么以太坊能提供墙面、屋顶、地板等模块，用户只需像搭积木一样把房子搭起来，因此，在以太坊上建立应用的成本和速度都大大改善。具体来说，以太坊通过一套图灵完备的脚本语言，即 EVM 语言（Ethereum Virtual Machinecode）来建立应用，它类似于汇编语言。众所周知，直接用汇编语言编程是非常痛苦的，但以太坊里的编程并不需要直接使用 EVM 语言，而是使用类似 C 语言、Python、Lisp 等高级语言，然后通过编译器转换成 EVM 语言。

12.2.3 超级账本

1. 超级账本的概念

超级账本（Hyperledger 或 Hyperledger）是一个旨在推动区块链跨行业应用的开源项目，由 Linux 基金会在 2015 年 12 月主导发起该项目，成员包括金融、银行、物联网、供应链、制造和科技行业。

超级账本项目的目标是区块链及分布式记账系统的跨行业发展与协作，并着重发展性能和可靠性（相对于类似的数字货币的设计），使之可以支持主要的技术、金融和供应链公司中的全球商业交易。该项目将继承独立的开放协议和标准，包括各区块链的共识机制和存储方式，以及身份服务、访问控制和智能合约。

2. 框架项目

超级账本包括 Sawtooth、Iroha、Fabric、Burrow、Indy 五个框架项目和 Blockchain explorer、Cello、Composer 三个工具项目，其中广为人知的是 Fabric。当前成员大约有 140 个，其中 1/4 来自中国，现在中国技术组由万达、华为、IBM 公司负责中国会员和中国需求的提供，以及推进代码。

（1）Sawtooth：由 Intel 贡献的 Sawtooth 利用一种新型共识机制——时间流逝证明（Proof of Elapsed Time）的共识机制，它是一种基于可信的执行环境的彩票设计模式的共识协议，由英特尔 Software Guard Extensions （SGX）提供。

（2）Iroha：是一个基于 Fabric 主要面向移动应用的协议，由 Soramitsu 贡献。

（3）Fabric：是一个许可的区块链架构（Permissioned Blockchain Infrastructure），由 IBM 和 Digital Asset 公司最初贡献给 Hyperledger 项目。它提供一个模块化的架构，确定架构中的节点、智能合约的执行（Fabric 项目中称为 Chaincode），以及可配置的共识和成员服务。一个 Fabric 网络包含同伴节点（Peer Nodes）执行 Chaincode 合约，访问账本数据，背书交易和称为应用程序的接口。命令者节点（Orderer Nodes）负责确保此区块链的一致性并传达被背书的交易给网络中的同伴；MSP 主要作为证书权威（Certificate Authority）管理 X.509 证书用于验证成员身份以及角色。

（4）Burro：是一个包含"Built-to-Specification"的以太坊虚拟机-区块链客户端。其主要由 Monax 贡献，并由 Monax 和英特尔公司赞助。

（5）Indy 的分布式账本（Distributed Ledger）包括两个主要部分，即 Indy-Node 和 Indy-Plenum。Indy-Node 这个代码库包含运行节点（验证节点 Validators 或者观察者节点 Observers），以提供一个构建在分布式账本上的自主权身份信息的生态圈，它是 Indy 的核心项目。Indy 具有自己的基于 RBFT 的分布式账本。Indy-Plenum 是 Hyperledger Indy 的分布式账本技术（DLT）的核心。它在某种程度上提供与 Fabric 类似的功能，但它更适合在一个身份系统（Identity System）中使用，而 Fabric 适用于更广泛的场景。

12.2.4 区块链认识误区

误区一：比特币等同于区块链。

区块链的认识误区

当前，几乎人人都在讲区块链，而谈论更多的是比特币等虚拟货币带来的经济价值，将比特币等虚拟加密货币作为区块链的概念使用，实际上虚拟加密货币仅是区块链中的一种应用形式。目前，全球有一千多种虚拟货币，并且数量还在不断增加。

虚拟货币（如比特币）只是将加密货币作为投资的一种手段，而企业或政府关注区块链是从技术层面探讨如何借助区块链的可靠性机制，解决企业之间交易安全性问题，从而带来商业价值，并试图在更多的场景下释放智能合约和分布式账本带来的科技潜力。

《区块链白皮书（2019 年）》中提到，区块链在各领域应用落地的步伐不断加快，正在贸易、金融、供应链、社会公共服务、选举、司法存证、税务、物流、医疗健康、农业、能源等行业探索应用。截止 2019 年 8 月，由全球各国政府推动的区块链项目数量达 154 项，主要涉及金融业、政府档案、数字资产管理、投票、政府采购、土地认证/不动产登记、医疗健康等领域。

误区二：区块链是一种万能的技术，可替代数据库，替代互联网。

有些人认为区块链颠覆了数据库，分布式数据库可取代集中的传统数据库（Oracle、DB2

等），其实这些只是神化了区块链，区块链主要技术由密码学和共识算法组成，其中大部分都是已有技术整合而来的，并未开辟新的技术体系。

区块链技术是对现有技术的一种补充，是在现有的加密技术上，利用分布式账本和共识机制形成的在数据流转过程中防篡改的一种机制保障。区块链技术中采用的分布式账本，对于替代数据库来说是不存在的，其不会作为独立数据库使用。因此，独立的数据存储仍然存在并未被替代。区块链无法离开互联网、数据库等技术，脱离这些技术将无法形成其技术体系。

误区三：具有高度的可扩展性。

与传统的（基于服务器的）交易方法相比，区块链部署不具有真正的可扩展性，并且目前交易时间取决于缓慢的一方。它们只对某些类型的交易是可扩展的，如有效载荷小的和接近某种极限的交易。人们不能只在区块链上堆积信息。

误区四：区块链绝对安全。

尽管区块链基于加密标准，但确保隐私的方法完全在任何区块链标准和实施之外。只有加密专家才能真正理解和验证区块链整合。但是，每个实施者都有责任确保安全性，因此，这种处理方式很大程度上与旧时代的金融交易管理方式相同。

任务三 区块链的应用

➡ 任务描述

区块链是价值网络的基础，逐渐成为未来互联网不可或缺的一部分，其应用推动着区块链技术不断完善，区块链与云的结合日趋紧密，未来将逐步适应监管政策要求，逐步成为监管科技的重要工具。区块链技术作为一种通用性技术，数字货币正在加速渗透至其他领域，并与各行各业的创新融合。

区块链技术已在金融、供应链、公共服务、数字版权等领域得到广泛应用。本任务介绍区域链技术在不同领域的应用情况。

➡ 任务实施

12.3.1 金融领域

金融本质上就是对个人、企业等机构的信用管理，在信用的基础上开展金融活动。区块链技术来源于数字货币，凭借其多中心化、公开透明、不可篡改等特点，与金融具有天然的契合性，区块链技术也是最早应用于金融领域并发挥其价值的。区块链作为信任工具，拥有优化金融基础架构的潜力，各类金融资产，如股权、债券、票据、保单等都可以上链，成为数字资产。通过区块链技术实现存储、转移、交易，能够有效降低成本和风险，使金融交易更加安全、高效、可信。

目前，国内金融领域有相当数量的区块链应用已经落地运营，涉及跨境支付、供应链金融、保险等细分领域。根据实际应用的金融场景，区块链主要应用模式体现在共享风险数据、存证交易类关键证据、进行信用传递和金融资产交换。国外，欧洲中央银行在《欧元体系的愿景：欧洲金融市场基础设施的未来》报告中表示，区块链技术可以有效降低交易中的支付成本，并提高支付系统的速度和灵活性。纳斯达克证券交易所、花旗银行和 VISA 等其他金融机构也在证券交易、数字货币、支付和结算以及技术服务中开展了许多创新应用。

● 区块链+金融典型案例

（1）供应链金融"能信"平台（供应链金融）。

2019 年，华为公司支持华能集团打造基于区块链的供应链金融"能信"平台，可将电子信用凭证多级拆转融、业务线上执行、数据存储上链，实现商流、信息流、物流和资金流等数据合一。以电子信用凭证为基础，为资金方、供应商打造高效、可信、低成本融资平台环境。以区块链为技术手段，刻画贸易背景，穿透贸易环节，打造公正、可信、风险响应及时、可追溯的贸易平台。2019 年 11 月—2020 年 6 月，实现平台开立"能信"电子票据 30 亿元。

（2）雄安征拆迁资金管理平台（资金管理）。

雄安征拆迁资金管理平台将工行的区块链技术与征迁安置工作充分结合，探索资金支付精准、支付进度透明、支付流程优化的征拆迁资金管理新模式。该平台充分发挥区块链数据上链记录公开透明、可追溯、不可篡改的技术特点，实现资金的阳光透明管理和高效精准拨付，打造深入落实和践行廉洁雄安的样板。

（3）中国银行跨境汇款查询（跨境支付）。

中国银行联合中国银联共同开展了区块链创新应用，基于区块链技术开发了跨境汇款业务的实时查询接口。中国银行作为首家与中国银联合作的银行，对接银联跨境汇款查询系统，作为节点接入其区块链网络，从"银联全球速汇"状态查询入手，在不改变现有汇款流程和清算方式的前提下，将汇出方、清算方和汇入方交易状态上链共享，实现"银联全球速汇"状态的实时可查，解决了跨境支付存在的汇出机构至汇入机构信息不对称，客户查询不便等问题。

12.3.2　政务领域

2018 年，国务院出台的《关于加快推进全国一体化在线政务服务平台建设的指导意见》中指出，要在 2022 年底前，全面建成全国一体化在线政务服务平台，实现"一网办"。在政务领域，依托区块链可以搭建一套完整的政务数据协同体系，有效提高政府数据开放度、透明度，促进跨部门的数据交换和共享。通过构建多层的数据治理体系，固化数据的"责权利"，并以此为依据进行后续的数据治理工作，进行更加透明的数据监管和审计。

政务领域是我国区块链落地的重点示范高地，在有关部门和各地得到了积极应用，目前主要应用于政府数据共享、数据提笼监管、互联网金融监管、电子发票、一站式服务等。

● 区块链+政务服务典型案例

（1）北京市政务数据共享平台。

华为公司的云区块链助力北京市打造的目录区块链系统，作为全市大数据的定海神针，将全市 50+个委办局的职责、目录以及数据建立有序的对应关系，实现对数据本身的弱管理、资源索引和使用的强管理，通过多方实时参与的数据授权和审批，打通政府部门间数据共享过程中的技术和流程障碍，由北京市目录区块链来驱动、管控、考核，从根源上解决目录数据用管不同步、共享难、协同散、应用弱、安全性差等问题。2020 年 1 月中下旬，北京市政府快速响应，通过数据开展新冠肺炎疫情防控和排查。

（2）公积金数据共享平台。

趣链科技公司联合中国建设银行和国家住建部共同开发公积金数据共享平台，已连通全国

491 个城市的公积金中心，日上链超过 5000 万条数据，是目前全国最大的区块链网络，为居民办理异地公积金贷款和个税抵扣等业务提供技术支撑。

（3）网络交易监测平台。

国家市场监管总局委托浙江省市场监管局开发建设的全国网络交易监测平台，基于趣链科技国产自主可控平台构建，通过监测获取全国主要电商、平台、网店等网络经营主体信息，运用区块链技术对涉嫌违法的网络交易主体和商品信息进行固定和存证。该平台将监管平台与各个司法机构形成信息共识节点，对涉嫌违法的商品和监管行为本身实施电子证据保全，利用联盟链的多中心和高可用特性，真正实现了互联网行政管理的"穿透式监管"。

12.3.3　民生领域

2019 年 10 月 24 日，中共中央政治局进行第十八次集体学习，习近平总书记在主持学习时强调：要探索"区块链+"在民生领域的运用，积极推动区块链技术在教育、就业、养老、精准脱贫、医疗健康、商品防伪、食品安全、公益、社会救助等领域的应用，为人民群众提供更加智能、更加便捷、更加优质的公共服务。区块链对促进跨部门数据共享，提升数据开放度和透明度，实现公共服务多元化、政府治理透明化、城市管理精细化等方面具有重大意义，多个省市出台了专项发展政策，支持区块链在民生领域的探索。北京市人民政府发布的《北京市区块链创新发展行动计划（2020—2022 年）》中提出，要推进公共安全"全程可查，流程可溯"，助力卫生健康"可信共享，存证溯源"；贵州省人民政府发布的《贵州省人民政府关于加快区块链技术应用和产业发展的意见》中强调，区块链与民生服务融合，提出区块链+精准脱贫、区块链+医疗健康等应用；海南省人民政府发布的《海南省关于加快区块链产业发展的若干政策措施》中提出，要积极推动区块链技术在教育、就业、养老、精准扶贫、医疗健康、商品防伪、食品安全、公益、社会救助等民生领域的应用。

● 区块链+民生服务典型案例

（1）中行西藏扶贫链项目。

中国银行在"扶贫资金支持保障系统"中引入区块链技术，组建中国银行、中国农业发展银行、用款单位多节点联盟链，实现对专项资金的监管，实现子项目维护、资金下拨、资金支付、回款录入、事后监管等功能，对每笔资金流转记录进行上链，保证扶贫资金的透明使用和精准投放。

（2）养老金托管项目。

趣链科技公司与中国农业银行、中国太平保险集团、上海保险交易所、长江养老保险公司合作建设的养老金托管平台，利用区块链技术实现缴费、估值等业务数据的实时共享同步，最大限度地发挥了并行处理能力，节约了近 80% 的业务处理时间，资金到账隔天即可参与投资，大幅度提高了资金利用率。

（3）药品协同追溯项目。

趣链科技公司联合中国建设银行山东省分行开发的区块链药品协同追溯平台，实现药品流向管理和信息防篡改。通过对全渠道的客户数据统一管理、市场渠道统一划分，在药品流通过程中实现了事中预警、事后透明化、来源可查、去向可追的管理目标。

任务四　区块链技术未来发展趋势

任务描述

随着区块链技术应用的不断深入，结合全球区块链行业趋势，本任务介绍区块链技术未来的发展趋势。

任务实施

12.4.1　区块链底层技术

随着区块链技术与物联网、5G、大数据等技术的结合，高频海量数据对区块链自身的 TPS（事务处理系统）要求越来越高。Hashgraph 成为针对可信互联网探索的一个重要里程碑，可能突破区块链局限，成为从创新路径实现区块链最终理想的一个有力尝试。

TPS 指系统每秒处理的事务数，是衡量一个区块链系统性能重要的指标之一，TPS 决定区块链系统能够承担的业务量。影响一个区块链性能的内在因素包括共识机制、数据结构、加密算法等，以及开发时区块大小和出块时间等参数设置、系统运维中的系统优化和升级等。目前，开源区块链的 TPS 如表 12-1 所示。

表 12-1　开源区块链的 TPS

区块链	管理方	单链基础	TPS（笔数）
比特币区块链	公有链	7	
以太坊	公有链	20	
Hyperledge Fabric	Linux 基金会	1000	
Corda	R3CEV	没有全局吞吐量	
金链盟 BCOS	金链盟	1000	
微软 CoCo	微软	1600	
Quorum	企业以太坊联盟（包括芝交所、摩根大通等）	600	

Hyperledge Fabric 通过使用多链多通道技术实现在业务上对数据进行分片，在解决数据隐私的同时提高系统 TPS。以太坊 2.0 将共识机制从目前 1.0 的工作量证明（PoW）转变为权益证明（PoS），并结合分片技术。根据以太坊共同创办人布特林（Vitalik Buterin）的说法，交易速度可达每秒 10 万笔（即 100 000TPS），但以太坊 2.0 的上线日期已经多次延迟。

我们关注到基于有向无环图（Directed Acyclic Graph，DAG）的拓扑结构在区块链中的应用。2015 年 9 月，在 Sergio Demian Lerner 发表的"DagCoin: a cryptocurrency without blocks"一文中，提出了 DAG-Chain 的概念，首次把 DAG 网络从区块打包这样的粗粒度提升到了交易层面。2016 年 7 月，IOTA 发布，随后 ByteBall、Nano 相继发布。国内，MT 链采用基于 DAG 的 HashNet 数据结构，对 HashGraph 共识算法做了改进和提升。HashNet 共识机制性能经泰尔实验室测试，10 分片纯性能测试 TPS 超过 240 万，10 分片运行实际交易并加上签名验证 TPS

超过 10 万。DAG 是面向未来的新一代区块链，从宏观的图论拓扑模型看，从单链进化到树状和网状、从区块粒度细化到交易粒度、从单点跃迁到并发写入，是区块链从容量到速度的一次革新。哈希图（Hashgraph）是一个 2016 年提出的基于 DAG 的协议，该共识协议使用了一个基于 Gossip 的算法，可以提供可证明的拜占庭容错共识。在没有故障的理想情况下，该协议可以做到无须领导，异步且快速地建立共识。与其他协议相比，它可以以最少的通信量达到整体的排序，Hashgraph 开创性地在公链环境下做异步 BFT 共识。传统 BFT 的一大问题是消息复杂度太高，大量消耗系统的网络带宽，无法很好地应对动态网络。Hashgraph 在传统的 Gossip Protocol 中引入了虚拟投票机制，可以在需要共识时不引起突发大规模消息传递风暴。

12.4.2　区块链跨链技术

虽然不同特点、不同应用场景的区块链正在快速发展，但目前尚无成熟的标准。在建设基于区块链的应用时，采用了不同技术的底层链，现存各区块链之间的数据通信、价值转移面临着因相互独立而出现价值孤岛现象。基于此需求，跨链技术逐渐发展起来。跨链技术是区块链实现互联互通、提升可扩展性的重要技术手段。它既是区块链向外拓展和连接的桥梁，又是实现价值网络的关键。

目前，有代表性的跨链技术包括：

（1）Ripple 公司主导设计发起的实现跨链交易转账的互联账目协议 Interledger Protocol。

（2）以锚定某种原链（主要是比特币区块链）为基础的新型区块链的侧链技术。

（3）为了解决转账速度慢和网络拥堵问题而采取的链下支付技术，包括闪电网络（Lightning Network）和雷电网络（Raiden Network）。其中，闪电网络针对比特币，而雷电网络针对以太坊。

同构跨链和异构跨链实现了区块链之间数据共享与业务协同。跨链技术应当满足交易效率高、用户体验好、接入门槛低、交易安全可靠、全程可跟踪；同时，跨链还应当支持数字货币价值以外的账户和数据的跨链，以满足诸如区块链数据在价值融通时，实现多链价值融通。

12.4.3　区块链链上链下数据交换技术

随着智能合约这种新的信任模式的产生，出现了一个新的技术挑战，即连接性。大多数有价值的智能合约应用都需要获取来自关键数据源的链下数据，特别是实时数据和 API 数据，这些数据都不保存在区块链上。由于区块链受自身特殊的共识机制限制，无法直接获取这些关键的链下数据。

由于现有区块链的共识机制及其确定性虚拟机的固有局限，目前存在的两大问题阻碍了智能合约的广泛应用和大规模去中心化商业应用的出现。

智能合约既不能直接引入互联网数据，又不能自发调用外部网络 API，而任何商业应用，如保险等，都不可避免地要与现实世界交互，特别是与互联网交互。

实际上，在现有的智能合约平台上，如以太坊，链上计算资源和容量都是非常昂贵且有限的。再加上执行合约的 Gas 费用、区块 Gas 限制和验证者困境等问题，会出现合约执行的可扩展性问题，使得智能合约在链上的计算无法进行，甚至不可能实现大规模矩阵乘法、AI 模型训练、3D 渲染等商业计算目标。

链上链下数据交换技术确定的在分布式环境下的预言机软件，作为可复用的，为各链上/下行数据交互提供了具体的实现，支持的 HTTPS、基于 TLS 的自定义协议，gRPC 接口、FTPS 等功能，为现有业务系统的数据上链及获取链上的数据提供了具体方法。支持的现行非可信环境的增强，以及对信创平台的支持，为构建数据协同业务提供了满足安全等级保护需求的系统平台，数据安全以及数据治理方案对形成数据的可信可靠的多方审计提供了基础平台。

链上链下数据交换技术应当遵循 CIA 原则，即保密性（Confidentiality）、真实完整性（Integrity）、可获得性（Availability）。

课后作业

一、单选题

1. 共识由多个参与节点按照一定机制确认或验证数据，确保数据在账本中具备正确性与（　　）。

    A．真实性　　　　　B．多样性　　　　　　C．可靠性　　　　　D．一致性

2. 区块链的安全性主要就是通过（　　）来进行保证的。

    A．签名算法　　　　B．密码学算法　　　　C．哈希算法　　　　D．共识算法

3. 区块链核心层的构成包括数据层、网络层、共识层、激励层、合约层与（　　）。

    A．应用层　　　　　B．智能层　　　　　　C．传输层　　　　　D．区域层

4. 区块链的密码学技术有对称加密与非对称加密、数字签名算法与（　　）。

    A．签名算法　　　　B．验证算法　　　　　C．哈希算法　　　　D．共识算法

5. 智能合约有三个技术特性，分别是数据透明、永久运行及（　　）。

    A．隐私保护　　　　B．智能加密　　　　　C．不可篡改　　　　D．人工智能

6. （　　）是区块链最早的一个应用，也是最成功的一个大规模应用。

    A．以太坊　　　　　B．比特币　　　　　　C．联盟链　　　　　D．Rscoin

7. （　　）能够为金融行业和企业提供技术解决方案。

    A．联盟链　　　　　B．以太坊　　　　　　C．比特币　　　　　D．Rscoin

8. 区块链具有（　　）特性。

    A．不可篡改　　　　B．可回溯　　　　　　C．唯一性　　　　　D．以上都是

9. （　　）不属于超级账本的框架项目。

    A．Sawtooth　　　　B．Iroha　　　　　　C．Shell　　　　　D．Fabric

10. 中国发展区块链的三部曲包括简易模型、（　　）和转型模型。

    A．复合模型　　　　B．深度融合模型　　　C．数据库模型　　　D．发展模型

11. 下列关于区块链系统的描述，错误的是（　　）。

    A．系统中各个计算器之间是分隔开的

    B．分布式架构

    C．各个计算机之间互联

    D．能实现多个机构"共记一本账"

12. 区块链拥有内嵌式数据库，数据操作方式更为严谨，不仅支付对数据的查询，还支持（　　）功能。

A．更新　　　　　B．删除　　　　　C．增加　　　　　D．替换

13．（　　）不属于联盟链所具有的特点。

　　A．任何人可以参与　　　　　　　　B．数据完全开放

　　C．等同私有链　　　　　　　　　　D．限定联盟成员范围

14．（　　）不具有与法定货币等同的法律地位。

　　A．人民币　　　　B．数字人民币　　　　C．比特币

15．（　　）不是以太坊的设计原则。

　　A．复杂原则　　　　B．通用原则　　　　C．模块化原则　　　　D．无歧视原则

二、多选题

1．通过 Internet 或现场了解，目前全球最大的银行即中国工商银行的网上银行在安全保证方面有哪些措施？（　　）

　　A．密码　　　　　　　　　　　　　B．密码器

　　C．U 盘证书　　　　　　　　　　　D．Internet 安全证书

2．下列网站中，属于电子商务网站的是（　　）。

　　A．阿里巴巴　　　　B．新浪网　　　　C．淘宝网　　　　D．易趣

3．电子商务的模式有哪几种？（　　）

　　A．B2B　　　　　B．B2C　　　　　C．C2C　　　　　D．O2O

4．区块链的特性包括（　　）。

　　A．不可篡改　　　　　　　　　　　B．不可复制的唯一性

　　C．智能合约　　　　　　　　　　　D．去中心自组织

5．按照区块链开放程度来进行分类，可以分为（　　）。

　　A．公有链　　　　B．联盟链　　　　C．私有链　　　　D．经济链

三、判断题

1．联盟链的特点是扩大了联盟成员范围。（　　）

2．比特币不依靠特定货币机构发行，它依据特定算法通过大量的计算产生。（　　）

3．以太坊的设计是为了解决比特币扩展性不足的问题。（　　）

4．区块链是一种由多方共同维护，使用密码学保证传输和访问安全，能够实现数据一致存储、不可篡改、防止抵赖的记账技术。（　　）

5．区块链基础架构包括数据链路层、网际层、共识层、激励层、合约层、应用层。（　　）

6．从架构来讲的话，区块链是冗余度很小的一个架构。（　　）

7．区块链技术带来的价值包括提高业务效率、降低拓展成本、增强监管能力、创造合作机制。（　　）

8．区块链技术任何人都可以参与。（　　）

9．区块链是一种万能的技术，可替代数据库，替代互联网。（　　）

10．比特币地址和私钥是成对出现的，它们的关系就像银行卡号和密码。（　　）

附　录

项目课后作业部分参考答案

项目1　信息安全

一、单选题

1.～5. C B D D C

二、判断题

1. √　2. √　3. ×　4. √　5. √

项目2　项目管理

一、单选题

1.～5. B C C B D　6.～10. B B C D A　11.～15. D A B A A

二、多选题

1. ABD　2. AB　3. AB　4. ABC　5. ABCD

三、判断题

1. ×　2. ×　3. √　4. √　5. √　6. ×　7. ×　8. √　9. ×　10. ×

项目3　机器人流程自动化

一、单选题

1.～5. A A A A A　6.～10. A A A A A

二、多选题

1. ABC　2. AB　3. AB　4. ABC　5. ABC

三、判断题

1. ×　2. ×　3. ×　4. ×　5. ×　6. √　7. √　8. √　9. √　10. √

项目4　程序设计基础

一、单选题

1.～5. D D A D A　6.～10. D D C D C　11.～14. D C C B

二、填空题

1. [1, 2, 3, 1, 2, 3, 1, 2, 3]　2. False　3. NoneType　4. [6, 7, 9, 11]　5. (1, 2, 3)

6. [0, 2, 4]　7. keys()　8. values()　9. 1　10. ['abc', 'efg']

三、实作题

1. 比较两个数的大小并输出较小值。

```
a=7
b=4
if a<b:
        print(a)
else:
        print(b)
```

2. 打印 100 个星号"*"。

```
for i in range(0,100):
        print('*',end='')
```

3. 求 1 到 100 的累加和。

```
s=0
for i in range(1,101):
    s=s+i
print(s)
```

4. 计算 10 个数的最大值。

```
alist=[1,2,3,5,6,7,12,4,6,10]
max=alist[0]
for i in alist:
if i>max:
    max=i
print(max)
```

5. 打印图形：

```
for i in range(1,4):    #3 行
    #打印 8 个*
    for j in range(1,9):
        print('*',end='')
    #换行
    print('')
```

项目5　大数据

一、单选题

1.～6. C A A D A A　　7.～12. C C D D D A

二、判断题

1. ×　2. ×　3. ×　4. ×　5. ×　6. √　7. √　8. √　9. ×

三、讨论题和四、思考题

略。

项目6　人工智能

略。

项目 7 云计算

一、单选题

1.～5. D C D B C 6.～10. A D C A B

二、多选题

1. ABC 2. ABCDE 3. ABCD 4. ABCD 5. ABC 6. AB 7. ACD 8. ABCD 9. ABC 10. ABCD

三、判断题

1. × 2. √ 3. × 4. √ 5. ×

项目 8 现代通信技术

一、单选题

1.～5. B C D C D 6.～10. B A B D B 11.～15. C D A C D

二、多选题

1. ABD 2. ABCDEFG 3. ABCDEFGH 4. ABC 5. ACD

三、判断题

1. √ 2. × 3. √ 4. √ 5. √ 6. √ 7. √ 8. √ 9. × 10. ×

项目 9 物联网

一、单选题

1.～5. C D B C D 6.～10. A C D C A

二、判断题

1. √ 2. √ 3. √ 4. √ 5. × 6. √ 7. × 8. × 9. × 10. √

项目 10 数字媒体

一、单选题

1.～5. A A B A D 6.～10. A B D C B

二、多选题

1. ABCD 2. AB 3. ABCD 4. BCD 5. AC

三、判断题

1. × 2. × 3. √ 4. √ 5. √

四、填空题

1. WMV、AVI、MPG、FLV

2. JPG、BMP、GIF、PNG

3. WAV、MP3、CD

4. Photoshop、Dreamweaver、AdobeIllustrator

五、操作题

考查点为素材的导入、音频的插入、音频的剪辑、视频的拼接、文件的导出等。

项目 11 虚拟现实

一、单选题

1.～5. B D C D B 6.～10. A D D B D

二、多选题

1. ABC 2. ABCD 3. BCD 4. ABCD 5. ACD

三、判断题

1. √　2. √　3. √　4. ×　5. ×　6. ×　7. √　8. ×　9. √　10. √

项目 12　区块链

一、单选题

1.～5. D　B　A　C　C　6.～10. B　A　D　C　B　11.～15. A　C　D　C　A

二、多选题

1. ABCD　　2. ACD　　3. ABCD　　4. ABCD　　5. ABC

三、判断题

1. ×　2. √　3. √　4. √　5. ×　6. ×　7. √　8. ×　9. ×　10. √